高等职业教育土木建筑类专业

BIM建模应用基础

主　编　卜　伟　苟胜荣
副主编　姚宇峰　闫　龙　计永荣
参　编　党　凡　崔　翔

北京理工大学出版社
BEIJING INSTITUTE OF TECHNOLOGY PRESS

内容提要

本书按照高等院校人才培养目标以及专业教学改革的需要，依据最新相关标准和规范进行编写。全书共分为15个项目，主要内容包括工程量清单计价基础知识，认识Revit软件，标高绘制，轴网绘制，墙和幕墙绘制，梁和柱绘制，门和窗绘制，屋顶、楼板和天花板，楼梯、栏杆扶手和坡道，构件和场地，房间和面积，洞口绘制，成果输出，族，体量的创建和编辑等。

本书可作为高等院校工程造价、建筑工程技术等土建类相关专业的教材，也可作为工程造价从业人员、培训人员的参考用书以及函授和自考辅导用书。

图书在版编目（CIP）数据

BIM建模应用基础 / 卜伟，苟胜荣主编. -- 北京：北京理工大学出版社，2023.8（2023.9重印）

ISBN 978-7-5763-2799-1

Ⅰ.①B… Ⅱ.①卜… ②苟… Ⅲ.①建筑设计－计算机辅助设计－应用软件 Ⅳ.①TU201.4

中国国家版本馆CIP数据核字（2023）第161991号

责任编辑：钟 博　　**文案编辑**：钟 博
责任校对：刘亚男　　**责任印制**：王美丽

出版发行 / 北京理工大学出版社有限责任公司
社　　址 / 北京市丰台区四合庄路6号
邮　　编 / 100070
电　　话 / （010）68914026（教材售后服务热线）
（010）68944437（课件资源服务热线）
网　　址 / http：//www.bitpress.com.cn

版 印 次 / 2023年9月第1版第2次印刷
印　　刷 / 河北鑫彩博图印刷有限公司
开　　本 / 787mm × 1092mm　1/16
印　　张 / 15.5
字　　数 / 373千字
定　　价 / 48.00元

FOREWORD 前言

党的二十大报告指出："建设现代化产业体系。坚持把发展经济的着力点放在实体经济上，推进新型工业化"，"推进美丽中国建设，推进生态优先、节约集约、绿色低碳发展"。作为国民经济重要支柱的建筑产业，正经历着深刻、复杂而全面的变革。

BIM（Building Information Modeling）即建筑信息模型，是建筑学、工程学及土木工程的新工具。建筑信息模型或建筑资讯模型一词由 Autodesk 所创，它是用来形容以三维图形为主、物件导向、与建筑学有关的计算机辅助设计。当初这个概念是由 Jerry Laiserin 把 Autodesk、奔特力系统软件公司、Graphisoft 所提供的技术向公众推广而产生的。

BIM 技术实际是建设工程信息化过程，通过三维数字技术模拟建筑物所具有的真实信息，为工程设计和施工提供相互协调、内部一致的信息模型，使该模型达到设计施工的一体化，各专业协同工作，从而降低工程生产成本，保障工程按时按质完成。

近几年，BIM 技术在工程建设行业的应用越来越广泛，其发展速度令人惊叹，国内很多设计单位、施工单位、业主单位都在积极推广 BIM 技术在本企业的应用。由于 BIM 覆盖项目全寿命周期，涉及应用方向繁多，在国内的应用时间短，缺乏足够的标准及资源，所以企业在应用初期难以找到与 BIM 技术契合的入手点。目前在建或已建成的各种形态的建筑或多或少都采用了 BIM 技术软件进行设计辅助。在各种 BIM 技术软件中，Revit 最流行，使用最广泛。Revit 是一款基于 BIM 建模技术的强大软件，BIM 技术发展至今，一直是实现各种 BIM 作品的最主要的设计平台之一。Revit 功能强大、简单易学，配有从设计最初的建模到最终的成果表现的全部工具，且具有强大的导入、导出功能，能良好地实现与各种软件的配合工作。Revit 本身就是一款能够精确描述对象的 CAD 软件，具有高精度的建模尺寸，因此，设计师无须进行二次建模便可将其直接用于实际建造和生产。

党的二十大报告指出："育人的根本在于立德。全面贯彻党的教育方针，落实立德树人根本任务，培养德智体美劳全面发展的社会主义建设者和接班人。"本书在编写过程中，充分考虑目前职业院校学生的特点，最大限度地贴近工程实际，给予学生直观的学习体验，帮助学生掌握 BIM 建模基本操作。本书的编写得到了各级领导和团队成员的大力支持。杨凌职业技术学院建筑工程学院卜伟编写项目一～项目四，苟胜荣编写项目七～项目九，闫龙编写项目十一～项目十三，姚宇峰编写项目十四、项目十五；陕西建工第六建设集团有限公司计永荣编写项目五，党凡编写项目六；陕西省建筑科学研究院有限公司崔翔编写项目十。

由于编写时间仓促，书中难免存在不足之处，敬请广大读者批评指正。

CONTENTS 

目录

模块一　基础知识

项目一　认识BIM ········ 002

工作任务一　BIM简介 ········ 003

工作任务二　了解BIM的基本应用 ········ 008

项目二　认识Revit软件 ········ 017

工作任务一　认识Revit软件 ········ 018

工作任务二　了解Revit软件的基本功能 ········ 019

模块二　模型创建

项目三　标高绘制 ········ 030

工作任务一　创建标高 ········ 031

工作任务二　编辑标高 ········ 036

项目四　轴网绘制 ········ 040

工作任务一　创建轴网 ········ 041

工作任务二　编辑轴网 ········ 047

项目五　墙和幕墙绘制 ········ 055

工作任务一　墙体的绘制和编辑 ········ 056

工作任务二　认识幕墙和幕墙系统 ········ 064

工作任务三　墙饰条和分隔条的绘制 ········ 068

CONTENTS

项目六　梁和柱绘制 073

工作任务一　梁的创建 074
工作任务二　柱的创建 080

项目七　门和窗绘制 089

工作任务一　绘制门和窗 090
工作任务二　编辑门和窗 095

项目八　屋顶、楼板和天花板 099

工作任务一　屋顶的创建 100
工作任务二　楼板的创建与编辑 115
工作任务三　天花板的创建与编辑 119

项目九　楼梯、栏杆扶手和坡道 126

工作任务一　楼梯、栏杆扶手的创建与编辑 127
工作任务二　台阶和坡道的绘制 134

项目十　构件和场地 144

工作任务一　构件布置 145
工作任务二　场地布置 149

项目十一　房间和面积 155

工作任务一　房间创建 156
工作任务二　房间面积创建 163

CONTENTS

项目十二 洞口绘制 …… 168

工作任务 创建洞口 …… 169

项目十三 成果输出 …… 177

工作任务一 创建明细表 …… 178

工作任务二 编辑明细表 …… 182

工作任务三 图纸创建 …… 186

工作任务四 模型渲染 …… 197

工作任务五 模型漫游 …… 202

项目十四 族 …… 208

工作任务一 族的概念 …… 209

工作任务二 可载入族的基本形状 …… 212

项目十五 体量创建和编辑 …… 225

工作任务一 概念体量创建三维模型的基本形式 …… 226

工作任务二 内建体量与概念体量的创建方式 …… 230

参考文献 …… 238

模块一

基础知识

项目一　认识BIM

项目二　认识Revit软件

项目一　认识 BIM

项目描述

BIM 是一种基于三维数字技术的工程数据模型，集成了建筑工程项目各种相关信息，包括几何形状描述的视觉信息以及大量的非几何信息，如材料的耐火等级、材料的传热系数、构件的造价、采购信息等。BIM 技术可以支持项目各种信息的连续应用及实时应用，提高设计乃至整个工程的质量和效率，显著降低成本。

BIM 技术是实现建筑信息化的必要途径。随着大型复杂建筑项目的兴起及 BIM 应用软件的不断完善，使用 BIM 技术进行设计和项目管理越来越普遍。近年来，BIM 的发展和应用引起了工程建设业界的广泛关注。各方一致的观点是其引领建筑信息化未来的发展方向，必将引起整个建筑业及相关行业革命性的变化。

学习目标

【知识目标】

1. 了解 BIM 的基本概念和特点；
2. 了解 BIM 技术在国内外的发展现状；
3. 了解 BIM 在建筑工程项目中的应用价值和优势；
4. 了解 BIM 技术涉及的相关行业标准和规范。

【能力目标】

1. 掌握 BIM 技术在项目管理中的运用方法；
2. 熟悉 BIM 技术在实际工程项目中的应用案例；
3. 初步掌握 BIM 建模软件的基本操作。

【素质目标】

1. 培养对 BIM 技术的学习兴趣和积极态度；
2. 增强团队协作和沟通能力，以便在实际项目中应用 BIM 技术；
3. 提高创新意识和问题解决能力，以应对项目中的实际挑战；
4. 具有与时俱进的精神，以及无私奉献、爱岗敬业的道德风尚。

工作任务一 认识 BIM

工作任务

根据本部分所讲内容阐述什么是 BIM 以及 BIM 的特点。

知识准备

1. 建筑信息化的定义

建筑信息化是指用信息化的管理手段，对建筑工程项目进行管理，一般通过实施信息化管理软件的方式来实现管控。建筑工程信息化管理系统将先进的技术融入项目管理中，升级了传统的管理理念和方法，提高了管控效率，让企业可以轻松地加强项目管理。

2. BIM 的定义

BIM（Building Information Modeling，建筑信息模型）技术是一种应用于工程设计、建造、管理的数据化工具，通过对建筑的数据化、信息化模型整合，在项目策划、运行和维护的全生命周期过程中进行共享和传递，使工程技术人员对各种建筑信息做出正确理解和高效应对，为设计团队以及包括建筑、运营单位在内的各方建设主体提供协同工作的基础，在提高生产效率、节约成本和缩短工期方面发挥重要作用。

任务实施

一、BIM 的概念

BIM 即建筑信息模型，是建筑学、工程学及土木工程的新工具。BIM 由 Autodesk 公司在 2002 年率先提出，目前已在全球范围内得到业界的广泛认可，被誉为工程建设行业实现可持续设计的标杆。BIM 概念和解决方案将是中国工程建设行业实现高效协作和持续发展的必经之路。

从理念上说，BIM 试图将建筑项目的所有信息纳入一个三维的数字化模型。这个模型不是静态的，而是随着建筑全生命周期的不断发展而逐步演进的，从前期方案到设计、施工、建后维护、运营管理等各个阶段的信息都可以不断集成到模型中。因此，可以说 BIM 模型就是真实建筑物在计算机中的数字化记录。当设计、施工、运营等各方面人员需要获取建筑信息时，如需要图纸、材料统计、施工进度等，都可以从该模型中快速提取出来。BIM 由三维 CAD 技术发展而来，但它的目标比 CAD 更为高远，如果说 CAD

是为了提高建筑师的绘图效率，那么 BIM 就是为了改善建筑项目全生命周期的性能表现和信息整合。

从技术上说，BIM 不像传统的 CAD 那样将建筑信息存放在相互独立的成百上千的 DWG 文件中，而是用一个模型文件来存储所有的建筑信息。当需要呈现建筑信息时，无论是建筑的平面图、剖面图还是门窗建筑工程明细表，这些图形或报表都是从模型文件实时动态生成出来的，可以理解成数据库的一个视图。因此，无论在模型中进行任何修改，所有相关的视图都会实时动态更新，从而保持所有数据一致和最新，从根本上消除 CAD 图形修改时版本不同的问题。

在理解 BIM 时，需要阐明以下几个关键理念。

（1）BIM 不等同于三维模型，也不仅是三维模型和建筑信息的简单叠加。虽然称 BIM 为建筑信息模型，但 BIM 实质上更关注的不是模型，而是蕴藏在模型中的建筑信息，以及如何在不同的项目阶段由不同的人来应用这些信息。三维模型只是 BIM 比较直观的一种表现形式。如前所述，BIM 致力于分析和改善建筑在其全生命周期中的性能，并使原本离散的建筑信息能够更好地整合。

（2）BIM 不是一个具体的软件，而是一种流程和技术。BIM 的实现需要依赖于多种软件产品的相互协作，有些软件适合创建 BIM 模型（如 Revit），有些软件适合对模型进行性能分析（如 Ecotect）或施工模拟（如 Navisworks），还有一些软件可以在 BIM 模型基础上进行造价概算或设施维护等。一种软件不可能完成所有的工作，关键是所有的软件都应该能够依据 BIM 的理念进行数据交流，以支持 BIM 流程的实现。

（3）BIM 不仅是一种设计工具，更明确地说，BIM 不是一种画图工具，而是一种先进的项目管理理念。BIM 的目标是整个建筑项目周期内整合各方信息，优化方案，减少失误，降低成本，最终提高建筑物的可持续性。尽管 BIM 相关软件也能用于输出图纸，并且熟练的 BIM 用户可以达到比采用 CAD 方式更高的出图效率，但“提高出图速度”并不是 BIM 的出发点。

（4）BIM 不仅是一个工具的升级，而且是整个行业流程的一场革命。BIM 的应用不仅会改变设计院内部的工作模式，也将改变业主、设计方、施工方之间的工作模式。在 BIM 技术的支撑下，设计方能对建筑的性能有更高的掌控，而业主和施工方也可以更多、更早地参与到项目的设计流程中，以确保多方协作创建更好的设计，满足业主需求。

在我国，随着民用建筑越来越多地开始采取总承包模式，设计和施工流程逐渐整合，BIM 逐渐发挥出它的价值，如图 1.1 所示。

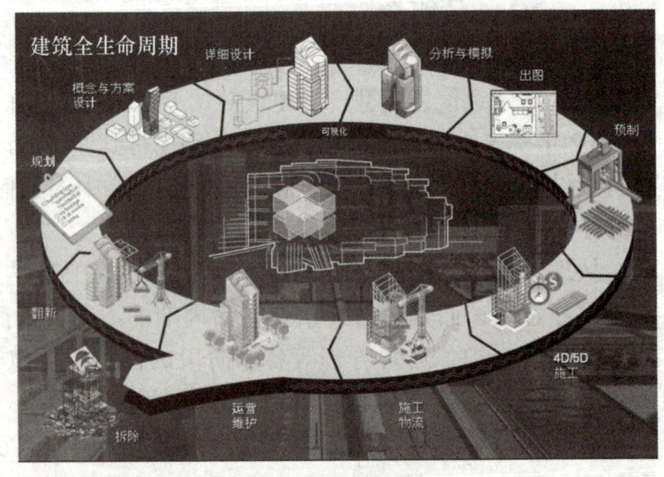

图 1.1　BIM 的应用

由于 BIM 可以将设计、施工、项目管理等所有工程信息整合在统一的数据库中，所以它可以提供一个平台，保证从设计、施工到运营的协调工作，使基于三维平台的精细化管理成为可能。BIM 正在改变企业内部及企业之间的合作方式。为实现 BIM 的最大价值，设计人员需要重新思考设计范围和工作流程，通过协同工作实现信息资源的共享，减少传统模式下的项目信息丢失。

二、BIM 的基本特点

1. 可视化的三维模型

随着建筑行业的不断发展，各式各样的新兴建筑设计理念给建筑带来了更多的观赏性，其复杂结构也层出不穷，在提升建筑格调的同时也给传统二维设计模式带来了巨大的困难。可视化，往往让人们联想到各类工程前期、竣工时的展示效果图，这的确属于可视化的范畴，但 BIM 的可视化远不止效果图这么简单。可视化就是“所见即所得”，BIM 通过建模软件将传统二维图纸所表达的工程对象以全方位的三维模型展示出来，模型严格遵守工程对象的一切指标和属性。在建模过程中，构件之间的互动性和反馈性的可视化，使得工程设计中存在的诸多问题与缺陷提前暴露出来。除去以效果图形式展现的可视化结果外，最为重要的是可视化覆盖了设计、施工、运营的各个阶段，各参与方的协调、交流、沟通、决策均在可视化的状态中进行。BIM 可视化能力的价值占 BIM 价值的半壁江山。BIM 可视化如图 1.2、图 1.3 所示。

图 1.2　可视化的三维模型

图 1.3　可视化效果图

2. 面向工程对象的参数化建模

参数化建模是利用一定规则确定几何参数和约束，完成面向各类作为 BIM 技术中重要特征的工程对象的模型搭建，模型中每一个构件所含有的基本元素是数字化的对象，如建筑结构中的梁、柱、板、墙、门、窗、楼梯等。在表现其各自物理特性和功能属性的同时，还具有智能的互通能力，如建筑中梁柱、梁板的搭接部分可以自动完成扣减，实现功能与几何关系的系统参数化，这使 BIM 在与 CAD 技术的对比中脱颖而出。从最为直观的外观，到对象的几何数据，再到内部的材料、造价、供应商、强度等非几何信息，每一个对象均是包含了标识自身所有属性特征的完整参数。

参数化建模的简便之处在于关联性的修改。例如一项工程中，梁高不符合受力要求，需要修改所有相关梁的几何信息，此时只需要将代表梁高的参数更正即可使相关构件统一更正，大大减少了重复性的工作，如图 1.4 所示。

图 1.4　参数化建模

3. 覆盖全程的各专业协作

协作对于整个工程行业都是不可或缺的重要内容。一个建筑流程中，业主与设计方的协作是为了使设计符合业主的需求；各设计方之间的协作是为了解决不同专业间的矛盾；设计方与施工方的协作是为了解决实际施工条件与设计理念的冲突。传统的工作模式往往是在出现了问题之后，相关人员才开展会议进行协调并商讨问题的解决办法，随后做出更改和补救，这种被动式的协作通常浪费大量人力财力。

基于 BIM 的可视化技术，提供给各参与方一个直观、清晰、同步沟通协作的信息共享平台。业主、设计方、施工方在同一平台上，各参与方通过 BIM 模型有机地整合在一起共同完成项目。由于 BIM 的协作特点，某个专业的设计发生变更时，BIM 相关软件可以将信息即时传递给其他参与者，平台数据也会实时更新。这样，其他专业的设计人员可以根据更新的信息修改本专业的设计方案。例如，结构专业的设计师在结构分析计算后发现需要在某处添加一根结构柱以符合建筑承载力的要求，在平台上更新自己的设计方案，建筑设计师收到信息更新后会根据这根柱子影响建筑设计的情况来决定是否同意结构设计师的修改要求。在协商解决建筑功能、美观等问题的前提下，机电设计师即可根据添加结构柱后生成的碰撞数据，对排风管道位置进行修改，避免实际施工中的冲突，如图 1.5 所示。

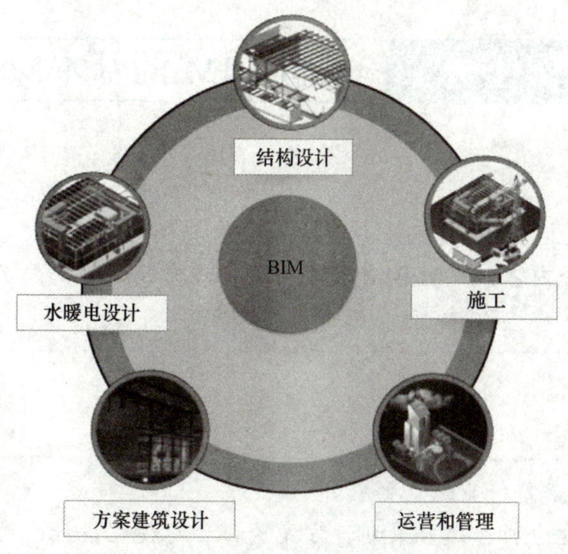

图 1.5　BIM 各专业应用

4. 全面的信息输出模式

基于国际 IFC 标准的 BIM 数据库，包含各式各样的工程相关信息，可以根据项目各阶段所需随时导出。例如，从 BIM 三维参数化模型中可以提取工程二维图纸：结构施工图、建筑功能分区图、综合管线图、MEP 预留洞口图等。同时，各类非图形信息也可以根据报告的形式导出，如构件信息、设施设备清单、工程量统计、成本预算分析等。而协同工作平台的关联性使模型中的任意信息变动时，图纸和报告也能够即时更新，极大提高了信息使用率和工作效率。

知识链接

认识 BIM（上）

认识 BIM（下）

知识拓展

中国尊，总建筑面积约为 42.7 万 m^2，地上 108 层，地下 7 层，为北京第一高楼。该项目位于北京 CBD 核心区内编号为 Z15 地块正中心，西侧与中国国际贸易中心第三期对望，建筑总高为 528 m。该项目于 2011 年 9 月 12 日左右动工，于 2016 年年底封顶，总投资达 240 亿元。该工程较早地应用 BIM 技术，达到了缩短工期、节约成本的效果。

工作任务二 了解 BIM 的基本应用

工作任务

通过学习本部分内容，说明 BIM 技术中有哪些常用软件，以及在建筑的哪些阶段会应用 BIM 技术。

知识准备

1. BIM 技术在建筑行业的主要应用

设计建模、场地分析、建筑策划、方案论证、可视化设计、协同设计、性能化分析、系统设计、施工进度模拟等工作。

2. BIM 技术给传统建筑行业带来的影响

将原有建筑工程的一次性特点转变成“非一次性”；将建筑产品单件性的生产特点转变成连续性；建筑工程由原来的“沟通难”转变成现在的“沟通易”。

任务实施

一、BIM 的基本应用

近年来，随着大型复杂建筑项目的兴起及 BIM 应用软件的不断完善，我国越来越多的项目参与方开始关注和应用 BIM 技术。例如，著名的上海中心大厦，业主要求必须使用 BIM 进行设计、施工等过程；奥运“水立方”的建设采用 BIM 技术；在上海世博会场馆建设中，由于其设计的复杂性，很多场馆都采用了 BIM 技术，德国的“和谐城市”馆、芬兰的“冰壶”馆等在设计和建设过程中也使用了 BIM 技术。BIM 的全面应用将大大提高建筑业的生产效率，提高建筑工程的集成化程度，使设计、施工到运营全生命周期的质量和效率显著提高、成本降低，给建筑业的发展带来巨大效益。采用 BIM 技术，不仅可以实现设计阶段的协同设计，施工阶段的建造全过程一体化和运营阶段对建筑物的智能化维护和设施管理，也打破了业主、设计、施工、运营之间的隔阂和界限，实现对建筑的全生命周期管理。

1. 设计阶段的应用

BIM 技术使建筑、结构、给水排水、空调、电器等各个专业基于同一个模型进行工作，从而使真正意义上的三维集成协同设计成为可能。在二维图纸时代，各个设备专业的管道综合是一个烦琐、费时的工作，做得不好甚至经常引起施工中的反复变更。而BIM将整个设计整合到一个共享的建筑信息模型中，结构与设备、设备与设备间的冲突会直接地显现出来，通过BIM进行三维碰撞检测，能及时发现问题并调整设计，从而极大地避免了施工中的浪费。此外，BIM技术使设计修改更容易。只要对项目做出更改，由此产生的所有结果都会在整个项目中自动协调，各个视图中的平、立、剖面图自动修改，不会出现平、立、剖面图不一致的错误，在建筑设计阶段实施BIM的最终结果一定是所有设计师将其应用到设计全程，但在尚不具备全程应用条件的情况下，局部项目、专业、过程的应用将成为未来过渡期内的一种常态。因此，根据具体项目设计需求、BIM团队情况、设计周期等条件，可以选择在不同的设计阶段中实施BIM。

对于设计师、建筑师和工程师而言，应用BIM不仅要求将设计工具实现从二维到三维的转变，还需要在设计阶段贯彻协同设计、绿色设计和可持续设计理念。其最终目的是使整个工程项目在设计、施工和使用等各个阶段都能够有效地实现节省能源、节约成本、降低污染和提高效率。

2. 施工阶段的应用

在施工阶段，可以通过BIM技术对施工进行模拟，这是BIM技术的重要应用之一。模拟施工的目的是在施工前对施工整个过程进行模拟，分析不同资源配置对工期的影响，综合成本、工期、材料等得出最优的建筑施工方案，从而减少因为施工过程中的错误造成的成本浪费，甚至可以帮助人们实现建筑构件的直接无纸化加工建造，实现整个施工周期的可视化模拟与可视化管理。施工人员可以迅速为业主制定展示场地使用情况或更新调整情况的规划，从而与业主进行沟通，将施工过程对业主的运营和施工人员的影响降到最低。BIM还能提高文档质量，改善施工规划，从而节省施工中在过程与管理问题上投入的时间与资金。

3. 运营阶段的应用

BIM自引入我国工程建设领域以来，带给行业的变革不仅体现在技术手段上，还体现在管理过程中，并贯穿于建筑全生命周期，其价值逐渐被认知并日益凸显。对于公共建筑和重要设施而言，设施运营和维护方面耗费的成本相当高。BIM的特点是，它能够提供关于建筑项目的协调一致、可计算的信息，通过在建筑生命周期中时间较长、成本较高的维护和运营阶段使用数字建筑信息，业主和运营商便可大大降低缺乏互操作性所导致的成本损失。

目前，在运营维护阶段BIM的应用需求非常大，尤其在公共设施维护、重要设施维护等方面，其创造的价值不言而喻。

最近几年，我国的建筑业发展很快，“甩图板”是中国建筑业发展历程中的一大飞跃，通过这项革命，中国建筑业从图板时代进入计算机时代，这为中国建筑业的飞速发展奠定了技术基础。BIM为建筑行业领域带来了第二次革命，不仅实现从二维设计到三维全生命周期的革命，最重要的是，对于整个建筑行业来说，BIM改变了项目参与各方的协作方式，改变了人们的工作协同理念，引发了建筑行业一次脱胎换骨的技术性革命，如图1.6所示。

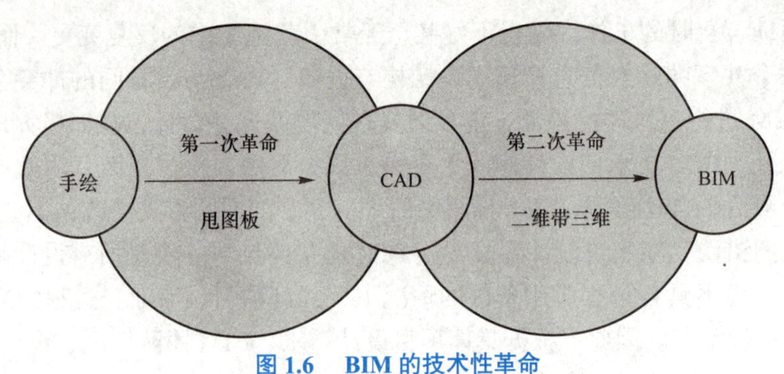

图 1.6　BIM 的技术性革命

二、BIM 技术研究现状

1．BIM 技术在国外的发展现状

BIM 的概念起源于美国，BIM 的研究与应用实践在美国起步很早，美国已验证了 BIM 技术在建筑行业中的应用潜力，所以利用 BIM 及时弥补了建筑行业中的诸多损失。从 BIM 技术在 2002 年正式进入工程领域至今已有 20 多年之久，BIM 技术已经成为美国建筑业中具有革命性的力量。在全球化的进程中，BIM 的影响力已经扩散至欧洲、韩国、日本、新加坡等国家和地区，这些国家和地区的 BIM 技术均已经发展到了一定水平。

（1）BIM 在美国的研究发展。美国总务管理局（General Services Administration，GSA）于 2003 年推出了国家 3D-4D-BIM 计划，并陆续发布了一系列 BIM 指南。GSA 要求：从 2007 年起，美国所有达到招标级别的大型项目必须应用 BIM 技术，且前期规划和后期的成果展示需要使用 BIM 模型（此为最低标准），GSA 鼓励所有项目采用 BIM 技术，并且给予采用该技术的项目各个参与方资金支持，资金数量根据使用方的应用水平和阶段来确定。目前，GSA 正大力探索建筑全生命周期的 BIM 应用，主要包括前期空间规划模拟、4D 可视化模拟、能源消耗模拟等。GSA 在推广 BIM 应用上表现得十分活跃，极大地推动了美国工程界 BIM 的应用浪潮。

美国联邦机构美国陆军工程兵团（United States Army Corps of Engineers，USACE）在 2006 年制定并发布了一份 14 年（2006—2020 年）的 BIM 路线图。

美国建筑科学研究院于 2007 年发布 NBIMS（美国国家 BIM 标准），其旗下的 Building Smart 联盟（Building Smart Alliance，BSA）负责 BIM 应用研究工作。2008 年年底，BSA 已拥有 IFC（Industry Foundation Classes）标准、NBIMS 美国国家 CAD 标准（United States National CAD Standard）等一系列应用标准。

美国伊利诺伊大学（University of Illinois）的 Golparvar-Fard、Mani、Savarese、Silvio 等学者，将 BIM 技术和影像技术结合，建立模型后输入计算机中进行工程可视化施工模拟，将三维可视化模拟的最优成果作为实际施工的指导依据。美国哈佛大学（Harvard University）的 Lapierre. A、Cote. P 等学者提出了数字化城市的构想，他们认为实现数字化城市的关键在于能否将 BIM 技术与地理信息系统（Geographic Information System，GIS）结合。在 BIM-GIS 的联合应用中，BIM 可视化技术拟建工程内部各类对象，GIS 技术弥补 BIM

在外部空间分析方面的弱势，这也是当下建筑产业具有极高探索、应用价值的环节。

（2）BIM 在欧洲的研究发展。与大多数国家相比，英国政府要求强制使用 BIM。2011 年 5 月，英国内阁办公室发布了“政府建设战略（Government Construction Strategy）”文件，其中有一个章节是关于建筑信息模型的，该章节中明确要求，到 2016 年，政府要求全面协同的 3D-BIM，并将全部的文件以信息化管理。英国在 CAD 转型至 BIM 的过程中，AEC（英国建筑业 BIM 标准委员会）提供了许多可行的方案措施，例如模型命名、对象命名、构件命名、建模步骤、数据交互、可视化应用等。北欧四国（挪威、丹麦、瑞典、芬兰）是全球一些主要建筑产业软件开发厂商的所在地，例如 Tck-a、Archi CAD 等，因此这些国家是第一批使用 BIM 软件进行建模设计的国家，它们也大力推广建筑信息的传递互通和 BIM 各类相关标准。这些国家并不像英美一样强制使用 BIM 技术，其 BIM 的发展较多地依赖领头企业的自觉行为。北欧国家的气候特点是冬季天寒地冻且周期长，极不利于建筑生产施工，对于它们来说，预制构件是解决这一问题的关键，而 BIM 技术中包含的丰富信息能够促使建筑预制化的有效应用，故这些国家在 BIM 技术的使用上也进行了较早的部署。一个名为 Senate Properties 的芬兰企业在 2007 年发布了一份建筑设计的 BIM 要求（Senate Properties’ BIM Requirements for Architectural Design，2007），该份文件中指出：自 2007 年 10 月 1 日起，Senate Properties 的项目仅在建筑的设计部分强制使用 BIM 技术，其他设计部分诸如结构、水暖电等采用 BIM 技术与否根据具体情况决定，但依然鼓励全生命周期使用 BIM 技术，充分利用 BIM 技术在设计阶段的可视化优势，解决建筑设计存在的问题。

建筑虚拟设计建造技术（Virtual Design and Construction，VDC）是 BIM 技术可视化的重要一环，Bn Gilligan，John Kunz 等学者在研究其在欧洲领域市场的应用时，发现在工程项目实施中，技术组织方面还存在一定的问题。但 VDC 的用户人数日益增多，且应用程度也随着研究的进展而深入，欧美地区的建筑业者对 VDC 的理解较为深刻，深信该项技术能够在 BIM 可视化应用中占有绝对的地位。

（3）BIM 在亚洲的研究发展。在亚洲，如韩国、日本、新加坡等国，BIM 技术的研究与应用程度并不低。2010 年，日本国土交通省宣布推行 BIM，并且选择一项政府建设项目作为试点，探索 BIM 在可视化设计、信息整合方面的实际应用价值及方式。

1）日本的软件行业在全球名列前茅，而日本的软件商们也逐渐意识到 BIM 并非一个软件就能完成，它需要多软件的配合，随后日本国内多家软件商自行组成了其本国软件联盟，以进行国产软件在 BIM 技术中解决方案的研究。此外，日本建筑学会于 2012 年 7 月发布了日本 BIM 指南，其内容大致为：为日本的各大施工单位、设计院提供在 BIM 团队建设、BIM 设计步骤、BIM 可视化模拟、BIM 前后期预算、BIM 数据信息处理等方向上的指导。

2）在韩国，公共采购服务中心、国土交通海洋部致力于 BIM 技术应用标准的制订。《建筑领域 BIM 应用指南》于 2010 年 1 月完成发布，该指南提供了建筑业业主、建筑设计师采用 BIM 技术时所需的必要条件及方法。目前韩国多家建筑公司，如三星建设、大宇建设、现代建设等都着力开展 BIM 技术的研究与使用。

3）新加坡在 2000 年建立了基于 IFC 标准的政府网络审批电子政务系统，要求所有的软件输出都支持 IFC2x 标准的数据。因为网络审批电子政务系统在检查程序时，只需识别符合 IFC2x 的数据，不需人工干预即可自动地完成审批，所以极大地提高了政务审批效率。

由于新加坡体会到了电子政务系统的好处，所以随着科学技术的进步，类似的电子政务项目将越来越多，而BIM技术在电子政务系统中扮演的角色也将越来越重要。2011年，建筑管理署（Building and Construction Authority，BCA）发布了新加坡BIM发展路线规划（BCAs Building Information Modeling Roadmap），并制定了新加坡BIM发展策略。

2. BIM技术在国内的发展现状

在BIM技术全球化的影响下，我国于2004年引入了BIM相关技术软件，这是我国首次与BIM技术结缘。2009年5月，中央“十一五”国家科技支撑计划重点项目《现代建筑设计与施工关键技术研究》在北京启动，其明确提出将深入探索BIM技术，利用BIM的协同设计平台提高建筑生产质量与工作效率。在“十二五”期间，基本实现建筑行业BIM技术的基本应用，加快BIM协同设计及可视化技术的普及，推动信息化建设，推进BIM技术从设计阶段向施工、运营阶段的延伸，促进虚拟仿真技术、4D管理系统的应用，逐步提高建筑企业生产效率和管理水平。

随着我国BIM浪潮的掀起，在2008年，中国建筑科学研究院、中国标准化研究院起草了《工业基础类平台规范》（GB/T 25507—2010），并将IFC标准作为我国国家标准。

我国越来越多的大型项目开始选择使用BIM技术平台，在收获了一些成效的同时也出现了一些问题。下面列举近年来我国工程界应用BIM的典型案例。

（1）上海世博会奥地利馆。基于曲面形式多样、空间关系复杂、专业协调量大、进度紧的特点，相关人员在设计阶段利用BIM可视化技术，大大缩短了设计变更所需要的修改时间，但巨大的专业协调量使各专业之间的协同设计和配合问题未得到解决。

（2）北京奥运会水立方。场馆较大，结构复杂，在钢结构设计阶段采用BIM技术，充分有效地传递和利用信息，各阶段参与方协同设计，缩短了建设周期，但各方沟通存在问题，且没有一个统一的工作标准，使协同并未达到较高的程度。

（3）银川火车站项目。空间形体复杂，钢桁架结构形式多样，设计方在设计阶段利用BIM可视化技术，进行三维空间实体化建模，直观地实现了空间设计，钢结构创建符合要求，但后期施工的碰撞检测并未进行。

与此同时，我国各大高校也正积极研究BIM技术。

（1）香港理工大学建筑及房地产学系李恒等学者成立了建筑虚拟模拟实验室，他们对基于BIM技术的虚拟可视化施工技术进行了大量研究，并利用BIM虚拟施工技术解决工程项目实际问题。同时，他们还将3D视频效果引入虚拟施工过程，增强了虚拟施工的效果和真实感。

（2）同济大学何清华等学者结合国内BIM技术的研究发展现状，总结当下建筑工程施工中的不足，提出了BIM工程管理框架。

（3）上海交通大学、重庆大学、西南交通大学、华中科技大学、天津大学等高校也先后成立了BIM科研机构和BIM工程实验室，在BIM的使用标准、应用方式、管理构架等方面进行探索。

目前，国内很多大型设计院、工程单位着力于开展BIM技术的研究与应用：中国建筑西南设计研究院、四川省建筑设计研究院、CCD等先后成立了BIM设计小组；中铁二局建筑公司成立了BIM高层建筑应用中心；中建三局在机电施工安装阶段大力采用BIM技术；

上海建工集团、华润建筑有限公司等也在施工中阶段性地应用 BIM；成都市建筑设计研究院与成都建工组成联合体采用 EPC 项目总承包模式承接工程项目，BIM 涵盖了 EPC 的各个阶段。中铁二院工程集团有限公司在西部某高速铁路的设计阶段采用 BIM-GIS 的结合应用，在铁路桥梁选线方面取得了极大的进展。相关的 BIM 咨询公司也相继成立，优比咨询和柏慕咨询均对 BIM 技术进行了研究与使用，并不断推出介绍各类新的观点和方案；北京橄榄山软件公司开发的橄榄山快模可以极快地将 CAD 图纸翻模成 BIM 三维模型，为各大单位将已有图纸转化为 BIM 模型进行研究应用提供了便利。我国 BIM 的发展如火如荼。

虽然 BIM 在我国引入较早，并已逐步地被接受认识，且在诸多著名建筑设计中有所应用，但我国 BIM 技术应用水平依然不高，存在各方面的不足。首先，政府及相关单位并未出台有关 BIM 技术的完整法律法规；其次，基于 IFC 的数据共享的使用情况还未达到理想状态，仍需政府部门和相关法规的大力推动；再者，BIM 技术所需的软件几乎都是从国外引入，本土化程度低，建筑从业人员对 BIM 的理解并不深刻，缺乏系统的培训。但随着 BIM 技术的不断发展，加之对发达国家 BIM 技术的借鉴，我国 BIM 技术所面临的难题终会一一解决，新兴的 BIM 技术注定会像如今的 CAD 技术一样普及。

三、BIM 常用软件介绍

BIM 不是软件，但 BIM 技术离不开 BIM 相关软件，下面对目前在全球具有一定市场影响或占有率的 BIM 软件，以及在国内市场具有一定知名度的 BIM 软件进行梳理和分类，如图 1.7 所示。

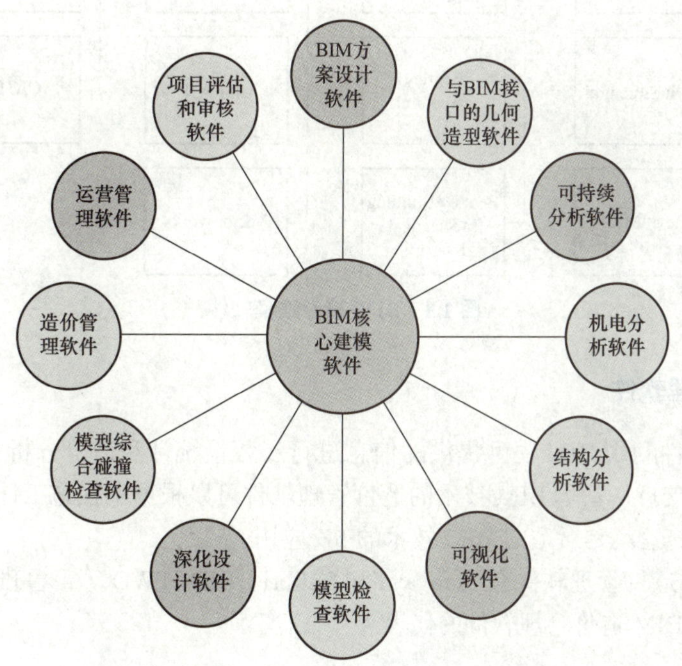

图 1.7　BIM 主流软件

1．BIM 核心建模软件

BIM 核心建模软件是 BIM 的基础。换句话说，正是因为有了这些软件才有了 BIM。

因此，称其为 BIM 核心建模软件，简称 BIM 建模软件。

Revit 建筑、结构和机电系列是 Autodesk 公司的 BIM 软件，其针对特定专业的建筑设计和文档系统，从概念性研究到最详细的施工图纸和明细表，支持所有阶段的设计和施工图纸。Revit 平台的核心是 Revit 参数化更新引擎，它可以自动协调在任何位置（如在模型视图或图纸、明细表、剖面、平面图中）所做的更改，这也是在我国普及最广的 BIM 软件。实践证明，它确实大大提高了设计效率。其优点是普及性强、操作相对简单。其在民用建筑市场借助 AutoCAD 的天然优势，有相当不错的市场表现。Bentley 软件包括建筑、结构和设备系列，在工厂设计（石油、化工、电力、医药等）和基础设施（道路、桥梁、市政、水利等）领域有无可争辩的优势，如图 1.8 所示。

对于一个项目或企业 BIM 核心建模软件的确定，可以参考以下基本原则。

（1）民用建筑用 Autodesk Revit。

（2）工厂设计和基础设施用 Bentley。

（3）单专业建筑事务所可选择 ArchiCAD、Revit、Bentley。

（4）项目完全异形、预算比较充裕时，可以选择 Digital Project 或 CATIA。

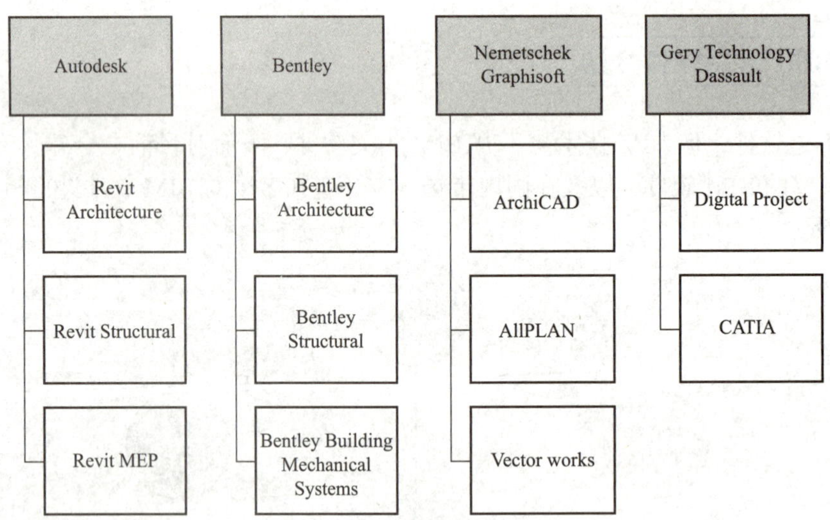

图 1.8　BIM 核心建模软件

2. 造价管理软件

造价管理软件利用 BIM 模型提供的信息进行工程量统计和造价分析等，由于 BIM 模型结构化数据的支持，基于 BIM 技术的造价管理软件可以根据工程施工计划动态提供造价管理需要的数据，这就是所谓的 BIM 技术的 5D 应用。

国外的 BIM 造价管理软件有 Innovaya 和 Solibri、RIB iTWO 等，鲁班、广联达、斯维尔等软件是国内 BIM 造价管理软件的代表。

3. 运营管理软件

BIM 被形象地比喻为建设项目的 DNA，根据美国国家 BIM 标准委员会的资料，一个建筑物全生命周期成本的 75% 发生在运营阶段（使用阶段），而建设阶段（设计、施工）的成本只占项目全生命周期成本的25%。BIM模型为建筑物的运营管理阶段服务，是BIM应用重要的推动力和工作目标。在这方面，美国运营管理软件ArchiBUS是最有市场影响力的软件之一。

4. 模型综合碰撞检查软件

以下两个根本原因直接导致了模型综合碰撞检查软件的出现。

（1）不同专业人员使用各自的BIM核心建模软件建立自己专业相关的BIM模型，这些模型需要在一个环境中集成起来才能完成整个项目的设计、分析和模拟，而这些不同的BIM核心建模软件无法实现这一点。

（2）对于大项目来说，硬件条件的限制使BIM核心建模软件无法在一个文件中操作整个项目模型，但是又必须把这些分开创建的局部模型整合在一起，研究整个项目的设计、施工及其运营状态是模型综合碰撞检查软件的基本功能，包括集成各种三维软件（BIM软件、三维工厂设计软件、三维机械设计软件等）创建的模型进行3D协调、4D计划、可视化、动态模拟等。模型综合碰撞检查软件属于项目评估、审核软件的一种。常见的模型综合碰撞检查软件有Autodesk Navisworks、Bentley Projectwise Navigator和Solibri Model Checker等。

5. 结构分析软件

结构分析软件是目前BIM核心建模软件集成度比较高的产品，基本上两者之间可以实现双向信息交换，即结构分析软件可以使用BIM核心建模软件的信息进行结构分析，通过分析结果对结构的调整又可以反馈到BIM核心建模软件中，自动更新BIM模型。ETABS、STAAD、Robot等国外软件及PKPM等国内软件都可以与BIM核心建模软件配合使用。

知识链接

BIM的基本应用

知识拓展

上海中心大厦作为陆家嘴的一栋超高层建筑，目前以632 m的高度，刷新了上海市浦东新区的城市天际线。这是中国第一次建造600 m以上的建筑，巨大的体量、庞杂的系统分支、严苛的施工条件，给上海中心的建设管理者们带来了全新的挑战，而数字化技术与BIM技术对当时的建筑工程界而言还很陌生。上海中心大厦团队在项目初期就决定将数字化技术与BIM技术引入项目的建设，事实证明，这些先进技术在上海中心的设计建造与项目管理中发挥了重要的作用。

训练与提升

思考题

1．BIM 的概念是什么？

2．BIM 有什么特点？

3．BIM 常用软件都有哪些？

4．BIM 应用在建筑的哪些阶段？

项目二　认识 Revit 软件

Revit 是 Autodesk 公司开发的三维参数化建筑设计软件，是创建 BIM 模型的设计工具。Revit 具有强大的可视化功能，它以三维设计为基础理念，直接采用建筑师熟悉的墙体、门窗、楼板、楼梯、屋顶等构件作为命令对象，快速创建出项目的三维虚拟 BIM 建筑模型。用户可以在任何时候、任何地方对设计进行任意修改，真正实现了“一处修改，处处更新”。Revit 在创建三维建筑模型的同时还可以自动生成所有的平面、立面、剖面等视图和明细表，节省了大量绘制与处理图纸的时间，极大地提高了设计质量和设计效率。

学习目标

【知识目标】

1. 了解 Revit 软件的基本操作界面；
2. 熟悉 Revit 软件的主要功能和优势；
3. 了解 Revit 软件在 BIM 技术中的地位和作用。

【能力目标】

1. 能够创建项目文件并掌握设置方法；
2. 熟练运用 Revit 软件进行基本操作。

【素质目标】

1. 培养对 BIM 技术的学习兴趣和积极态度；
2. 提高创新意识和问题解决能力，以应对 Revit 软件在项目中面对的实际挑战；
3. 增强团队协作和沟通能力，以便在实际项目中应用 Revit 软件；
4. 具有吃苦耐劳、爱岗敬业的职业精神。

工作任务一 认识 Revit 软件

工作任务

通过了解 Revit 软件，掌握操作界面各部分的功能，能够熟练打开、关闭和移动工具栏。

知识准备

1. Revit 是什么软件

Revit 是一个用于 BIM 设计和记录的软件。

2. Revit 软件的优点

Revit 软件的优点是可以实现工程量统计、施工图纸出图、精细化建模等功能。

任务实施

Revit 最早是一家名为 Revit Technology 的公司于 1997 年开发的三维参数化建筑设计软件。2002 年，Autodesk 收购了该公司，并在工程建设行业提出 BIM 的概念。

Revit 是专为建筑行业开发的模型和信息管理平台，它支持建筑项目所需的模型、设计、图纸和明细表，并可以在模型中记录材料的数量、施工阶段、造价等工程信息。

在 Revit 项目中，所有的图纸、二维视图和三维视图以及明细表都是同一个基本建筑模型数据库的信息表现形式。Revit 的参数化修改引擎可自动协调在任何位置（模型视图、图纸、明细表、剖面和平面中）进行的修改。

Revit 建筑设计的基本功能主要如下。

（1）Revit 的概念设计功能提供了自由形状建模和参数化设计工具，并可以使用户在方案阶段及时对设计进行分析。

（2）Revit 的建筑建模功能可以帮助用户将概念形状转换成全功能建筑设计。

（3）用户可以选择并添加面，由此设计墙、屋顶、楼层和幕墙系统，并可以提取重要的建筑信息，如每个楼层的总面积。

此外，用户还可以将基于相关软件应用的概念性体量转化为 Revit 建筑设计中的体量对象，进行方案设计；Revit 附带丰富的详图库和详图设计工具，能够进行广泛的预分类，并可轻松兼容 CSI 格式。用户可以根据公司的标准创建、共享和定制图库；材料算量功能能计算详细的材料数量。材料算量功能适用于计算可持续设计项目中的材料数量和估算成本，显著优化材料数量跟踪流程。随着项目的推进，Revit 的参数化变更引擎将随时更新材料统计信息；用户可以使用冲突检测功能来扫描创建的建筑模型，查找构件间的冲突；Revit 的设计可视化功能可以创建并获得如照片般真实的建筑设计创意和周围环境效果图，使用户在实际动工前体验设计创意；Revit 中的渲染模块工具能够在短时间内生成高质量的渲染效果图，展示出逼真的设计作品。

知识链接

Revit 建模软件认识

知识拓展

国家会展中心室内展览面积为 40 万平方米，室外展览面积为 10 万平方米，整个综合体的建筑面积达到 147 万平方米，是目前世界上最大综合体项目，其首次实现了大面积展厅“无柱化”办展效果。总承包项目部引入 BIM 技术，为工程主体结构进行建模，然后把各专业建好的模型与总包建好的主体结构模型进行合模，有效地修正模型，解决施工矛盾，消除隐患，避免了返工、修整。

工作任务二 了解 Revit 软件的基本功能

工作任务

通过 Revit 工作界面与基本工具创建文件。

知识准备

1. BIM 建模软件的定义

随着我国建筑业信息化发展，基于 BIM 进行初步方案设计、参数化建模的软件逐渐得到发展和应用。根据市场上主流 BIM 建模软件相关特性、主打功能、BIM 应用场景特点，不同类型的 BIM 建模软件可以应用于建筑设计方案并精确创建各种形式的构件、结构、机电管廊、场地模型等，使之形成项目全生命周期的信息平台。

2. 软件建模的定义

软件建模是现代化的产物，是伴随计算机的发明、软件的应用而生发的一种设计术语。软件建模体现了软件设计的思想，在系统需求和系统实现之间架起了一座桥梁。软件工程师按照设计人员建立的模型，开发出符合设计目标的软件系统，而且软件的维护、改进也基于软件分析模型。

任务实施

一、Revit 工作界面与基本工具

Revit 软件操作界面如图 2.1 所示。

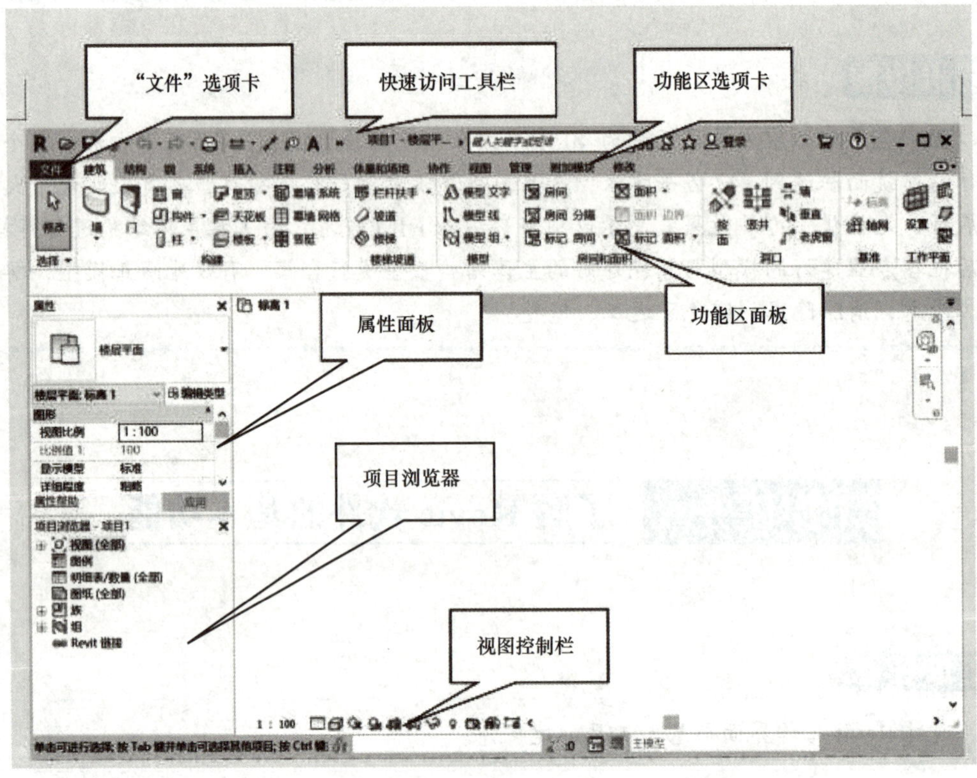

图 2.1 Revit 软件操作界面

1. "文件"选项卡

"文件"选项卡提供了常用文件操作的访问入口，如"新建""打开""保存"等，还允许用户使用更高级的工具（如"导出"）来管理文件。单击"文件"选项卡可打开应用程序菜单，如图 2.2 所示。

在 Revit 中自定义快捷键时单击"文件"选项中的"选项"按钮，弹出"选项"对话框，然后单击"用户界面"选项卡中的"自定义"按钮，在弹出的"快捷键"对话框中进行设置，如图 2.3、图 2.4 所示。

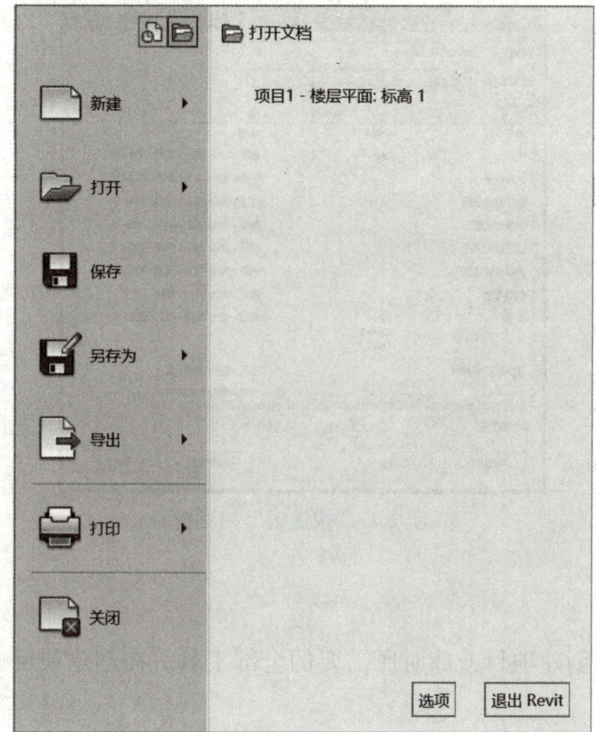

图 2.2 “文件”选项卡

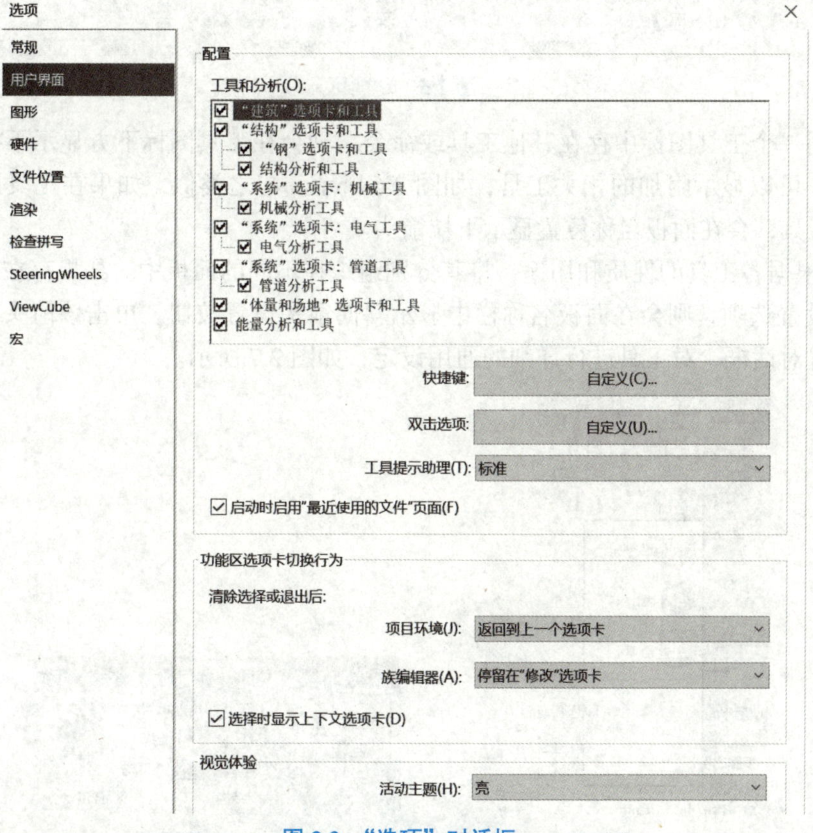

图 2.3 “选项”对话框

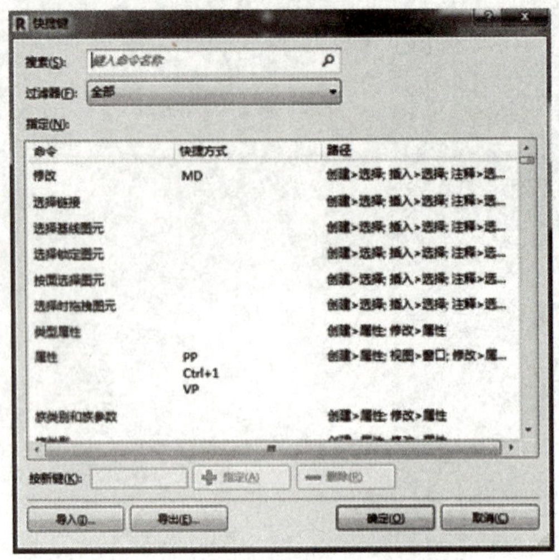

图 2.4 “快捷键”对话框

2. 功能区

功能区提供了在创建项目或族时所需要的全部工具。在创建项目文件时，功能区显示如图 2.5 所示。

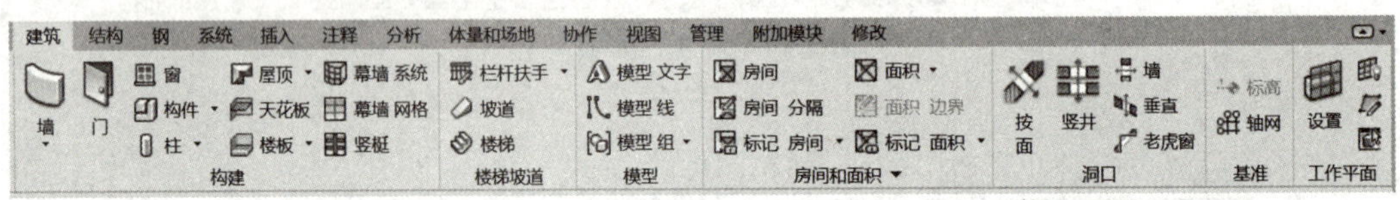

图 2.5 功能区

如果同一个工具图标中存在其他工具或命令，则会在工具图标下方显示下拉箭头，单击该箭头，可以显示附加的相关工具，如图 2.6 所示。与之类似，如果在工具面板中存在未显示的工具，会在面板名称位置显示下拉箭头。

Revit 根据各工具的性质和用途，将其分别组织在不同的面板中。如果存在与面板中工具相关的设置选项，则会在面板名称栏中显示斜向箭头设置按钮。单击该箭头，可以打开对应的设置对话框，对工具进行详细的通用设定，如图 2.7 所示。

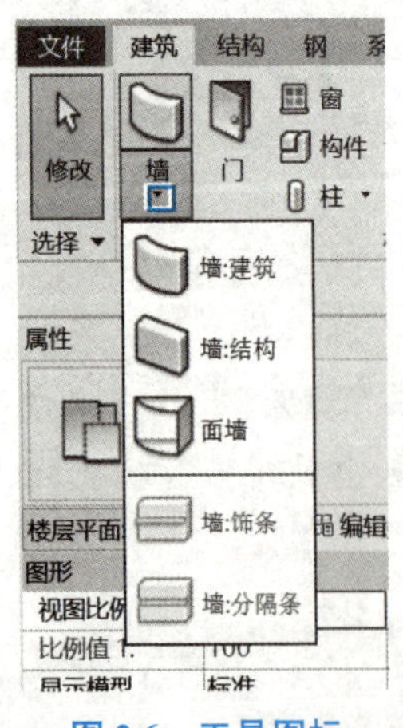

图 2.6 工具图标

图 2.7 工具面板

按住鼠标左键并拖动工具面板标签位置，可以将该面板拖曳到功能区上其他任意位置，使之成为浮动面板。要使浮动面板返回到功能区，移动鼠标光标至面板之上，浮动面板右上角显示控制栏时，单击“将面板返回到功能区”符号即可使浮动面板重新返回工作区域。注意工具面板仅能返回其原来所在的选项卡中，如图 2.8 所示。

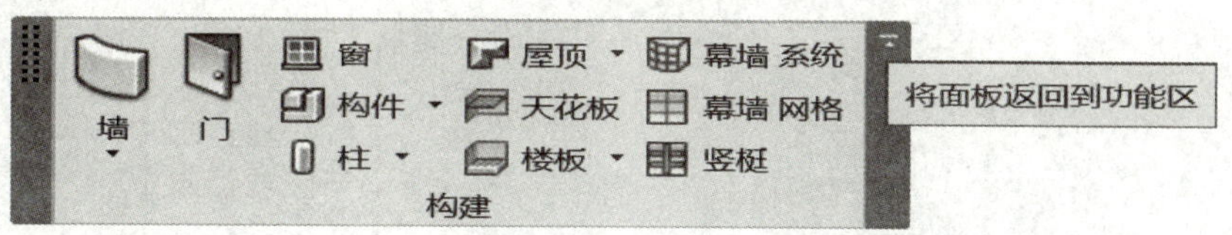

图 2.8　浮动面板

Revit 提供了 3 种不同的功能区面板显示状态。单击选项卡右侧的功能区状态切换符号，可以将功能区视图在最小化为选项卡、最小化为面板标题、最小化为面板按钮间循环切换，如图 2.9 所示。

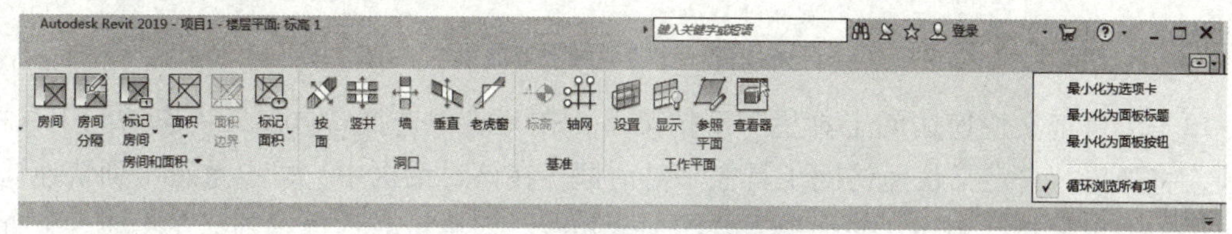

图 2.9　功能区状态切换

3．快速访问工具栏

除可以在功能区域内单击工具或命令外，Revit 还提供了快速访问工具栏，用于执行最近使用的命令。在默认情况下快速访问工具栏包含的项目如图 2.10 所示。

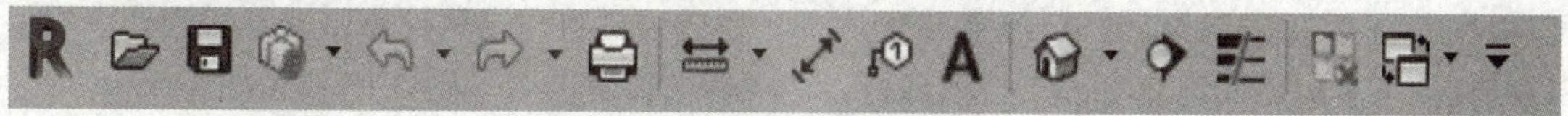

图 2.10　快速访问工具栏

可以根据需要自定义快速访问工具栏中的工具内容，根据自己的需要重新排列顺序。例如，要在快速访问工具栏中创建墙工具，用鼠标右键单击功能区“墙”工具，在弹出的快捷菜单中选择“添加到快速访问工具栏”命令即可将墙及其附加工具同时添加至快速访问工具栏中。使用类似的方式，在快速访问工具栏中用鼠标右键单击任意工具，选择“从快速访问工具栏中删除”命令，可以将工具从快速访问工具栏中移除，如图 2.11 所示。

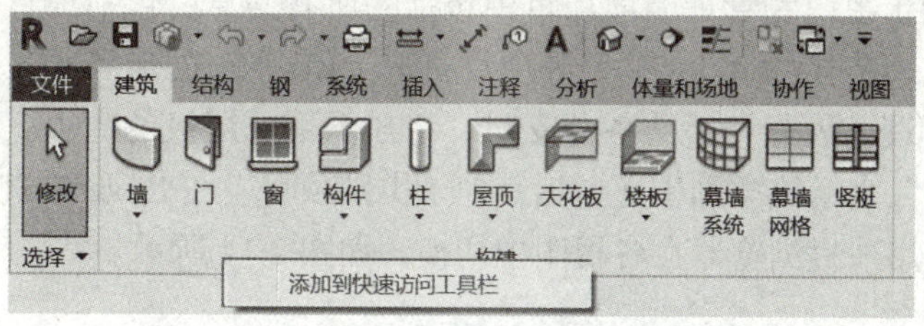

图 2.11　添加到快速访问工具栏

快速访问工具栏可能会显示在功能区下方。在快速访问工具栏上单击“自定义快速访问工具栏”下拉菜单，选择“在功能区下方显示”命令，如图 2.12 所示。

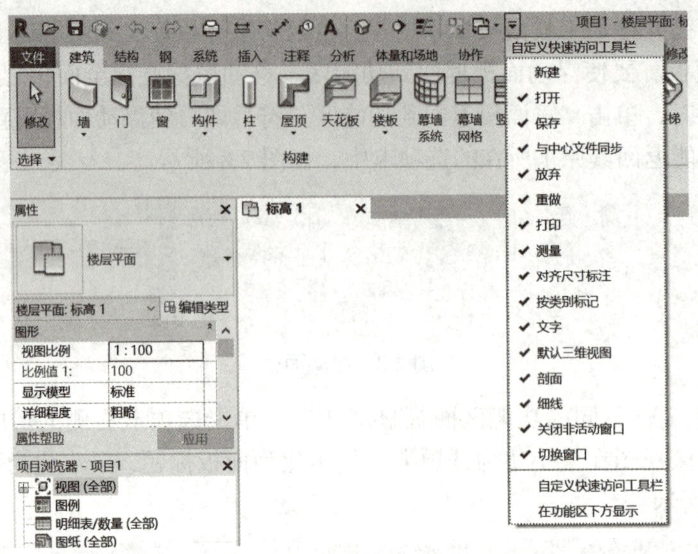

图 2.12　在功能区下方显示

单击“自定义快速访问工具栏”下拉菜单，在列表中选择“自定义快速访问工具栏”选项，将弹出“自定义快速访问工具栏”对话框。在该对话框中，可以重新排列快速访问工具栏中的工具显示顺序，并根据需要添加分隔线。勾选该对话框中的“在功能区下方显示快速访问工具栏”复选框也可以修改快速访问工具栏的位置。

4．选项栏

选项栏默认位于功能区下方。用于设置当前正在执行的操作的细节。选项栏的内容比较类似 AutoCAD 的命令提示行，其内容因当前所执行的工具或所选图元的不同而不同。可以根据需要将选项栏移动到 Revit 窗口的底部，在选项栏上单击鼠标右键，然后选择“所示为使用墙工具时，固定在底部”选项即可，选项栏的设置内容如图 2.13 所示。

图 2.13　选项栏的设置内容

5．项目浏览器

项目浏览器用于组织和管理当前项目中包括的所有信息，包括项目中所有视图、明细表、图纸、族、组、链接的 Revit 模型等项目资源。Revit 按逻辑层次关系组织这些项目资源，以方便用户管理。展开和折叠各分支时，将显示下一层级的内容。项目浏览器中，项目类别前显示“⊞”表示该类别中还包括其他子类别项目。在 Revit 中进行项目设计时，最常用的操作就是利用项目浏览器在各视图中切换，如图 2.14 所示。

6．属性面板

属性面板可以查看和修改用来定义 Revit 中图元实例属性的参数。属性面板如图 2.15 所示。

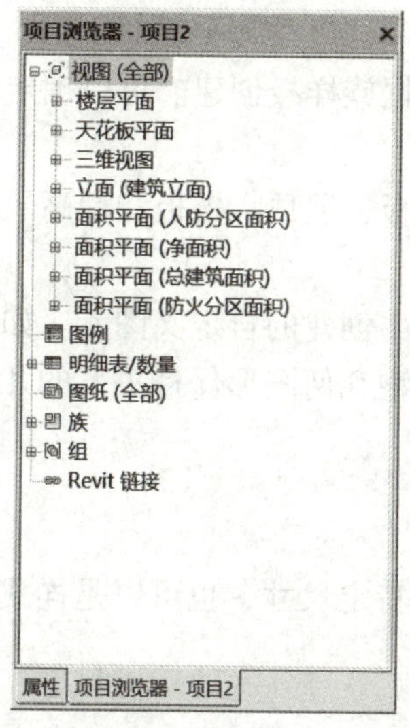

图 2.14　项目浏览器

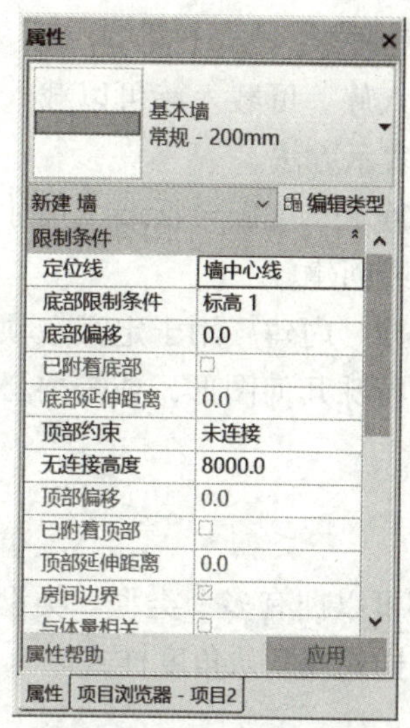

图 2.15　属性面板

7. 视图控制栏

在楼层平面视图和三维视图中，绘图区各视图窗口底部均会出现视图控制栏，如图 2.16 所示。

1 : 100

图 2.16　视图控制栏

通过视图控制栏，可以快速访问影响当前视图的功能，其中包括：比例、详细程度视觉样式、打开 / 关闭日光路径、打开 / 关闭阴影、显示 / 隐藏渲染对话框、裁剪视图、显示 / 隐藏裁剪区域、解锁 / 锁定三维视图、临时隔离 / 隐藏、显示隐藏的图元、分析模型的可见性。

二、Revit 常用文件格式与基本术语

1. Revit 常用文件格式

Revit 常用的文件格式有以下四种。

（1）rvt 格式：项目文件格式。

（2）rte 格式：项目样板格式。

（3）rfa 格式：族文件格式。

（4）rft 格式：族样板文件格式。

2. 族

族是某一类别中图元的类。族根据参数（属性）集的共用、使用上的相同和图形表示的相似来对图元进行分组。一个族中不同图元的部分或全部属性可能有不同的值，但是属性的设置（其名称与含义）是相同的。

族有以下三种。

（1）可载入族。可载入族可以载入项目，且根据族样板创建。可以确定族的属性设置和族的图形化表示方法。

（2）系统族。系统族包括墙、尺寸标注、天花板、屋顶、楼板和标高。它们不能作为单个文件载入或创建。

（3）内建族。内建族用于定义在项目的上下文中创建的自定义图元。如果模型需要不想重复使用的特殊几何图形，或需要必须与其他模型几何图形保持关系的几何图形，则创建内建族。

3．类型

每个族都可以拥有多个类型。类型可以是族的特定尺寸，也可以是样式，例如尺寸标注的默认对齐样式或默认角度样式。

4．类别

类别是一组用于对建筑设计进行建模或记录的图元。例如，模型图元类别包括墙和梁。注释图元类别包括标记和文字注释。

5．实例

实例是放置在项目中的实际项（单个图元），它们在建筑（模型实例）或图纸（注释实例）中都有特定的位置。

6．图元

在创建项目时，可以向设计中添加 Revit 参数化建筑图元。Revit 按照类别、族和类型对图元进行分类。

知识链接

BIM 建模的一般流程

知识拓展

位于天津滨海高新技术产业开发区的天津 117 大厦结构高度达 596.5 m，通过 GBIMS 施工管理系统应用（GBIMS 广联达目前针对特殊的大型项目定制开发的 BIM 项目管理系统），打造天津 117 项目 BIM 数据中心与协同应用平台，实现全专业模型信息及业务信息集成，多部门多岗位协同应用，为项目精细化管理提供支撑。该项目创造了 11 项中国之最，并运用 BIM 技术实现了节约成本、提升管理、标准建设的目标。

训练与提升

一、选择题

1．在 Revit 同一个界面同时多个视图的快捷键是（　　）。

A．WT　　B．WA　　C．WC　　D．WD

2．Revit 样板文件的后缀名是（　　）。

A．.rvt　　B．.rte　　C．.rfa　　D．.ifc

3．注释图元类别包括标记和（　　）。

A．墙　　B．文字注释　　C．梁　　D．柱

二、判断题

1．Revit 只能在功能区域内单击工具或命令。（　　）

2．按住鼠标右键并拖动工具面板标签位置时，可以将该面板拖曳到功能区上其他任意位置。（　　）

3．使用“自定义快速访问工具栏”对话框，可以重新排列快速访问工具栏中的工具显示顺序，并根据需要添加分隔线。（　　）

三、思考题

1．Revit 的基本功能有哪些？

2．Revit 功能区主要由哪些部分组成？

模块二

模型创建

项目三　标高绘制
项目四　轴网绘制
项目五　墙和幕墙绘制
项目六　梁和柱绘制
项目七　门和窗绘制
项目八　屋顶、楼板和天花板
项目九　楼梯、栏杆扶手和坡道
项目十　构件和场地
项目十一　房间和面积
项目十二　洞口绘制
项目十三　成果输出
项目十四　族
项目十五　体量创建和编辑

项目三　标高绘制

项目描述

标高用于定义建筑内的垂直高度或楼层高度，标高命令只有在立面和剖面视图中才能使用。标高的创建与编辑必须在立面或剖面视图中进行操作。因此，在正式开始项目设计前，必须先进入立面视图。

学习目标

【知识目标】

1. 了解轴标高和编辑标高的概念和作用；
2. 学习如何创建和修改轴标高；
3. 学习如何使用编辑标高调整元素的局部高度；
4. 掌握轴标高和编辑标高的应用技巧和注意事项。

【能力目标】

1. 能够设置轴标高的名称、类型、偏移量、基准线等属性，以及如何在平面图和立面图中显示和隐藏轴标高；
2. 能够根据实际项目需求，合理设置和调整标高；
3. 能够在实际项目中应用标高绘制和编辑方法，为建筑结构创建提供基础。

【素质目标】

1. 培养对 BIM 技术的学习兴趣和积极态度；
2. 提高创新意识和问题解决能力，以应对标高绘制和编辑在项目中的实际挑战；
3. 增强团队协作和沟通能力，以便在实际项目中应用标高绘制和编辑方法；
4. 学以致用，把知识转化为职业能力。

工作任务一　创建标高

工作任务

通过学习标高创建相关知识，完成图 3.1 所示的标高创建任务。

12.200 标高 4

9.300 标高 3

4.000 标高 2

±0.000 标高 1

图 3.1　标高

知识准备

1. 标高的基本概念

标高是指平均海平面和某地最高点（面）之间的垂直距离。标高表示建筑物各部分的高度，是建筑物某一部位相对于基准面（标高的零点）的竖向高度，是竖向定位的依据。

2. 建筑标高和结构标高的区别

建筑标高是指包括粉刷层、装饰层厚度在内的，装修完成后的标高。结构标高是指梁、板、柱结构表面的标高，是不包括构件表面粉刷层、装饰层厚度的标高，是构件的安装或施工高度。简单地说建筑标高 = 结构标高 + 装饰层厚度。

任务实施

在 Revit 中，标高用于反映建筑构件在高度方向上的定位情况，因此在开始进行设计前，应先对项目的层高和标高信息作出整体规划。

创建标高有多种方法，常用的有：绘制标高、复制标高、阵列标高。

一、绘制标高

1. 修改原有标高

（1）启动 Revit，默认将打开“最近使用的文件”页面。执行“文件”→“新建”→“项目”命令，弹出“新建项目”对话框。在“样板文件”下拉列表中选择“建筑样板”选项，确认“新建”类型为“项目”，单击“确定”按钮，即完成了新项目的创建。选择样板文件时，可通过单击“浏览”按钮选择除“默认”外其他类型的样板文件，如图 3.2 所示。

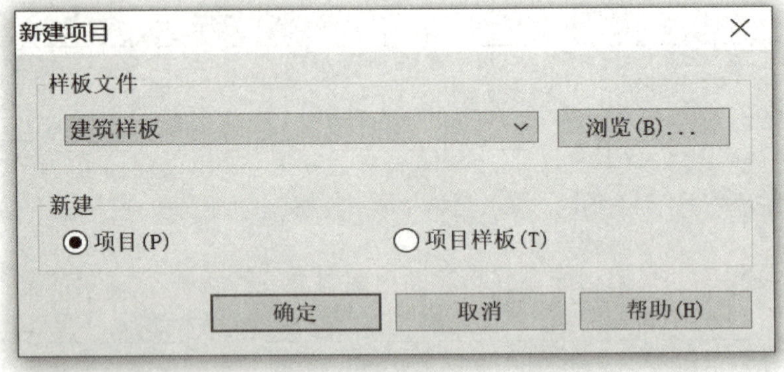

图 3.2 “新建项目”对话框

（2）默认将打开“标高 1”楼层平面视图。在项目浏览器中展开“立面”视图类别，双击“南”立面视图名称，切换至南立面。在南立面视图中，显示项目样板中设置的默认标高“标高 1”和“标高 2”，且“标高 1”的标高为 ±0.000 m，“标高 2”的标高为 4.000 m，如图 3.3 所示。

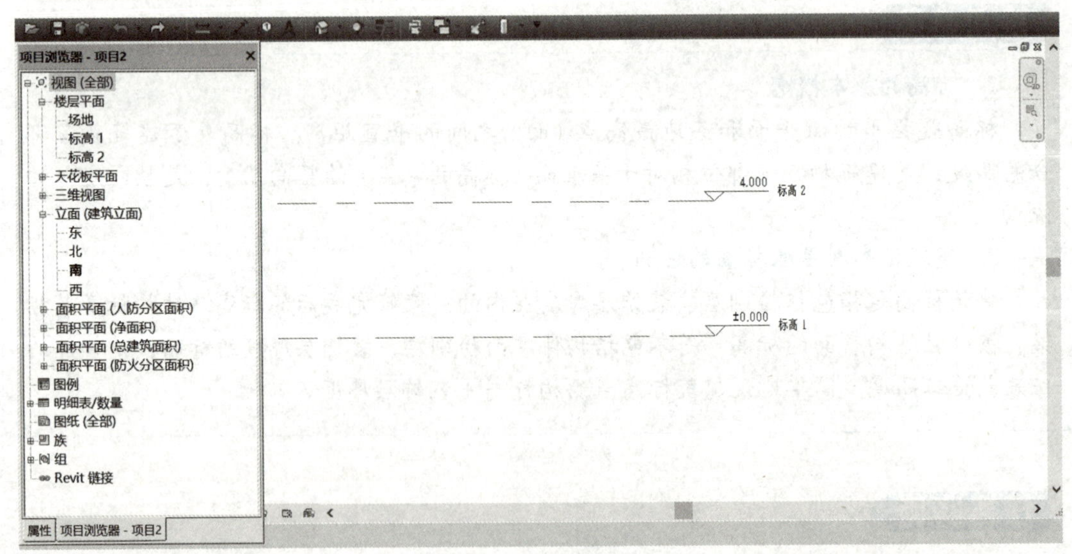

图 3.3 “南”立面视图

（3）将光标指向标高 2 一端，并滚动鼠标滑轮放大该区域。双击标高值，在文本框中输入“4.800”，按 Enter 键完成标高值的更改，如图 3.4 所示。

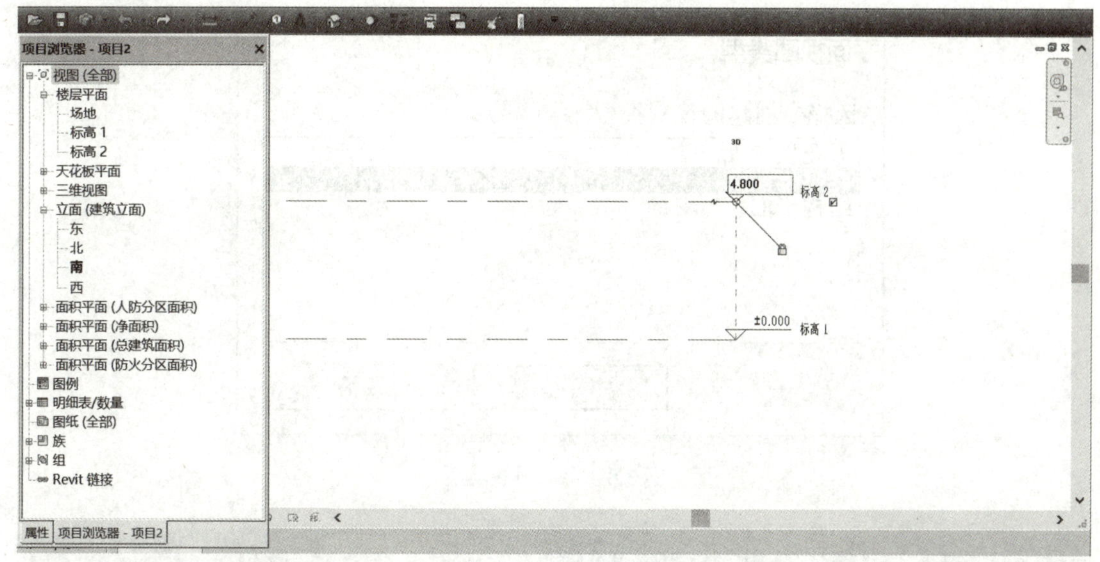

图 3.4　更改标高值

2. 绘制标高

（1）切换到“建筑”选项卡，在“基准”面板中单击“标高”按钮（图 3.5），切换至“修改 | 放置 | 标高”上下文选项卡。单击“绘制”面板中的“直线”按钮，确定绘制标高的工具（图 3.6）。当选择标高绘制方法后，选项栏中会显示“创建平面视图”选项（图 3.7）。当选择该选项后，所创建的每个标高都是一个楼层。单击“平面视图类型”按钮，在弹出的“平面视图类型”对话框中，除了“楼层平面”选项外，还包括“天花板平面”与“结构平面”选项（图 3.8）。如果禁用“创建平面视图”选项，则系统默认标高是非楼层的标高，且不创建关联的平面视图。

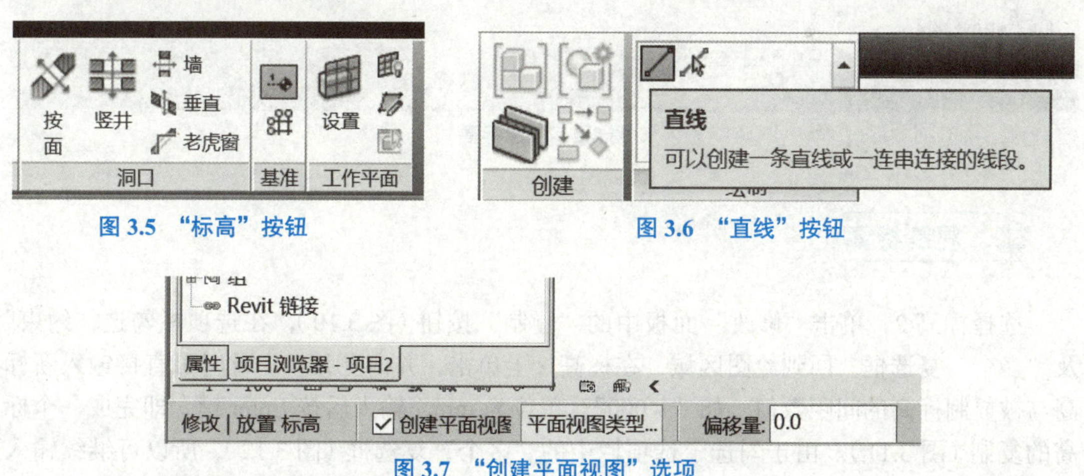

图 3.5　“标高”按钮

图 3.6　“直线”按钮

图 3.7　“创建平面视图”选项

（2）单击鼠标左键并按住鼠标滚轮向左移动绘图区域中的视图，显示标高左侧。光标移动至标高 2 左侧时，光标与现有标高之间会显示一个临时尺寸标注。当光标指向现有标高标头时，系统会自动捕捉端点。单击确定标高端点后，配合鼠标滚轮向右移动视图，确定右侧的标高端点后单击，完成标高的创建，如图 3.9 所示。

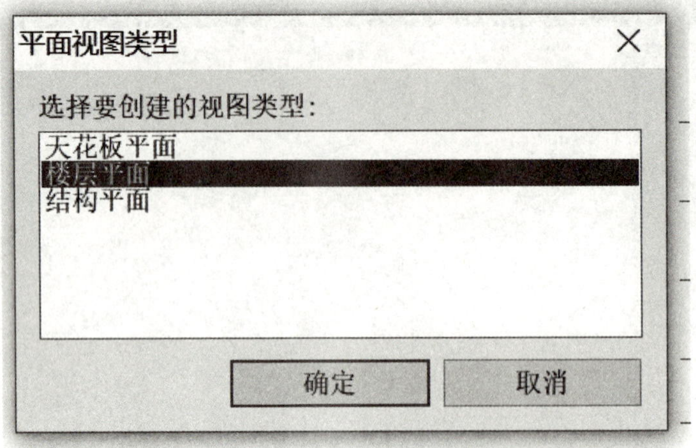

图 3.8　平面视图类型

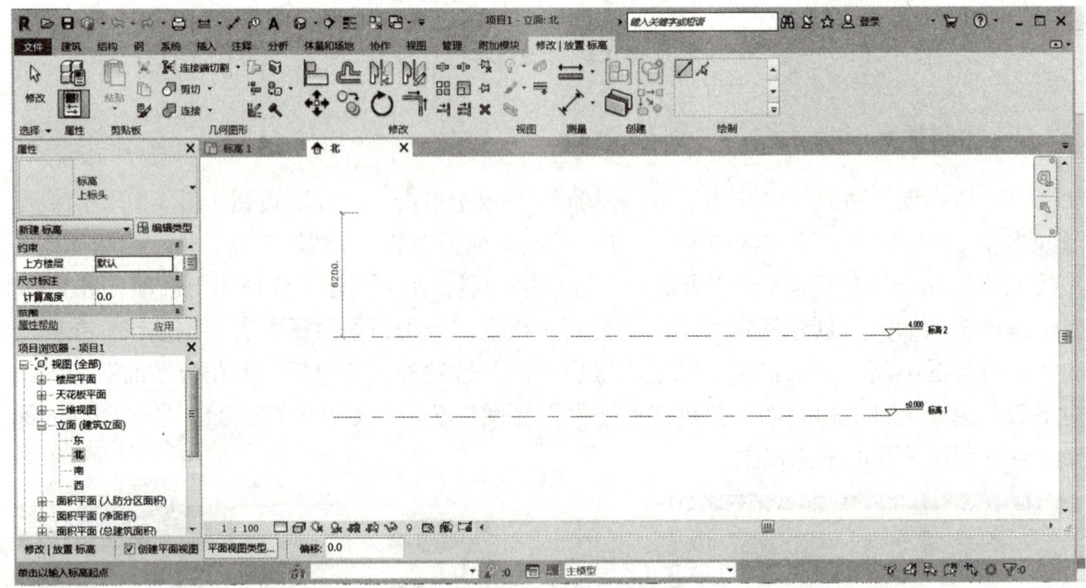

图 3.9　创建标高

二、复制标高

选择标高 2，单击“修改”面板中的“复制”按钮（图 3.10），在选项栏勾选“约束”及“多个”复选框。回到绘图区域，在标高 2 上单击，并向上移动，此时可直接输入新标高与被复制标高的间距数值，如“3 000”，单位为 mm，输入后按 Enter 键，即完成一个标高的复制（图 3.11）。由于勾选了选项栏中的“多个”复选框（图 3.12），所以可继续输入下一个标高间距，而无须再次选择标高并激活“复制”工具。Revit 不会为采用复制方式创建的标高生成楼层平面图。

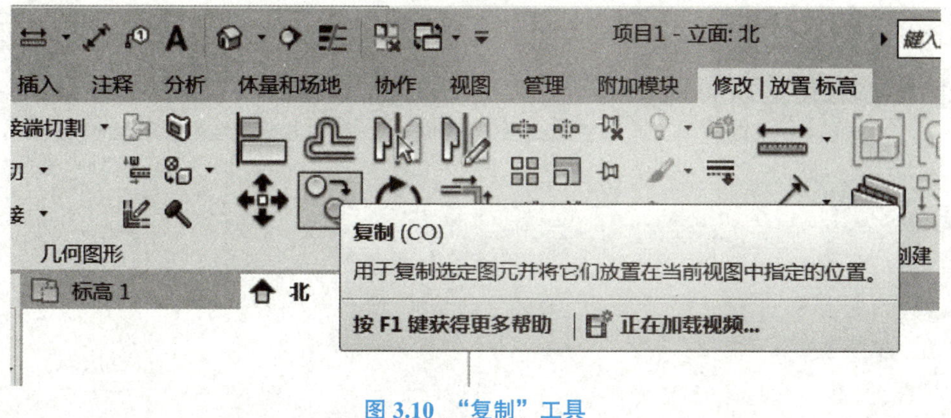

图 3.10 “复制”工具

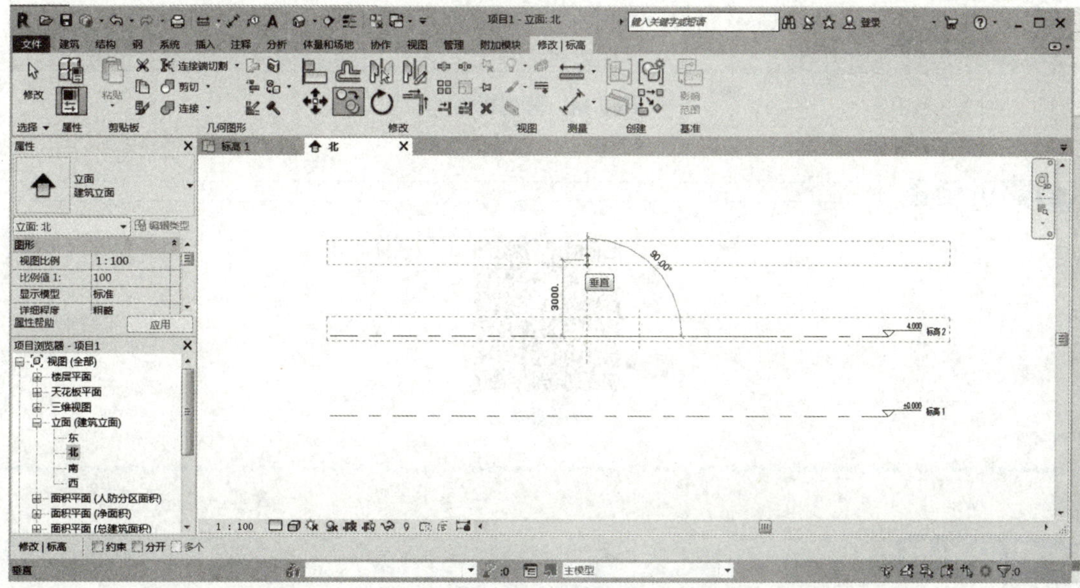

图 3.11 复制标高

图 3.12 “多个”复选框

三、阵列标高

选择要阵列的标高，在“修改 | 标高”上下文选项卡的“修改”面板中单击“阵列”按钮，并在选项栏中单击“线性”按钮，设置“项目数”为 3（图 3.13），单击标高任意位置确定基点，如图 3.14 所示。

图 3.13 “阵列”选项栏

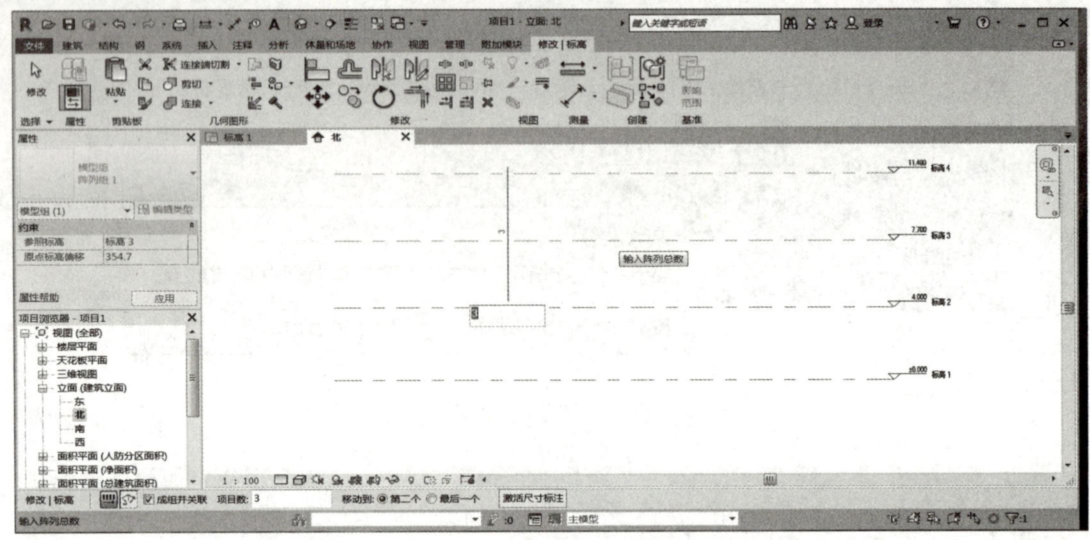

图 3.14　阵列标高

知识链接

创建标高

知识拓展

上海迪士尼的奇幻童话城堡项目成功应用 BIM 技术，获得了美国建筑师协会的“建筑实践技术大奖”。借助 BIM 技术，迪士尼工程人员不用手拿纸质图纸，携带平板电脑就可进行现场管理，三维视图让施工错漏一目了然，避免了返工、资源浪费。

工作任务二　编辑标高

工作任务

通过学习标高属性编辑，完成标高的线宽、颜色、线型编辑任务。

知识准备

1. 标高编辑的主要内容

实例（即个体）编辑分为长度编辑、高度编辑和显示编辑三类。

2. 标高布置的基本原则

满足常规的模数，不影响使用的功能。多层框架主要承受竖向荷载，柱网布置时，应考虑到结构内力分布的均匀性。纵向柱列的布置对结构受力也有影响，框架柱距一般可取建筑开间。在主受力方向，柱距稍小。

任务实施

1. 编辑标高

选择任意一条标高线，会显示临时尺寸、一些控制符号和复选框。可以编辑其尺寸值，单击并拖曳控制符号，还可进行整体或单独调整标高标头位置、控制标头隐藏或显示、偏移标头等操作。

选择标高线，单击标头外侧方框，即可关闭 / 打开轴号显示。

单击标头附近的折线符号，偏移标头；单击蓝色“拖曳点”，按住鼠标不放，调整标头位置，如图 3.15 所示。

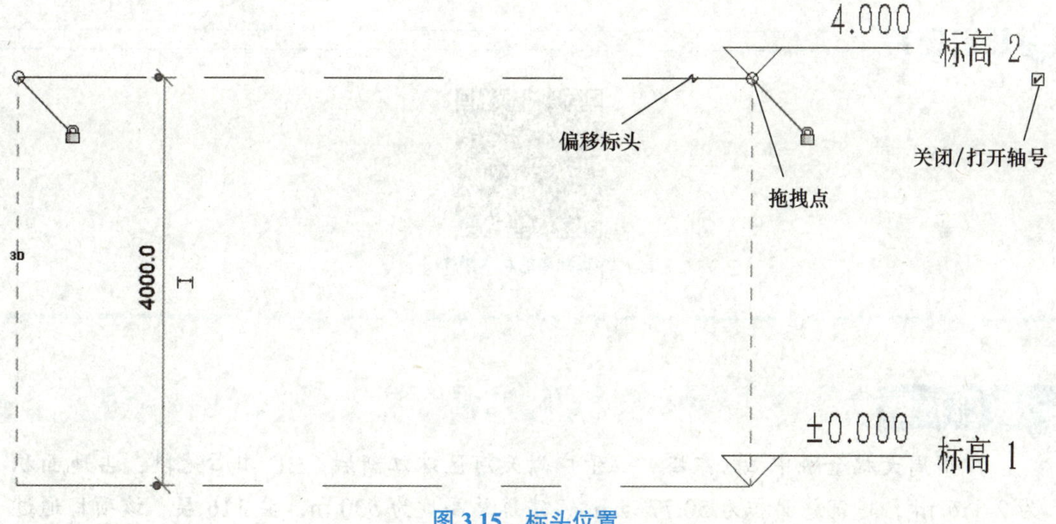

图 3.15　标头位置

2. 属性编辑

选择某个标高后，单击“属性”面板中的“编辑类型”按钮（图 3.16），打开“类型属性”对话框。在该对话框中，不仅能够设置标高显示的颜色、样式、粗细，还能够设置端点符号显示与否。标高“类型属性”对话框中的各个参数及相应的值设置如图 3.17 所示。

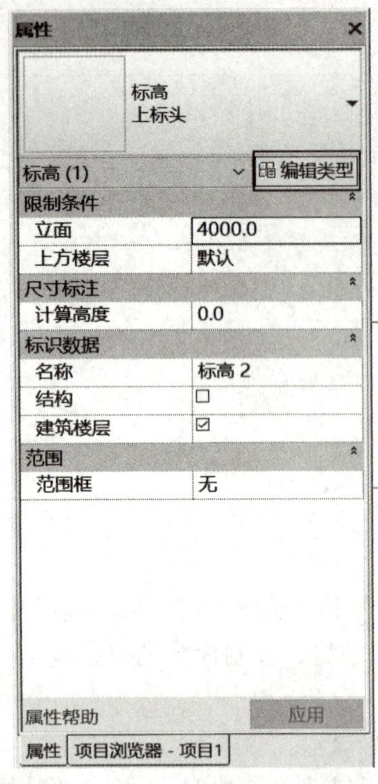

图 3.16 “编辑类型”按钮

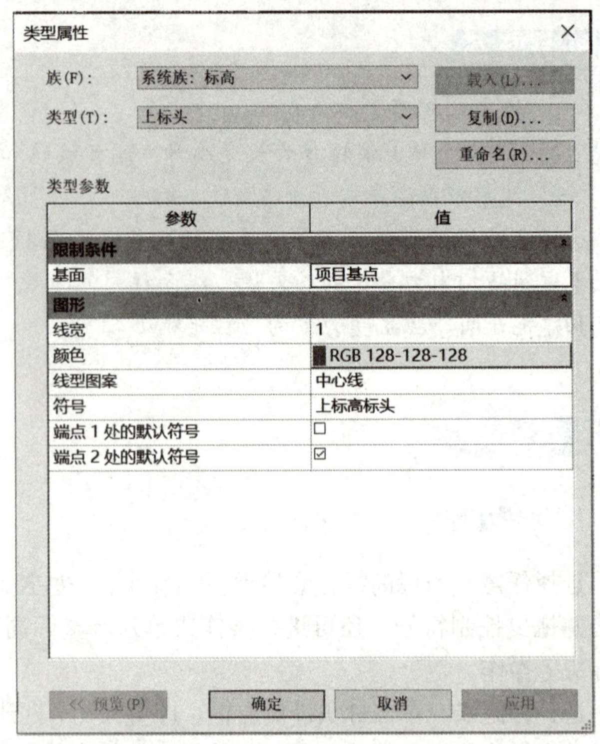

图 3.17 “类型属性”对话框

知识链接

编辑标高的基本操作

知识拓展

广州周大福金融中心（东塔）位于广州天河区珠江新城 CBD 中心地段，占地面积为 2.6 万 m^2，建筑总面积为 50.77 万 m^2，建筑总高度为 530 m，共 116 层。该项目通过应用 MagiCAD、GBIMS 施工管理系统等 BIM 产品取得良好成效，实现了技术创新和管理提升。建成后的广州东塔和广州西塔构成了广州新中轴线。

训练与提升

一、单选题

1．关于标高绘制，说法正确的是（　　）。

A．可以使用轴网选项卡进行绘制　　B．可以使用标高选项卡绘制

C．以上都不对

2．关于标高绘制，说法正确的是（　　）。

A．可以在平面视图下绘制　　B．必须在立面视图下绘制

C．以上都正确

3．关于标高绘制，说法错误的是（　　）。

A．在绘制好第一根标高线后，可以用复制命令创建后续的标高

B．在绘制好第一根标高线后，必须用复制命令创建后续的标高

C．在绘制好第一根标高线后，必须用相同的方法重复绘制后续的标高

二、判断题

1．标高线的标高值可以在后期编辑修改。（　　）

2．标高线符号既可以设置为上标头，也可以设置为下标头。（　　）

3．当用户修改标高上的数字时，该数字以毫米为单位。（　　）

三、实训题

已知某建筑共 8 层，首层地面标高为 ±0.000，首层层高为 4.8 m，第二至第五层层高为 3.6 m，第六层及以上层高为 3.2 m，按要求建立项目标高。

项目四　轴网绘制

项目描述

轴网是由建筑轴线组成的网，是人为地在建筑图纸中为了标示构件的详细尺寸，按照一般的习惯标准虚设的，标注在对称界面或截面构件的中心线上。通过轴网的创建与编辑学习，可以更加精确地设计与放置建筑物构件。

学习目标

【知识目标】

1. 了解轴网的概念、类型和属性，以及如何在 BIM 软件中绘制水平轴网、垂直轴网和弧形轴网；
2. 理解轴网的属性（包括名称、编号、可见性、锁定状态等）及其设置方法；
3. 使用不同的工具和方法编辑轴网，包括移动、旋转、延伸、修剪、删除等。

【能力目标】

1. 能够使用 Revit 软件中的轴网工具，根据给定的平面图或立面图，绘制出合理的轴网布局，包括水平轴网和垂直轴网；
2. 能够调整轴网的位置、方向、间距、编号等属性，以满足设计要求和规范要求；
3. 能够使用 Revit 软件中的编辑工具，对已有的轴网进行修改、删除、复制、移动、旋转等操作；
4. 能够识别并解决轴网之间的冲突或重叠问题，保证轴网清晰和准确。

【素质目标】

1. 培养对 BIM 技术的学习兴趣和积极态度；
2. 提高创新意识和问题解决能力，以应对轴网绘制和编辑在项目中的实际挑战；
3. 增强团队协作和沟通能力，以便在实际项目中应用轴网绘制和编辑方法；
4. 学以致用，把知识转化为职业能力。

工作任务一　创建轴网

工作任务

通过学习轴网创建相关知识，完成图 4.1 所示的轴网创建任务。

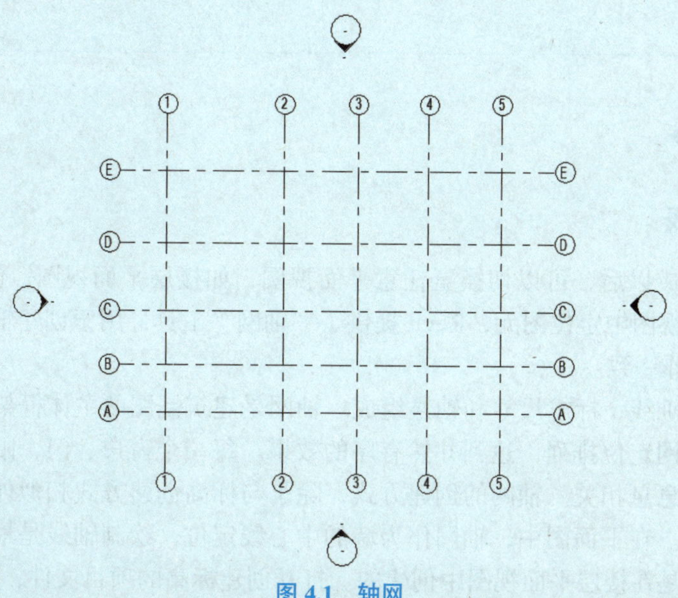

图 4.1　轴网

知识准备

1. 轴网的基本概念

在绘制建筑平面图之前，要先画轴网。轴网是由建筑轴线组成的网，是人为地在建筑图纸中为了标示构件的详细尺寸，按照一般的习惯标准虚设的，习惯上标注在对称界面或截面构件的中心线上。

2. 建筑图纸中轴网的主要作用

建筑图纸中的轴网，实际上就是一个相对坐标系，是图中所有构件的平面位置的参照基准。

3. 轴网的编号原则

（1）宜标注在图样的下方与左侧，横向编号应用阿拉伯数字，从左至右顺序编写；竖向编号应用大写拉丁字母，从下至上顺序编写。

（2）拉丁字母的 I、O、Z 不得用作轴线编号。如字母数量不够使用，可增用双字母或单字母加数字注脚，如 AA、BA、……、YA 或 A_1、B_1、……、Y_1。组合较复杂的平面图中的定位轴线也可采用分区编号，编号的注写形式应为“分区号—该分区编号”。

分区号采用阿拉伯数字或大写拉丁字母表示。

(3)附加定位轴线的编号，应以分数形式表示，并应按规定编写：两根轴线间的附加轴线，应以分母表示前一轴线的编号，分子表示附加轴线的编号，编号宜用阿拉伯数字顺序编写。

(4)一张详图适用于几根轴线时，应同时注明各有关轴线的编号。

(5)通用详图中的定位轴线，应只画圆，不注写轴线编号。

(6)圆形平面图中定位轴线的编号，其径向轴线宜用阿拉伯数字表示，从左下角开始，按逆时针顺序编写；其圆周轴线宜用大写拉丁字母表示，从外向内顺序编写。

任务实施

1. 绘制轴线

标高创建完成以后，可以切换至任意平面视图，如楼层平面视图，创建和编辑轴网。轴网用于在平面视图中定位图元，Revit 提供了“轴网”工具，用于创建轴网对象，其操作与创建标高的操作一致。

轴网由定位轴线、标志尺寸和轴号组成。轴网是建筑制图的主体框架，建筑物的主要支承构件按照轴网定位排列，达到井然有序的效果。每一个窗户、门、阳台等构件的定位都与轴网、标高息息相关。轴网的创建方式，除了与标高创建方式相似外，还增加了弧形轴线的绘制方法。在平面图中，轴网作为墙的中心线定位，绘制轴线是最基本的创建轴网的方法，而轴网是在楼层平面视图中创建的。打开创建标高的项目文件，在“项目浏览器”中依次展开“视图”→“楼层平面”→“标高 1”视图，进入“标高 1”平面视图，如图 4.2 所示。

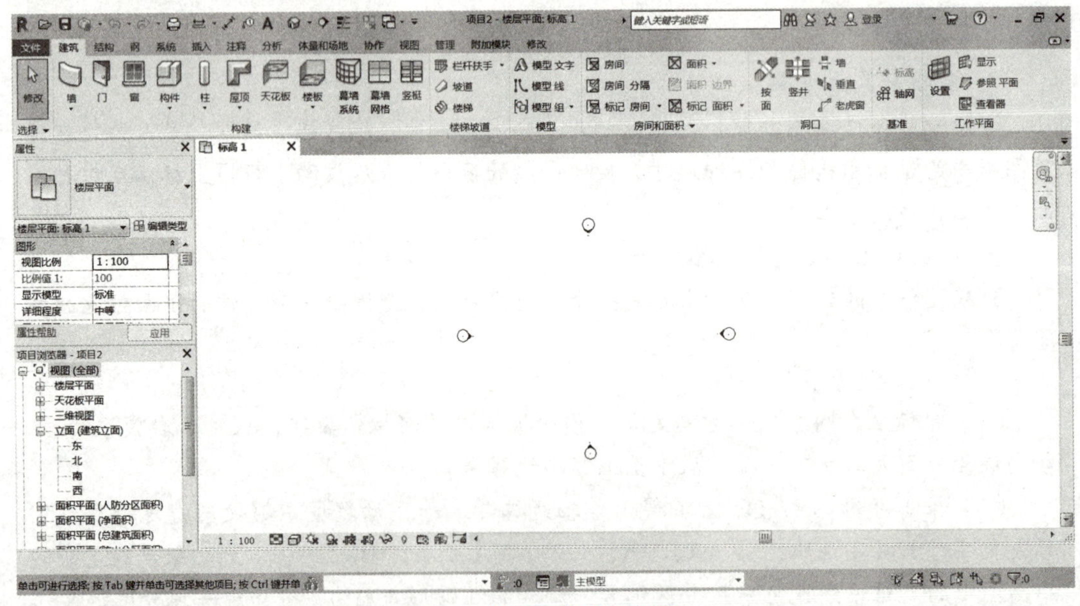

图 4.2 “标高 1”平面视图

切换到“建筑”选项卡，在“基准”面板中单击“轴网”按钮，如图 4.3 所示。进入“修改 | 放置 | 轴网”上下文选项卡，单击“绘制”面板中的“直线”按钮。

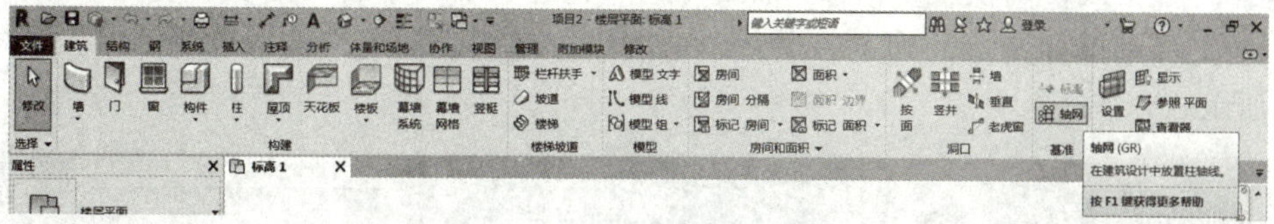

图 4.3　选择“轴网”工具

在绘图区域适合位置单击完成第一条轴线的创建（图 4.4）。第二条轴线的绘制方法与标高绘制方法相似。将光标指向轴线端点，光标与现有轴线之间会显示一个临时尺寸标注。当光标指向现有轴线端点时，系统会自动捕捉端点。当确定尺寸值后单击鼠标左键确定轴线端点，并滚动鼠标滚轮向上移动视图，确定上方的轴线端点后再次单击鼠标左键完成轴线的绘制。完成绘制后，连续按两次 Esc 键即可退出轴网绘制，如图 4.5 所示。

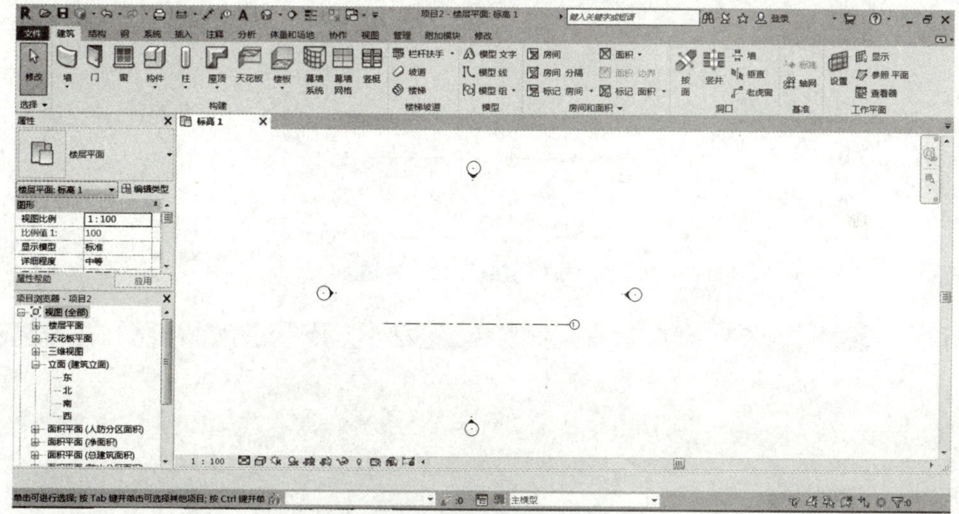

图 4.4　绘制第一条轴线

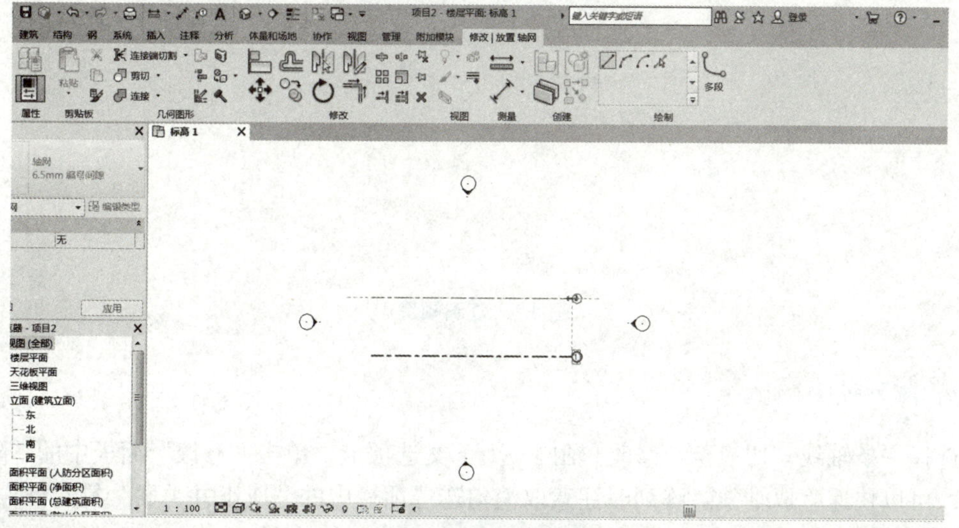

图 4.5　绘制第二条轴线

2. 复制轴网

选择一条轴线，切换至“修改 | 轴网”上下文选项卡，单击“修改”面板中的“复制”按钮，向上移动鼠标光标，确定一点，单击鼠标左键生成轴线，轴号自动排序，如图 4.6、图 4.7 所示。

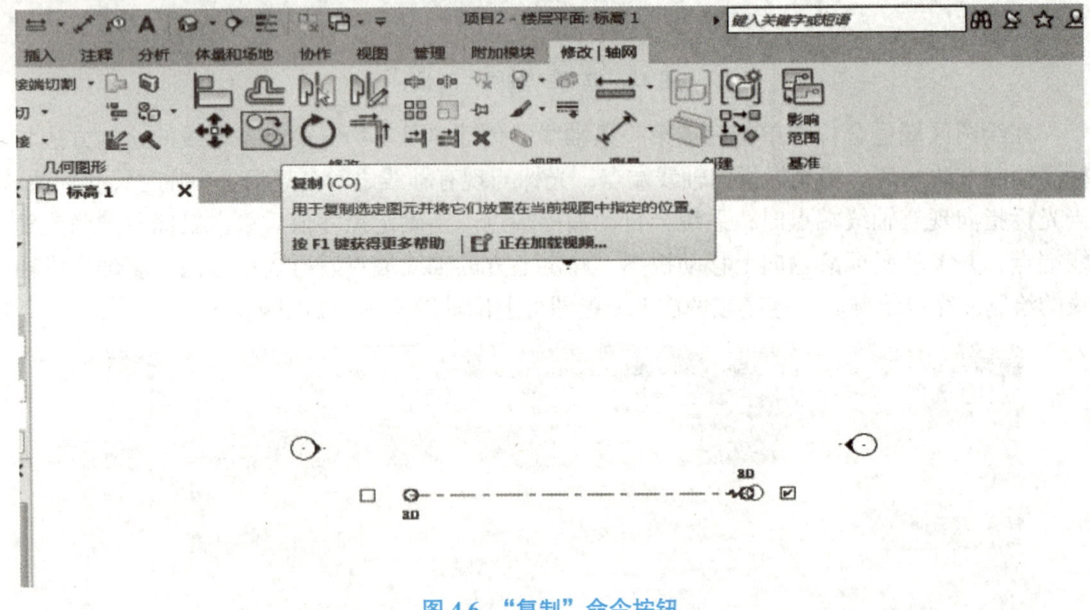

图 4.6 “复制”命令按钮

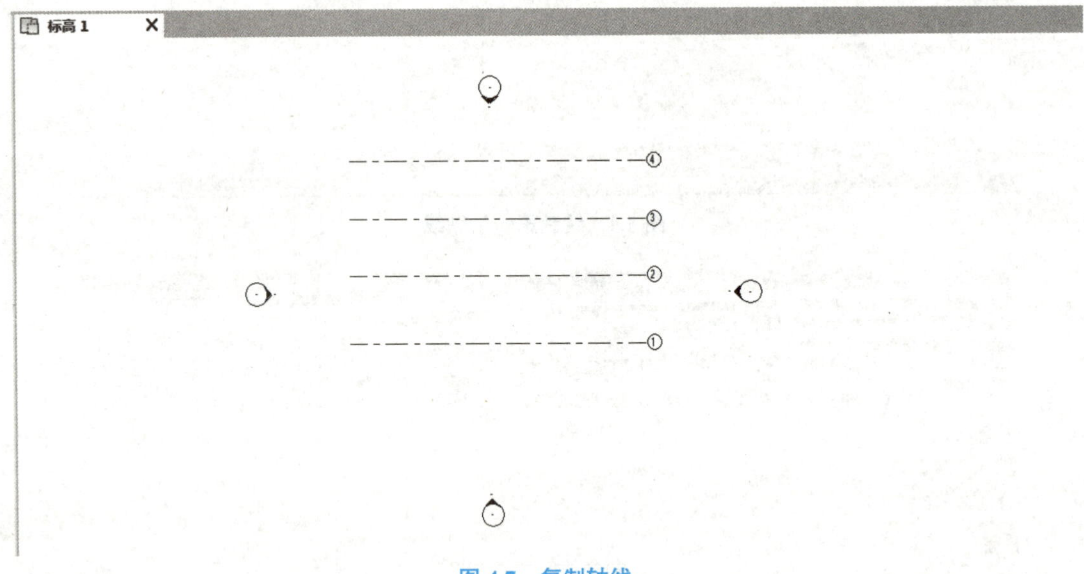

图 4.7 复制轴线

3. 阵列轴网

选择一条轴线，切换至“修改 | 轴网”上下文选项卡，单击“修改”面板中的“阵列”按钮，可以快速生成轴线。阵列时注意取消勾选选项栏中的“成组并关联”复选框，因为轴网成组后修改将会相互关联。绘制过程如图 4.8 ～图 4.10 所示。

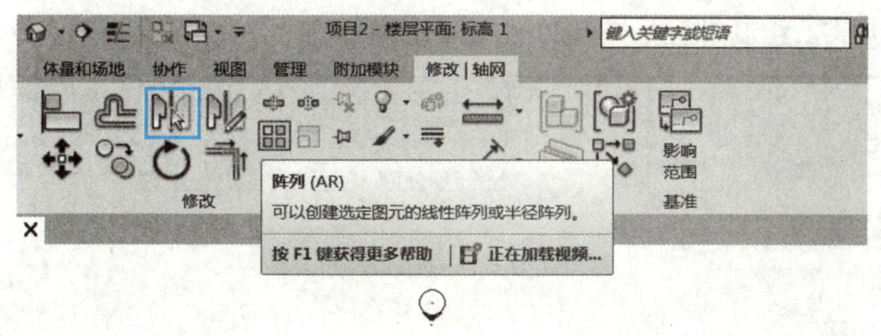

图 4.8 “阵列”按钮

修改 | 轴网　成组并关联　项目数: 5　移动到: 第二个　最后一个　约束　激活尺寸标注

单击可输入移动起点。　:0　主模型

图 4.9 参数设置

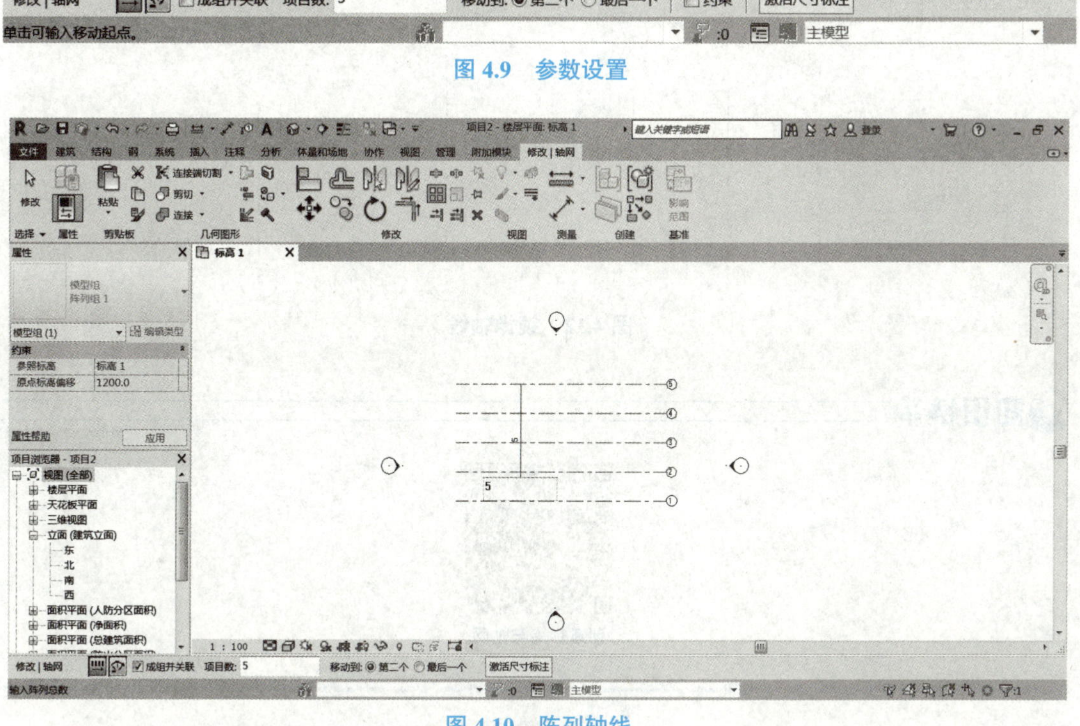

图 4.10 阵列轴线

4. 镜像轴线

选择一条或多条轴线，切换至“修改 | 轴网”上下文选项卡，单击“修改”面板中的“镜像”按钮，可以快速生成轴线。

镜像时需要注意①～③轴线以轴线④为中心镜像同样可以生成⑤～⑦轴线，但镜像后⑤～⑦轴线的顺序将发生颠倒，即轴线⑦将在最左侧，⑤号轴线将在右侧。在对多个轴线进行复制或镜像时，Revit 默认以复制原对象的绘制顺序进行排序，因此，绘制轴网时不建议使用镜像的方式。绘制过程如图 4.11、图 4.12 所示。

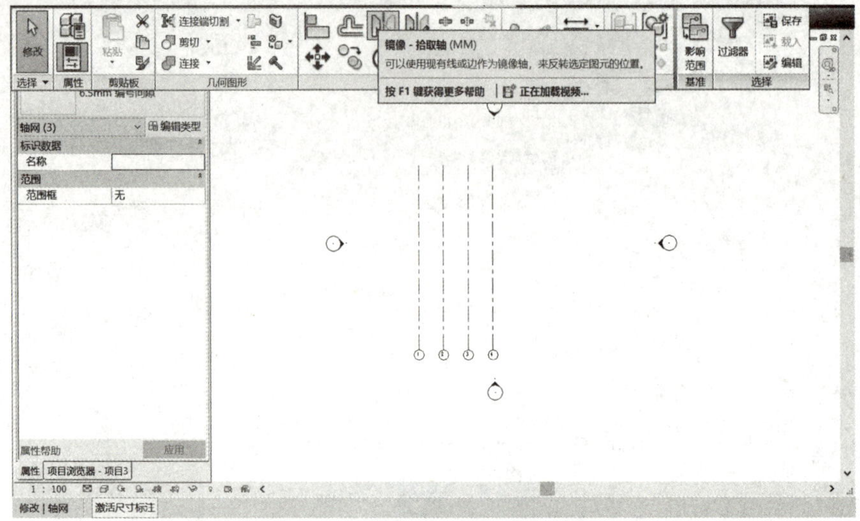

图 4.11 “镜像”命令按钮

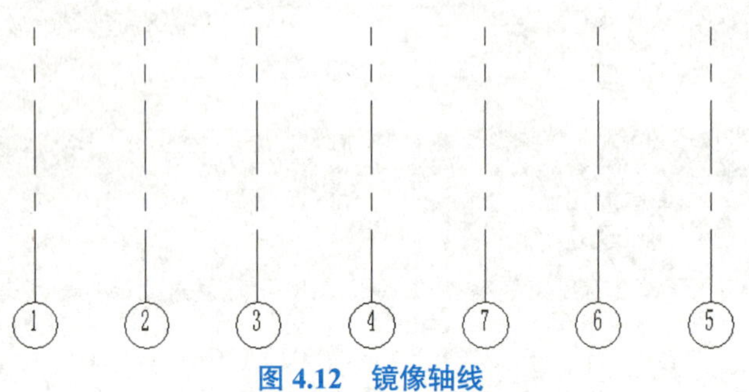

图 4.12 镜像轴线

知识链接

创建标高与轴网

知识拓展

苏州中南中心应用 BIM 技术应对项目要求高、设计施工技术难度大、协作方众多、工期长、管理复杂等诸多挑战。该项目的业主谈道："这个项目建成后将成为苏州城市的新名片，为保证项目的顺利进行，我们不得不从设计、施工到竣工全方面应用 BIM 技术！"为保障跨组织、跨专业的超高层 BIM 协同作业顺利进行，业主方选择了与广联云合作，共同搭建"在专业顾问指导下的多参与方的 BIM 组织管理"协同平台。

工作任务二 编辑轴网

工作任务

通过学习轴网创建相关知识，完成图 4.13 所示的轴网编辑任务。

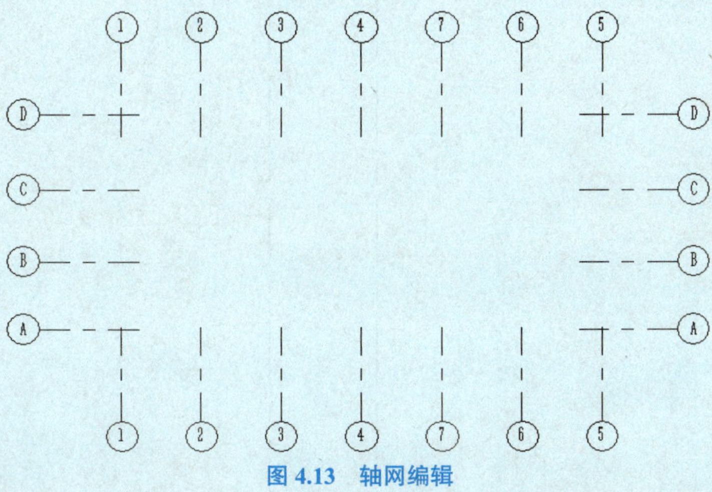

图 4.13 轴网编辑

知识准备

1. 轴网编辑的主要内容

轴网编辑是指在放置轴网时对轴网类型进行更改，或在视图中更改现有轴网的类型。轴网的修改分为在“属性栏”和在“编辑类型”里修改。在“属性栏”中，可以看到当前使用的是“6.5 mm 编号间隙”，还可以选用其他的类型，这里只能修改选中的轴网。在“编辑类型”中，可以修改轴网的符号、轴线中段、轴线末段宽度和颜色等。

2. 轴网布置的基本原则

基本原则是满足常规的模数要求，不影响使用的功能。多层框架主要承受竖向荷载，柱网布置时，应考虑到结构内力分布的均匀性。纵向柱列的布置对结构受力也有影响，框架柱距一般可取建筑开间。在主受力方向上，柱距稍小。

任务实施

1. 轴线位置调整

选择任何一条轴线，出现临时尺寸标注，单击尺寸即可修改其值，调整轴线位置，如图 4.14 所示。

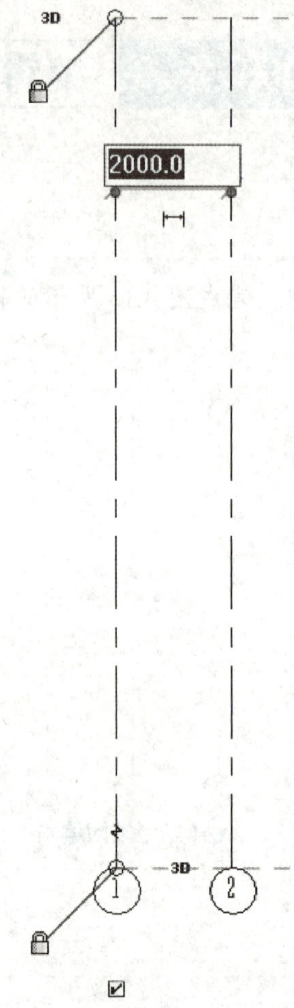

图 4.14 调整轴线位置

2. 调整轴头位置

选择任何一条轴线，所有对齐轴线的端点位置会出现一条对齐虚线，用鼠标拖曳轴线端点，所有轴线端点同步移动，如图 4.15 所示。

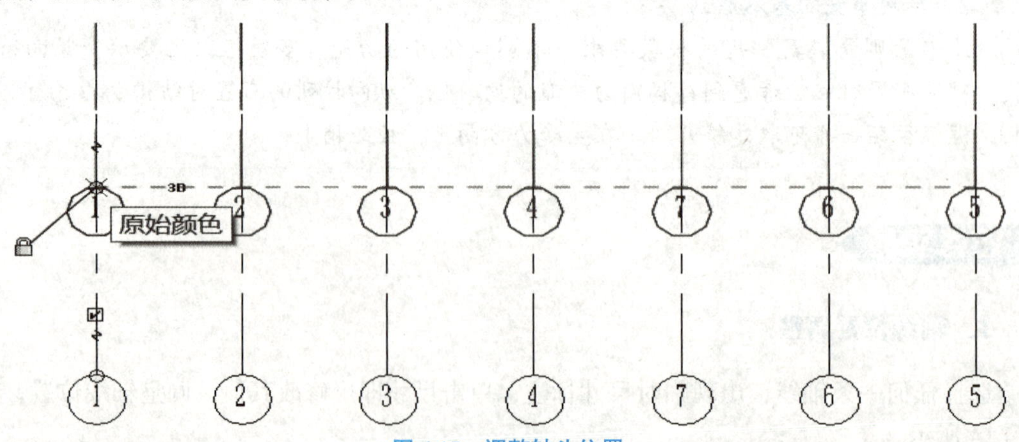

图 4.15 调整轴头位置

如果只移动单条轴线的端点，则先打开对齐锁定，再拖曳轴线端点，如图 4.16、图 4.17 所示。

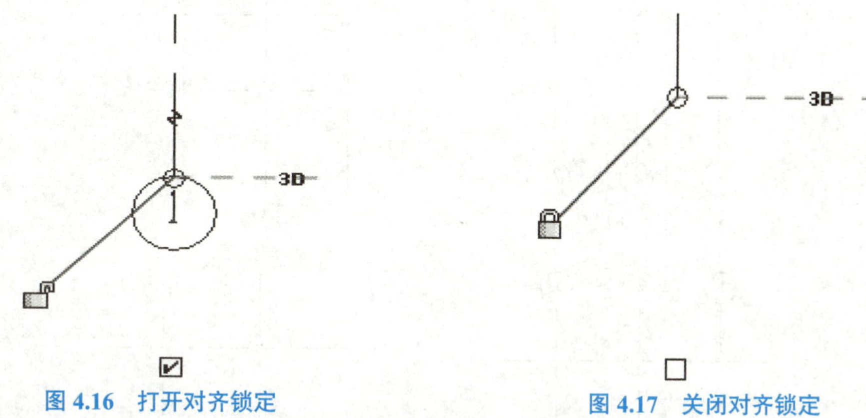

图 4.16　打开对齐锁定　　　图 4.17　关闭对齐锁定

如需控制所有轴号的显示，可选择所有轴线，将自动激活“修改 | 轴网”上下文选项卡。单击“属性”面板中“编辑类型”按钮，弹出“类型属性”对话框，在其中修改轴线类型属性，单击端点默认编号的“√”标记，如图 4.18 所示。

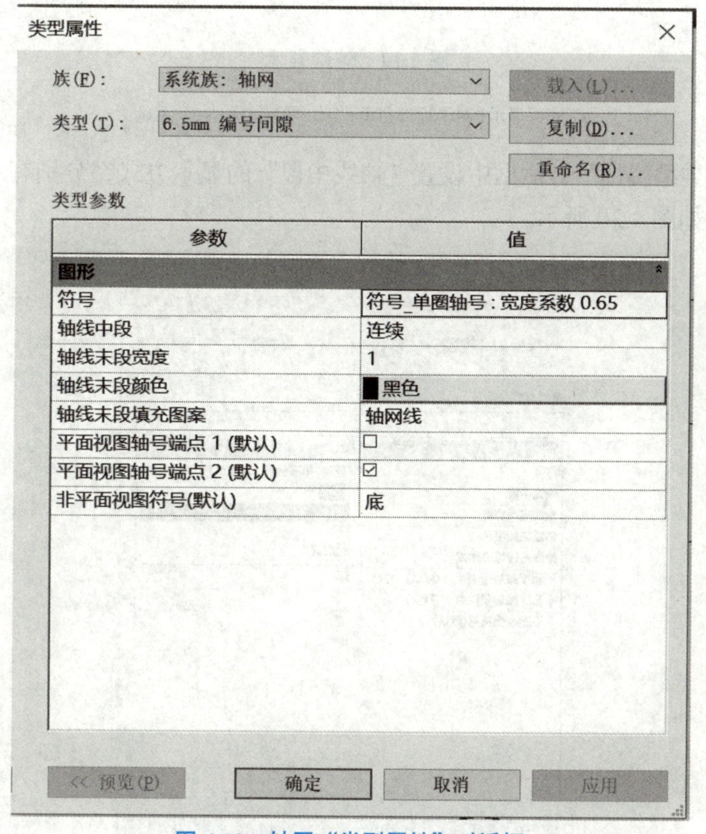

图 4.18　轴网“类型属性”对话框

除可控制“平面视图轴号端点”的显示，在“非平面视图轴号（默认)”中还可以设置轴号的显示方式，控制除平面视图外的其他视图，如立面、剖面等视图的轴号，其显示状态为顶部、底部、两者或无显示，如图 4.19 所示。

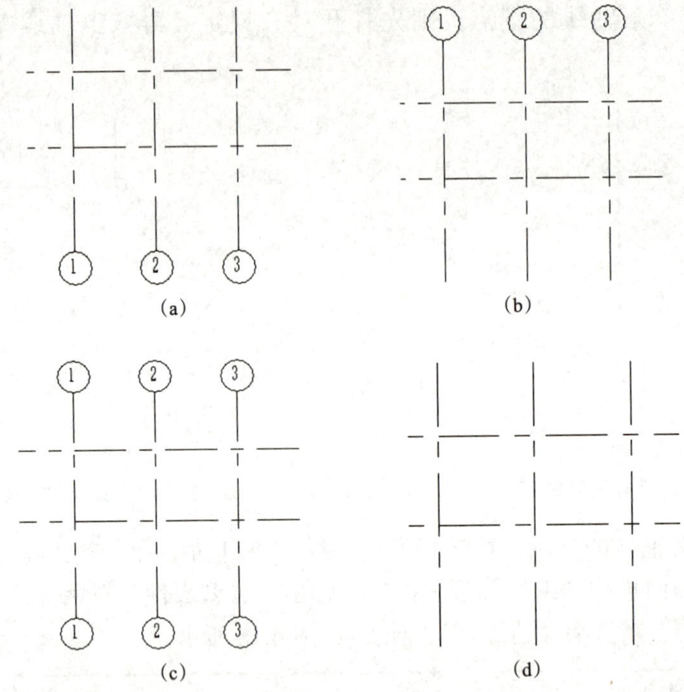

图 4.19　轴网显示

(a) 底部显示；(b) 顶部显示；(c) 两者显示；(d) 无显示

在轴网的“类型属性”对话框中设置“轴线中段”的显示方式，分别有“连续”“无”“自定义”等几项，如图 4.20 所示。

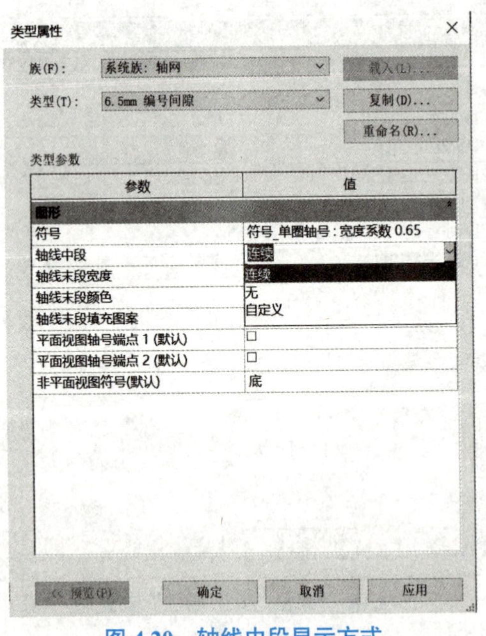

图 4.20　轴线中段显示方式

将“轴线中段”设置为“连续”方式，还可设置其“轴线末段宽度”“轴线末段颜色”及“轴线末段填充图案”的样式，如图 4.21 所示。

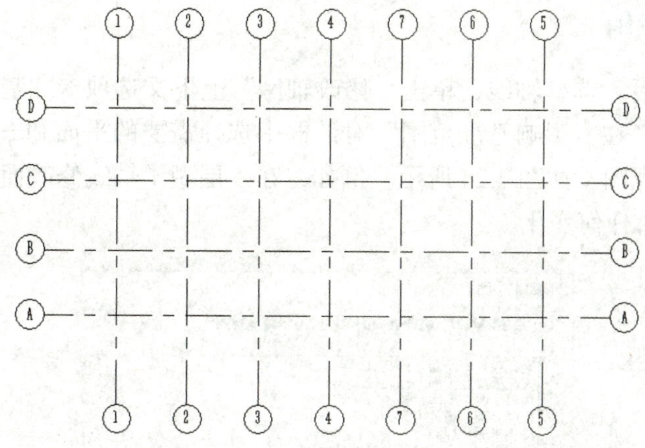

图 4.21　轴线末段样示（一）

将“轴线中段”设置为“无”方式时，可设置其“轴线末段宽度”“轴线末段颜色”及“轴线末段长度”的样式，如图 4.22 所示。

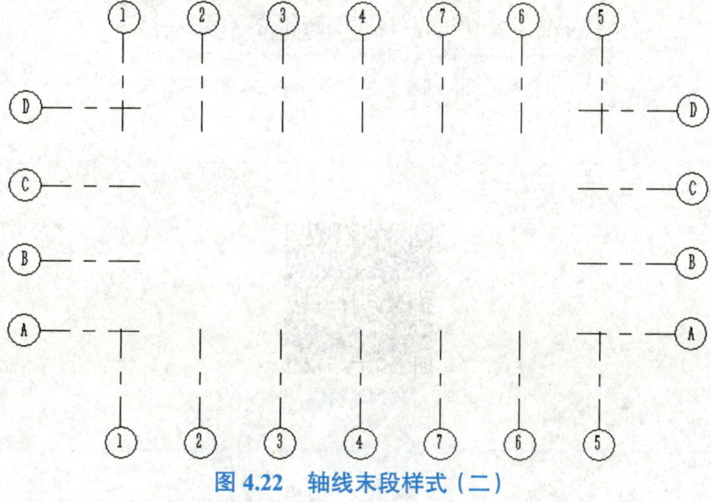

图 4.22　轴线末段样式（二）

3. 轴线偏移

单击标头附近的“折线符号”和“偏移轴号”，单击“拖拽点”，按住鼠标左键，调整轴位置，如图 4.23 所示。

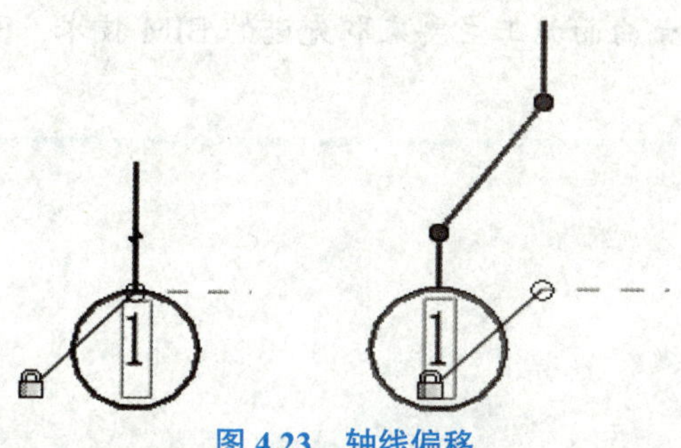

图 4.23　轴线偏移

4. 影响基准范围

完成上述操作后，选择轴线，单击“修改轴网”上下文选项卡“基准”面板中的“影响基准范围”按钮，在“影响基准范围”对话框中选择需要的平面和$\frac{1}{2}$面名称，可以将这些设置应用到其他视图，如图 4.24 所示。例如，在一层做了轴线修改而没有使用影响范围时，其他层就不会有任何变化。

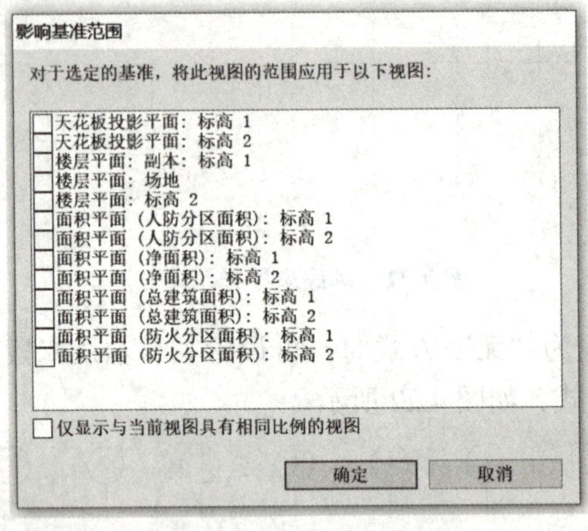

图 4.24　影响基准范围

知识链接

轴网的编辑

知识拓展

世界上为数不多的三面环海，也是中国唯一建设在海岛上的歌剧院日月贝，在设计过程中，运用 Autodesk BIM 软件帮助实现参数化的座位排布及视线分析，借助这一系统，可以切实地了解剧场内每个座位的视线效果，并做出合理、迅速的调整。在施工中，日月贝外形的薄壁大曲面施工主要采取先进的 BIM 技术，BIM 技术助力解决该项目全生命周期难题。

训练与提升

一、选择题

1．在 Revit 中使用拾取方式绘制轴网时，下列不可以拾取的对象是（　　）。

A．模型线绘制的圆弧　　B．符号线绘制的圆弧

C．玻璃幕墙　　D．参照平面

2．关于如何实现轴线的轴网标头偏移，下列说法正确的是（　　）。

A．选择该轴线，修改“类型属性”的设置

B．单击标头附近的折线符号，按住“拖曳点”即可调整标头位置

C．以上两种方法都可

D．以上两种方法都不可

3．不能给（　　）图元放置高程点。

A．墙体　　B．门窗洞口　　C．线条　　D．轴网

二、思考题

1．轴网编辑的基本操作有哪些？

2．轴号显示控制状态有哪些类型？

3．用 Revit 软件绘制轴网有哪些方法？

三、实训题

1．在 Revit 软件中自定义尺寸，绘制图 4.25 所示轴网。

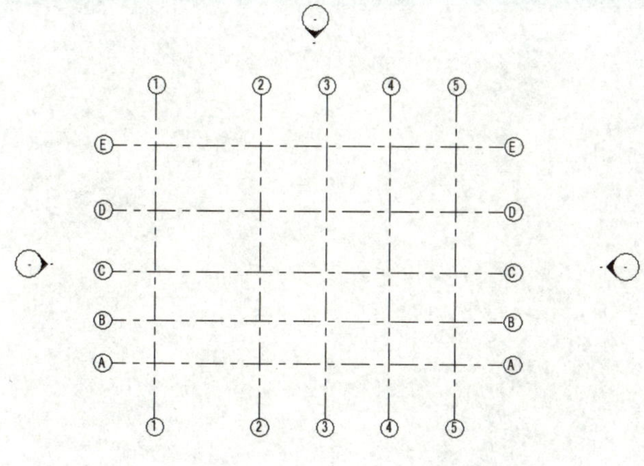

图 4.25　实训 1 题

2．用 Revit 软件对图 4.26 所示轴网进行编辑，并完成轴号显示控制、轴线位置调整、轴线偏移等操作。

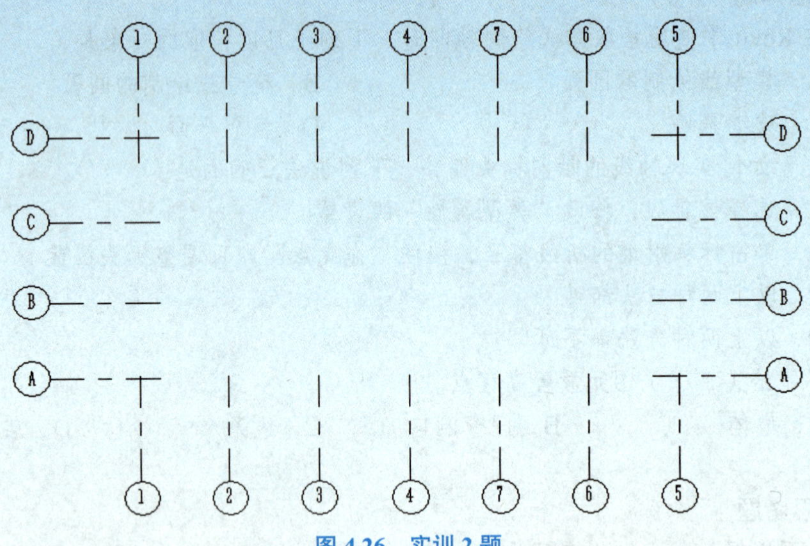

图 4.26　实训 2 题

项目五　墙和幕墙绘制

项目描述

在Revit中，墙体作为建筑设计中的重要组成部分，不仅是空间的分隔主体，也是门窗、墙饰条与分隔缝、卫浴灯具等设备模型构件的承载主体。因此，在绘制时，要注意墙体构造层设置及其材料设置，这不仅影响墙体在三维、透视和立面视图中的外观表现，还直接影响后期施工图设计中墙身大样、节点详图等视图中墙体界面的显示。本部分主要介绍基本墙、幕墙等墙体的创建方法。无论是墙体还是幕墙的创建，均可以利用墙工具通过绘制拾取线、拾取面创建，而墙体还可以通过内建模型来创建。

学习目标

【知识目标】

1. 掌握不同类型的墙体绘制和编辑，以及如何设置墙体的属性、材质、剖面等参数；
2. 掌握幕墙的创建和修改，以及如何调整幕墙的布局、样式、细节等；
3. 掌握幕墙系统的创建和修改，轮廓、分割线、附着点等的修改，以及如何将幕墙系统应用到建筑立面或屋顶上。

【能力目标】

1. 能够根据设计要求和规范，合理选择和使用合适的墙体、幕墙和幕墙系统，以满足建筑功能和美观要求；
2. 熟练运用Revit软件进行幕墙和幕墙系统的绘制和编辑；
3. 能够根据实际项目需求，合理设置和调整墙体和幕墙的参数。

【素质目标】

1. 培养对BIM技术的学习兴趣和积极态度；
2. 提高创新意识和问题解决能力，以应对墙和幕墙绘制与编辑在项目中的实际挑战；
3. 增强团队协作和沟通能力，以便在实际项目中应用墙和幕墙绘制与编辑方法；
4. 增强查阅及整理资料的能力，具有分析问题、解决问题的能力。

工作任务一 墙体的绘制和编辑

工作任务

创建一个叠层墙模型，上部为混凝土砌块 200 mm，下部为带踢脚板复合墙。

知识准备

1. 墙体的基本概念

墙体是建筑物的重要组成部分。它的作用是承重或围护、分隔空间。墙体要有足够的强度和稳定性，具有保温、隔热、隔声、防火、防水的能力。

2. 墙体的类型

（1）墙体按所处位置可以分为外墙、内墙。

（2）墙体按材料可以分为砖墙、加气混凝土砌块墙、石材墙、板材墙、承重混凝土空心小砌块墙。

（3）墙体根据受力特点可以分为承重墙、自承重墙、围护墙、隔墙。

（4）墙体按构造方法可以分为实体墙、空体墙、复合墙。

任务实施

1. 一般墙体

选择“建筑”选项卡，单击“构建”面板中的“墙”下拉按钮，可以看到有“墙：建筑”“墙：结构”“面墙”“墙：饰条”“墙：分隔条”共5种类型可供选择，如图5.1所示。

“墙：饰条”和“墙：分隔条”只有在三维视图下才能激活，用于墙体绘制完成后添加。“墙：建筑”主要用于分割空间，不承重；“墙：结构”用于承重及抗剪作用；“面墙”主要用于体量或常规模型创建墙面。

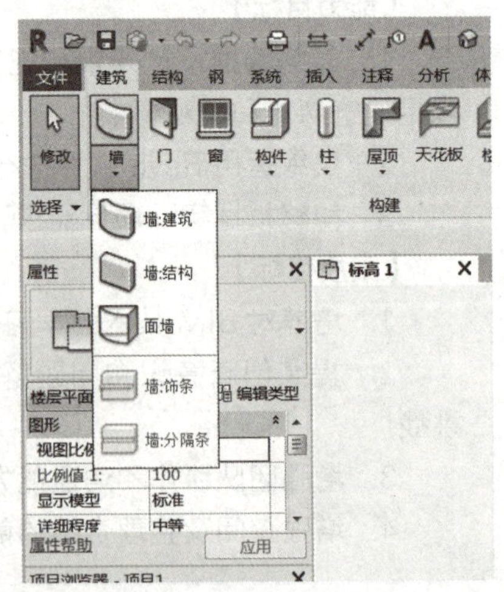

图5.1 “墙”下拉按钮

墙体绘制步骤如下。

（1）单击“建筑”选项卡“构建”面板中的“墙”下拉按钮，在列表中选择“墙：建筑”工具，如图5.2所示，进入绘制状态，自动切换至“修改 | 放置 | 墙”上下文选项卡。

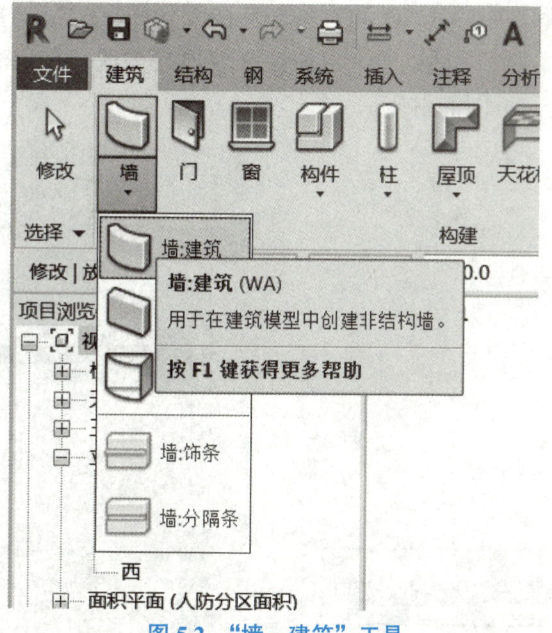

图 5.2 “墙：建筑”工具

（2）单击“属性”面板中的“编辑类型”按钮，打开“类型属性”对话框。在“类型属性”对话框中，确认“族”列表中当前族为“系统族：基本墙”；单击“复制”按钮，在弹出的“名称”对话框中输入名称“外墙－200 mm”作为新墙体类型名称，完成后单击“确定”按钮返回“类型属性”对话框，如图 5.3 所示。

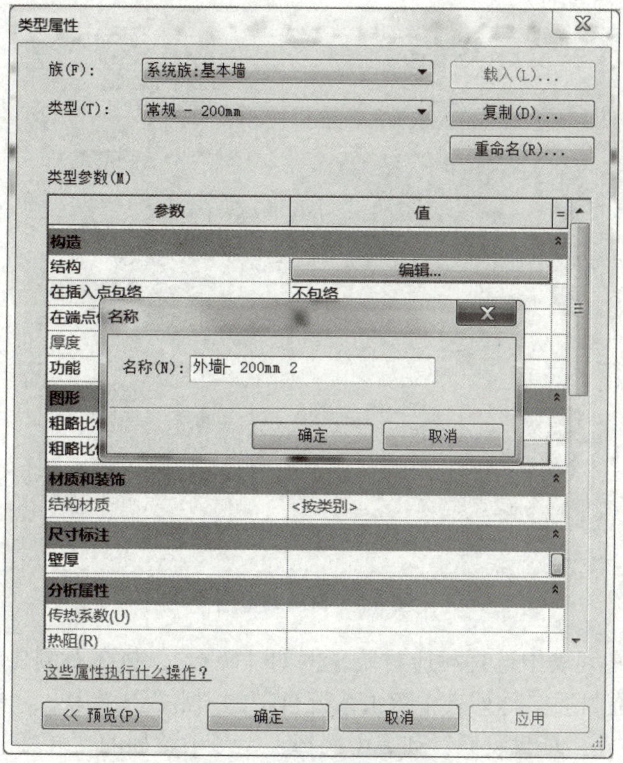

图 5.3 墙“类型属性”

（3）单击类型参数列表框中“结构”参数后的“编辑”按钮（图 5.4），弹出“编辑部件”对话框（图 5.5）。在该对话框中，可以定义墙体的构造。在定义墙体构造时，可以为墙体的每一个构造层定义不同的材质。

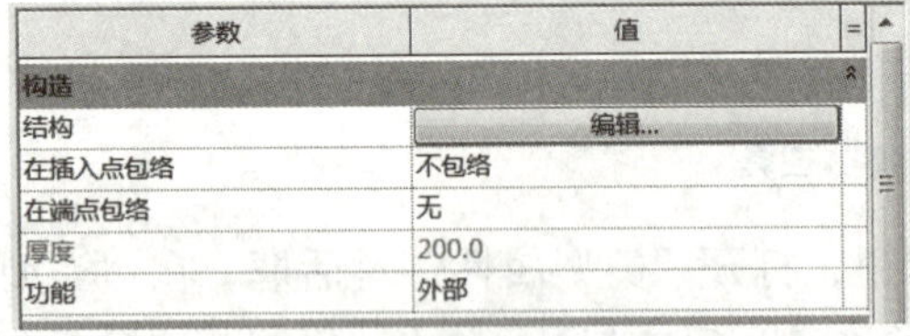

图 5.4　参数列表框

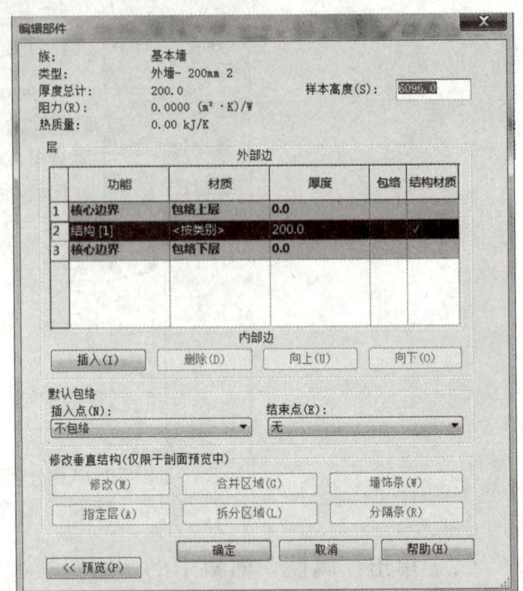

图 5.5　编辑部件

（4）单击层参数列表框中第 2 行的“材质”单元格中“浏览”按钮，弹出“材质浏览器”对话框，如图 5.6 所示。

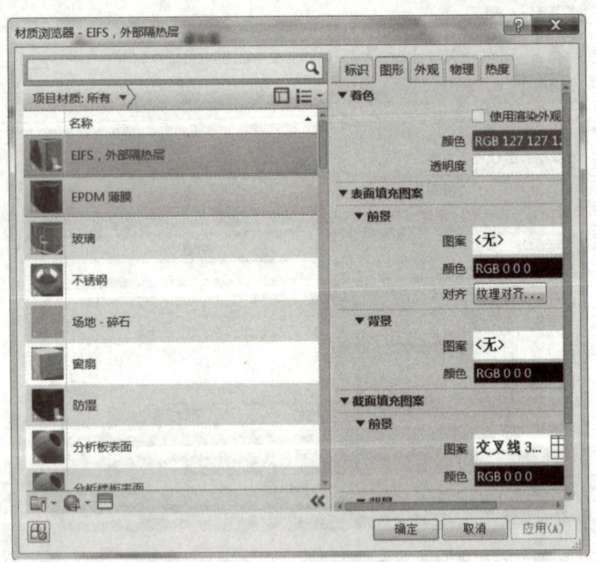

图 5.6　材质浏览器

（5）在材质类别列表中选择相应材质，例如“砖石”，将在右侧显示所有属于“砖石”类别的材质名称。在材质名称列表中双击系统自带的“混凝土砌块”，该材质将添加到顶部“项目材质”列表。在“项目材质”列表中选择上一步中添加的“混凝土砌块”材质，单击“确定”按钮，返回到“编辑部件”对话框，如图 5.7 所示。

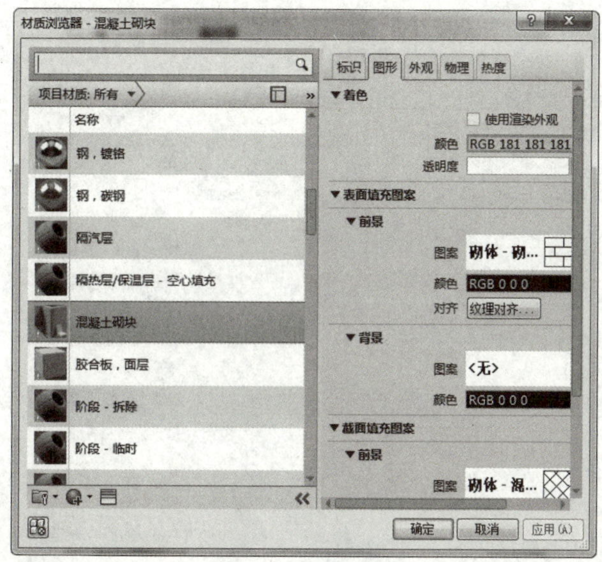

图 5.7 项目材质

（6）单击“编辑部件”对话框中的“插入”按钮，在结构定义中为墙体创建新构造层。修改该构造层“厚度”值为 20，并将该层更改为“面层 2[5]”。单击层编号 2，此行将高亮显示，单击“向上”按钮，向上移动该层直到该层编号为 1，如图 5.8 所示。

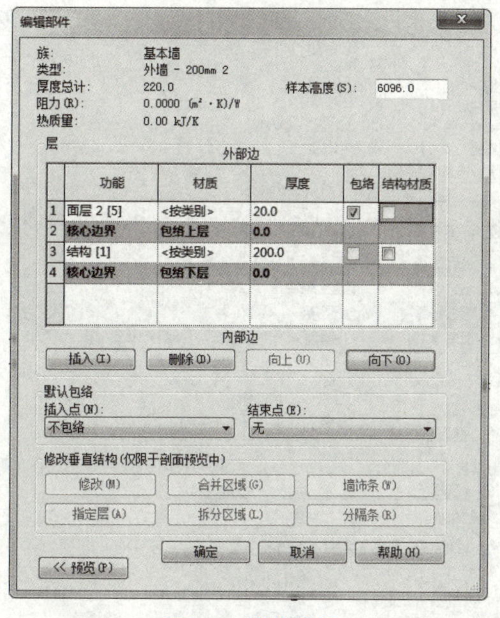

图 5.8 墙体编辑

（7）单击该行的“材质”单元格中的“浏览”按钮，在弹出的“材质浏览器”对话框中“项目材质”列表中选择“砌体 – 普通砖”选项。用鼠标右键单击该材质，在弹出的快捷菜单中选择“复制”命令，复制当前材质。复制后材质默认命名为“砌体 – 普通砖”。再次用鼠标右键单击“砌体 – 普通砖”材质名称，在弹出的快捷菜单中选择“重命名”命令，修改材质名称为“综楼外墙面”。完成后单击“确定”按钮，返回“编辑部件”对话框，如图 5.9 所示。

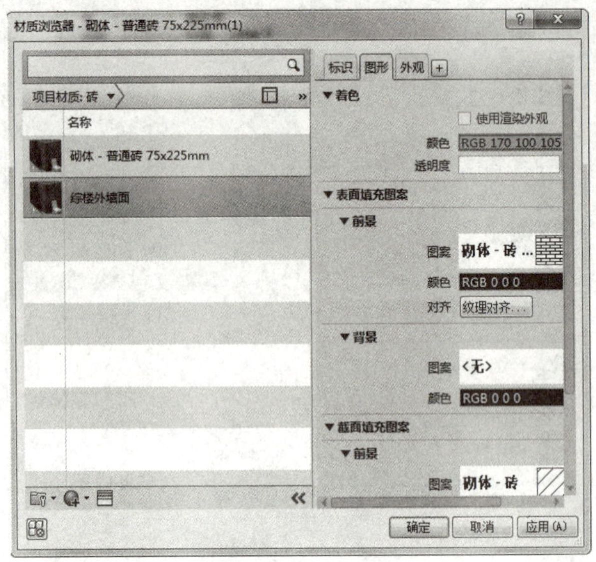

图 5.9　材质浏览器

（8）采用与第（6）步操作相似的步骤再次单击“插入”按钮，为墙创建新构造层，修改该构造层“厚度”值为 20，并将该层功能修改为“面层 2[5]”。单击选择该层，此行将高亮显示，单击“向下”按钮，向下移动该层直到该层编号为 5，如图 5.10 所示。

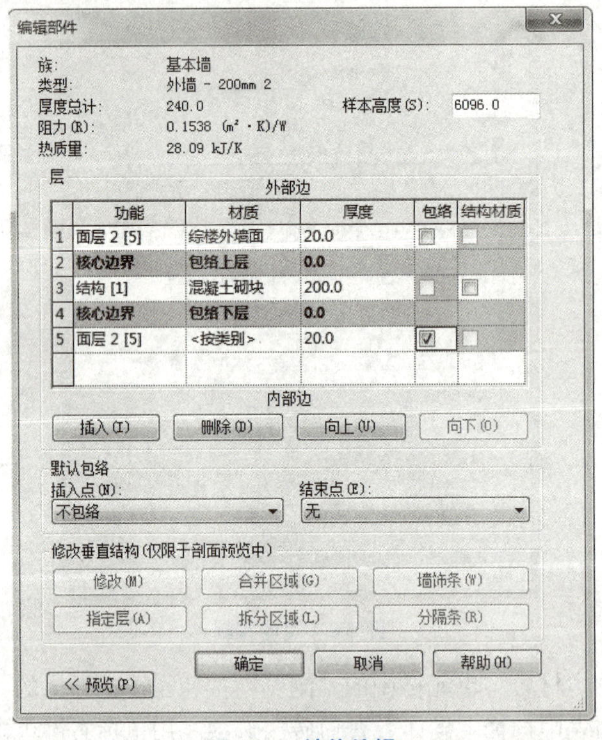

图 5.10　墙体编辑

（9）单击该行的“材质”单元格中的浏览按钮，弹出“材质浏览器”对话框，在 AEC 材质列表中选择“其他”材质类别，双击“粉刷，米色，平滑”，将其添加至“在文档材质中”列表。选择“在文档材质中”列表中的“粉刷，米色，平滑”选项（图 5.11），单击鼠标右键，在弹出的快捷菜单中选择“重命名”命令，将材质重命名为“综合楼内墙面”，完成后单击“确定”按钮返回“编辑部件”对话框。

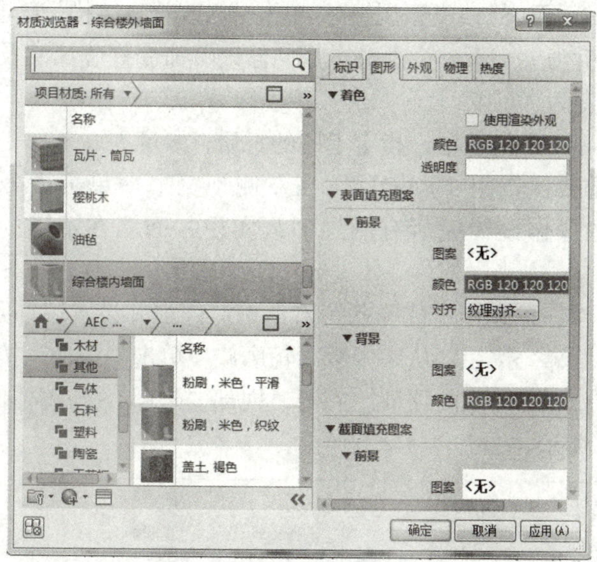

图 5.11　材质浏览器

（10）继续单击“确定”按钮返回“类型属性”对话框，注意此时的墙总厚度为 240 mm。单击“确定”按钮，保存墙类型设置。到此就完成了墙体的构造定义。

2．复合墙的设置

选择“建筑”选项卡，单击“构建”面板中的“墙”下拉按钮。从列表中选择墙的类型，单击“属性”面板中的“编辑类型”按钮，弹出“类型属性”对话框，再单击“结构”参数后面的“编辑”按钮，弹出“编辑部件”对话框，如图 5.12 所示。

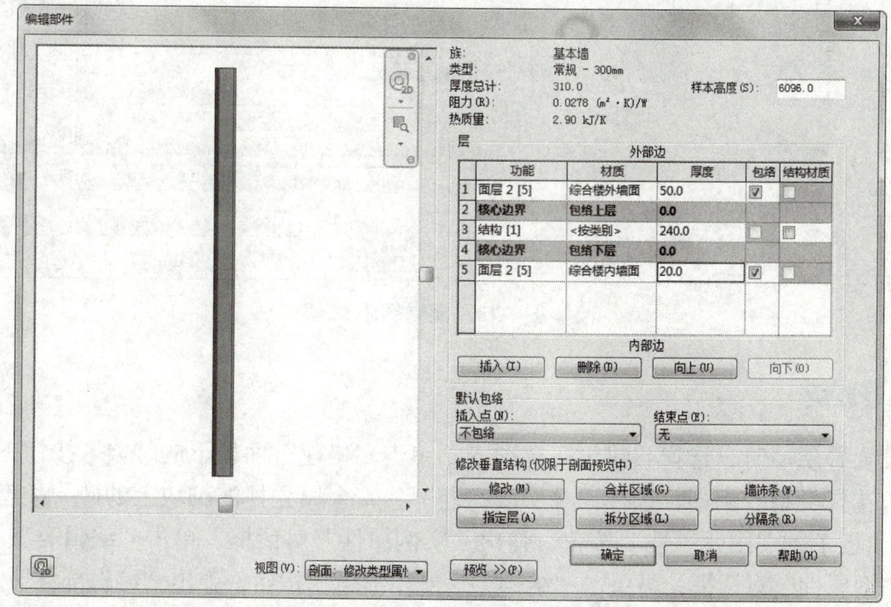

图 5.12　“编辑部件”对话框

单击“插入”按钮，添加一个构造层，并为其指定功能、材质、厚度，使用“向上”“向下”按钮调整其上、下位置。

将“视图”设为“剖面：修改类型属性”，单击“修改垂直结构”选项区域的“拆分区域”按钮，将一个构造层拆为上、下 n 个部分，用“修改”命令修改尺寸及调整拆分边界位置，原始的构造层厚度值变为“可变”。

在“层”中插入 $n-1$ 个构造层，指定不同的材质，厚度为 0。

单击其中一个构造层，用“指定层”在左侧预览框中单击拆分开的某个部分指定给该图层。用同样的操作设置完所有图层即可实现一面墙在不同的高度有几个材质的要求。

单击“墙饰条”按钮，弹出“墙饰条”对话框，添加并设置墙饰条的轮廓，如需新的轮廓，可单击“载入轮廓”按钮，从库中载入轮廓族，单击“添加”按钮添加墙饰条轮廓，并设置其高度、放置位置（墙体的顶部、底部，内部、外部）、与墙体的偏移值、材质及是否剪切等，如图 5.13 所示。

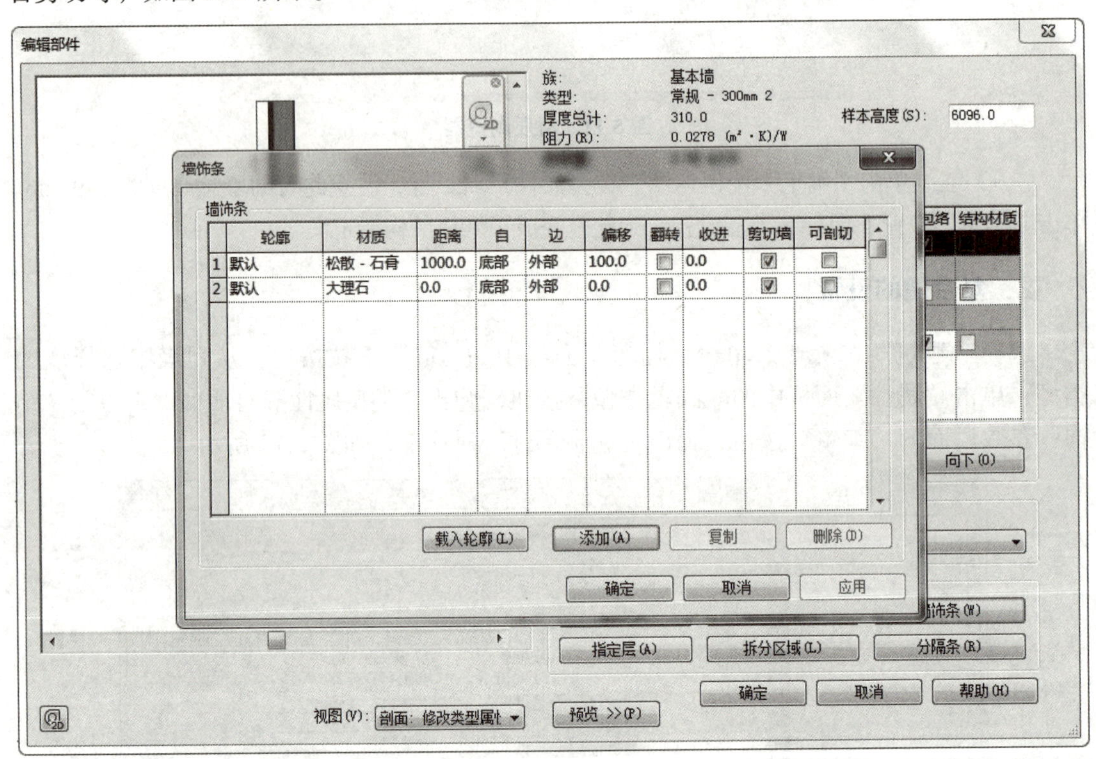

图 5.13　编辑部件

3．叠层墙

在设置叠层墙时，选择“建筑”选项卡，单击“构建”面板下的“墙”按钮，从类型选择器中选择类型。例如，选择“叠层墙：外部 - 带金属立柱的砌块上的砖”类型，单击“图元”面板下的“图元属性”按钮，弹出“实例属性”对话框，单击“编辑类型”按钮，弹出“类型属性”对话框，再单击“结构”后的“编辑”按钮，弹出“编辑部件”对话框，如图 5.14 所示。

叠层墙是一种由若干个不同子墙（基本墙类型）相互堆叠在一起而组成的主墙，可以在不同的高度定义不同的墙厚、复合层和材质，如图 5.15 所示。

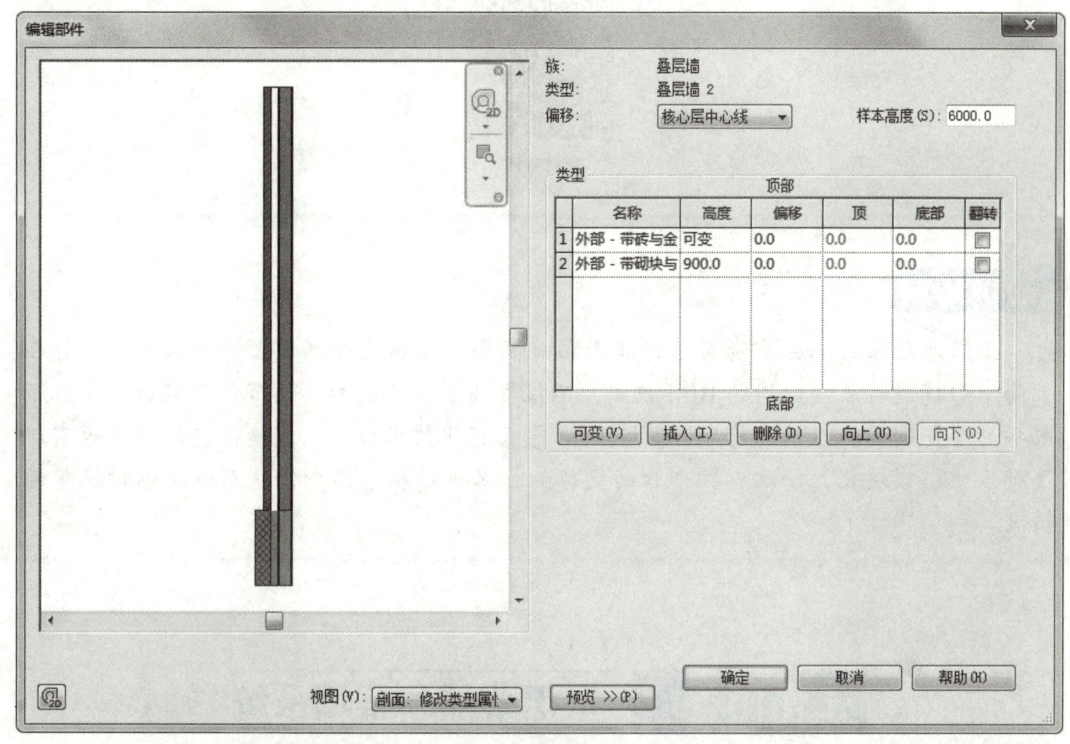

图 5.14　编辑部件

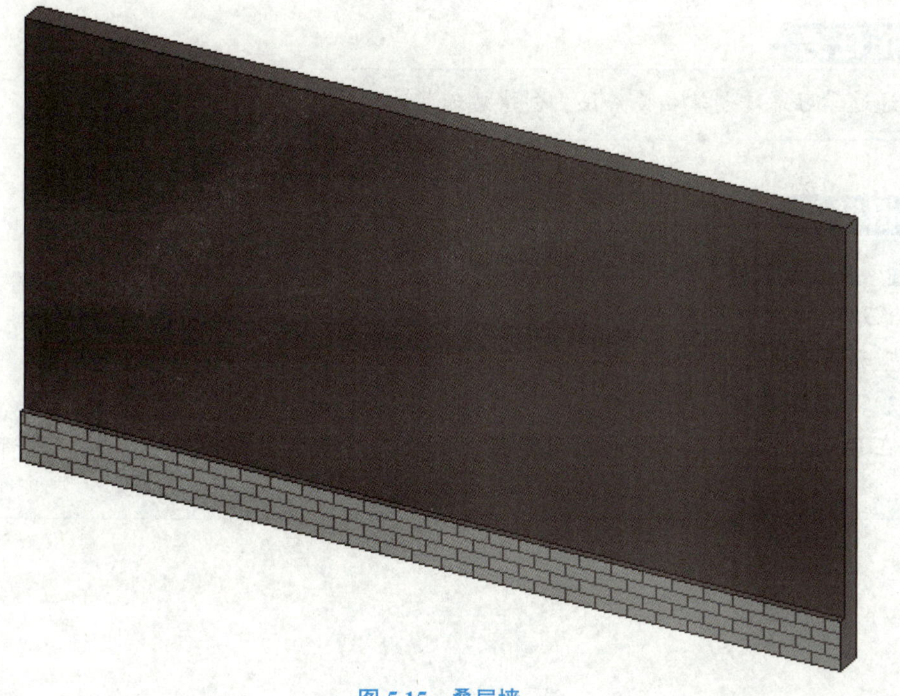

图 5.15　叠层墙

知识链接

创建墙体

知识拓展

上海北外滩白玉兰广场目前为浦西第一高楼，在建设过程中上海建工运用了曾在上海中心建造时成功应用的BIM技术，不仅提高了施工效率，还节约了钢材，实现了装备的重复利用。在工程前期，通过BIM等信息化技术设计、制造，整体钢平台实现了标准化、模块化，一改以往平台的支撑钢柱必须建在墙体中，从而造成钢材浪费的情况。

工作任务二 认识幕墙和幕墙系统

工作任务

通过学习幕墙创建相关知识，创建玻璃幕墙。

知识准备

1. 什么是幕墙

幕墙是建筑的外墙围护，不承重，像幕布一样挂上去，故又称为“帷幕墙”，是现代大型和高层建筑常用的带有装饰效果的轻质墙体。

2. 幕墙的类型

在Revit中幕墙属于墙的一种类型，主要有默认的三种类型：幕墙、外部玻璃、店面。

任务实施

一、幕墙

幕墙是一种外墙，附着到建筑结构表面，而且不承担建筑的楼板或屋顶荷载，由幕墙网格、竖梃和幕墙嵌板组成。在一般应用中，幕墙常常定义为薄的、通常带铝框的墙，包含填充的玻璃、金属嵌板或薄石。在 Revit 中，幕墙按复杂程度分为常规幕墙、规则幕墙和面幕墙三种。

常规幕墙是墙体的一种特殊类型，其绘制方法和常规墙体相同，并具有常规墙体的各种属性，可以像编辑常规墙体一样用“附着”“编辑立面轮廓”等命令编辑常规幕墙。规则幕墙和面幕墙可通过创建体量或常规模型来绘制，主要在幕墙数量较多、面积较大或形状为不规则曲面时使用。

1. 绘制幕墙

选择“建筑”选项卡，单击“构建”面板中的“墙”按钮，从“属性”面板类型选择器中选择幕墙类型，绘制幕墙或选择现有的基本墙，将基本墙转换成幕墙，如图 5.16 所示。

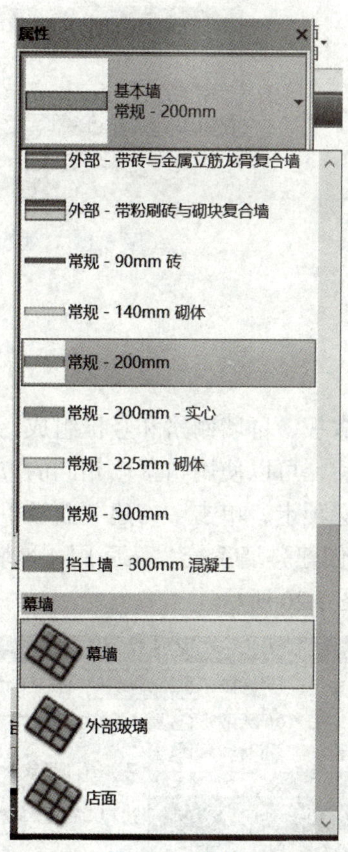

图 5.16　幕墙

2. 修改图元属性

对于外部玻璃和店面类型幕墙，可用参数控制幕墙网格的布局模式，网格的间距值及对齐、旋转角度和偏移值。选择幕墙，自动激活“修改 | 墙”上下文选项卡，在“属性”面板可以编辑该幕墙的实例参数，单击“编辑类型”按钮，弹出幕墙的“类型属性”对话框，编辑幕墙的类型参数，如图 5.17、图 5.18 所示。

图 5.17 “属性”面板

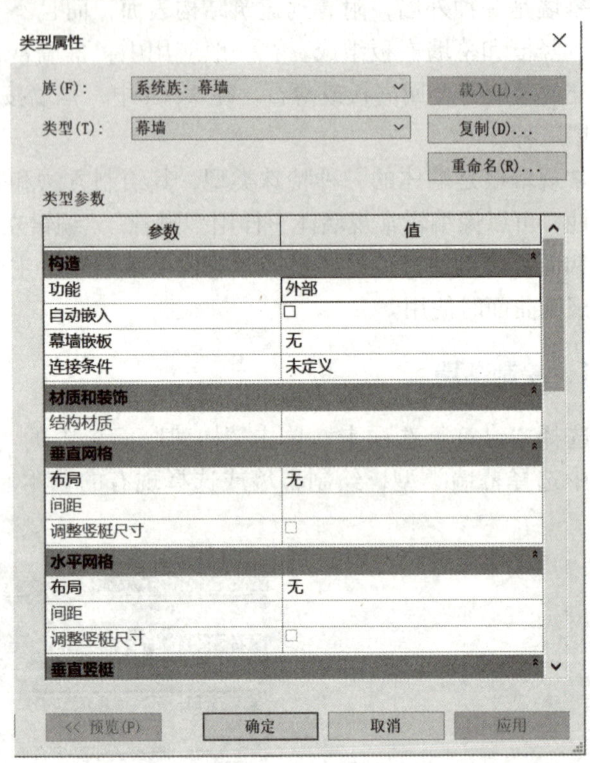

图 5.18 “类型属性”对话框

二、幕墙系统

幕墙系统是一种构件，由嵌板、幕墙网格和竖梃组成，通过选择体量图元面，可以创建幕墙系统。在创建幕墙系统后，可以使用与幕墙相同的方法添加幕墙网格。对于一些异形幕墙的编辑，选择“建筑”选项卡，单击“构建”面板下的“幕墙系统”按钮，通过拾取体量图元的面及常规模型可创建幕墙系统，然后用“幕墙网格”细分，然后添加竖梃，就形成异形幕墙，如图 5.19、图 5.20 所示。

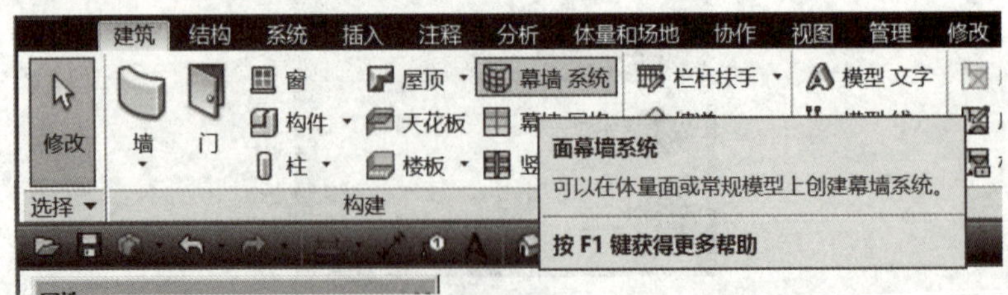

图 5.19 “幕墙系统”按钮

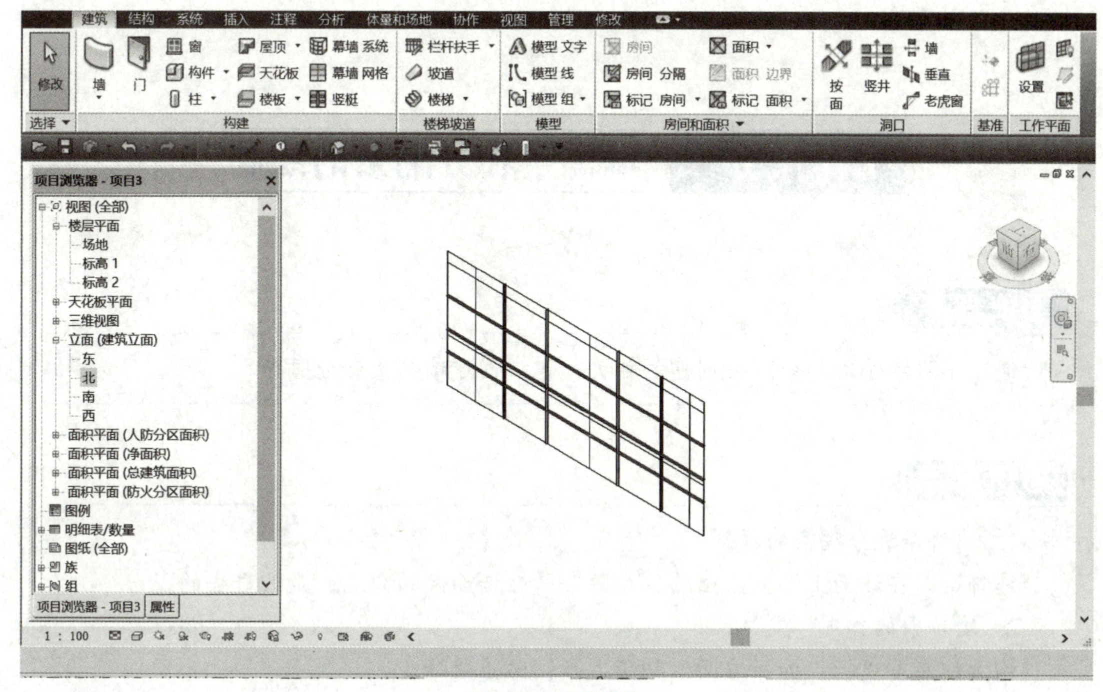

图 5.20 幕墙竖梃

拾取常规模型的面生成幕墙系统，指的是内建族中的族类别为常规模型的内建模型。其创建方法为：在“构建”面板“构件”下接列表中选择“内建模型”命令，设置族类别为“常规型”。

知识链接

创建幕墙

知识拓展

凤凰国际传媒中心项目位于北京朝阳公园西南角，占地面积为 1.8 hm^2，总建筑面积为 6.5 万 m^2，建筑高度为 55 m。这座 6.5 万 m^2 的新总部在北京绝对是独一无二的，非线性的形体迫使项目团队必须寻求全新的工作方法。与传统的工作流程相比，应用 BIM 技术降低了不少风险，在节约时间的同时还提高了工程质量。最终，一个地标性建筑出现在北京的天际线上，而一个可以在运维阶段进行 FM 调度与分析的强大信息模型也被创建了。整个楼宇的安保控制、能耗等 FM 数据要素均被整合进信息模型，在竣工时交付业主。

工作任务三 墙饰条和分隔条的绘制

工作任务

通过学习墙饰条和分隔条创建的相关知识，创建墙饰条和分隔条。

知识准备

1. 墙饰条和分隔条的区别

墙饰条是在墙面上添加凸出物，分隔条是在墙面做的分隔，是凹进去的。

2. 墙饰条的作用

增加建筑美观性；加强墙面结构稳定性；防止裂缝。

3. 分隔条的作用

美化外墙，同时有利用施工缝的留置，不至于出现难看的接槎。

任务实施

1. 墙饰条

在已经建好的墙体上添加墙饰条，需在三维视图或立面视图中为墙添加墙饰条。要为某种类型的所有墙添加墙饰条，可以在墙的“类型属性”中修改墙结构。在项目浏览器中选择建筑立面，然后选择“建筑”选项卡，在“构建”面板中的“墙”下拉列表中选择“墙:饰条”选项，如图 5.21 所示。

在“修改 | 放置 | 墙饰条”上下文选项卡的“放置”面板中选择墙饰条的方向为“水平”或“垂直”。

将鼠标光标放在墙上以高亮显示墙饰条位置，切换到三维视图，如图 5.22 所示。

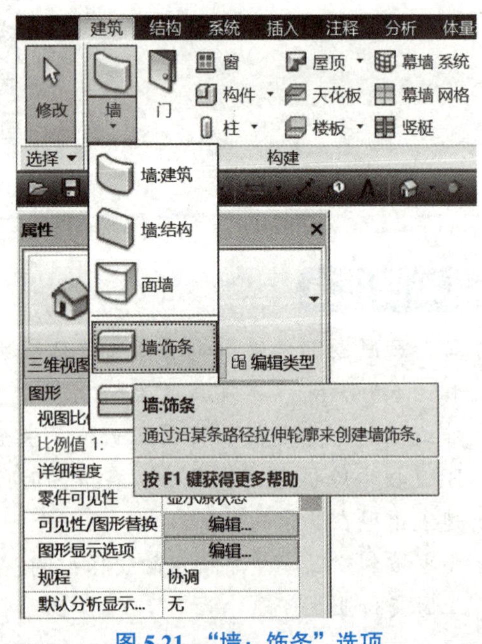

图 5.21 “墙：饰条”选项

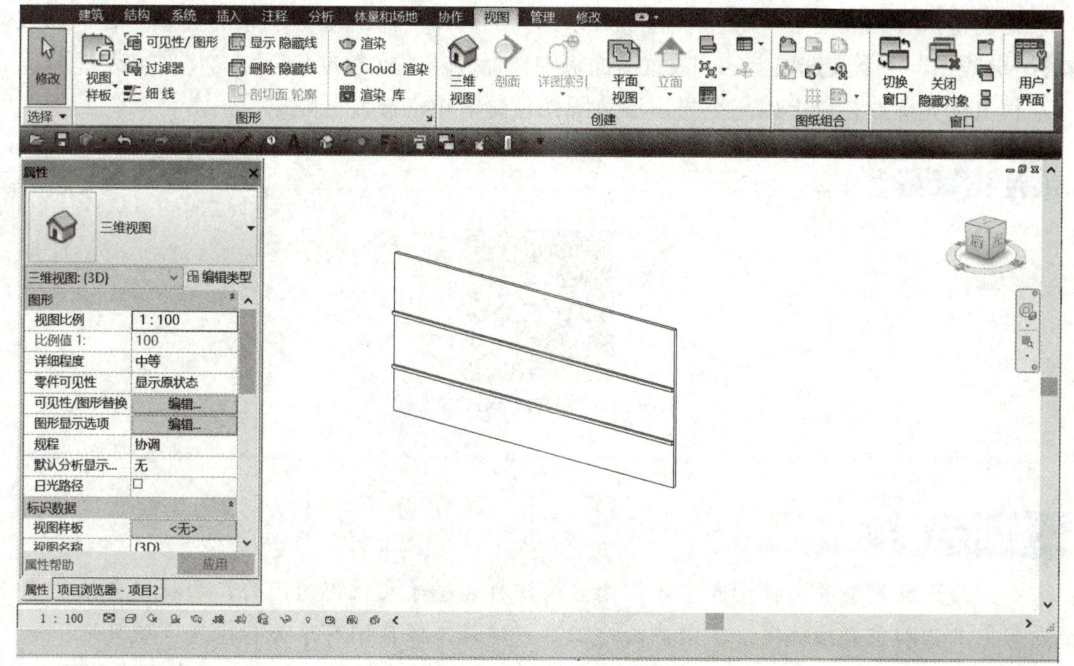

图 5.22 墙饰条三维视图

2. 添加分隔条

打开三维视图或立面视图。

选择“建筑”选项卡，在“构建”面板中的“墙”下拉列表中选择“墙: 分隔条”选项，如图 5.23 所示。

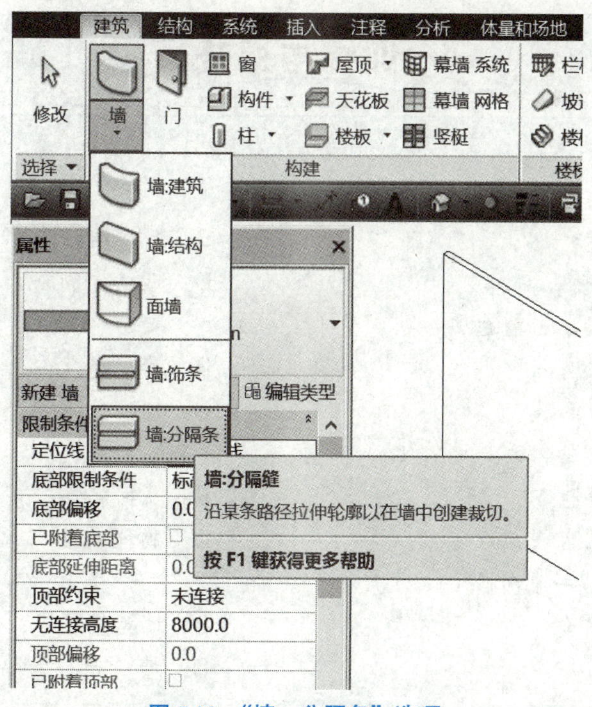

图 5.23 “墙: 分隔条”选项

在类型选择器（位于“属性”选项板顶部）中选择所需的墙分隔条的类型。在“修改|放置|分隔条”上下文选项卡的“放置”面板中选择分隔条放置的方向为“水平”或“垂直”。

将鼠标光标放在墙上以高亮显示墙分隔条位置，单击放置分隔条。

知识链接

Revit 的墙饰条如何批量添加完成

知识拓展

广西民族剧院项目位于南宁市江南区滨江公园亭子文化街内，为广西壮族自治区重点形象工程和重大推进项目，由广西建工第一建筑工程集团有限公司承建。项目地下一层、地上三层，总建筑面积为 19 279.78 m^2，高度为 30.3 m，包含 1 000 座位的戏剧院、非物质文化遗产体验厅以及相关配套服务用房。该项目为设计－采购－施工（EPC）总承包项目，其中建筑物地下部分为钢筋混凝土结构，地上部分为装配式钢结构，工程中包含土建、人防结构、消防系统、空调暖通、声光系统、给水排水及智能化等系统建设。

训练与提升

一、单选题

1. 创建墙体的建筑模型一般选择（　　）。

A．墙：建筑　　B．墙：结构

C．墙：饰条　　D．墙：分隔条

2. 用鼠标直接单击墙选项，默认是（　　）。

A．墙：结构　　B．墙：建筑

C．墙：饰条　　D．墙：分隔条

3. 对墙体结构的修改是墙的（　　）。

A．实例属性　　B．几何属性

C．类型属性　　D．物理属性

4. 创建幕墙时一般选择（　　）。

A．墙：建筑　　B．墙：结构

C．墙：饰条　　D．墙：分隔条

5．想要连续绘制幕墙可以勾选（　　）复选框。

A．“偏移量”　　B．“高度”

C．“定位线”　　D．“链”

二、判断题

1．建筑墙可以添加钢筋。（　　）

2．绘制墙体的时候有一些参数的设置，在上部选项栏中高度向上，深度向下。（　　）

3．添加墙饰条时可以一次添加多道。（　　）

4．在添加幕墙嵌板时只能框选。（　　）

5．幕墙嵌板种类不能从族库中导入。（　　）

三、实训题

1．按照图5.24所示，创建墙体。

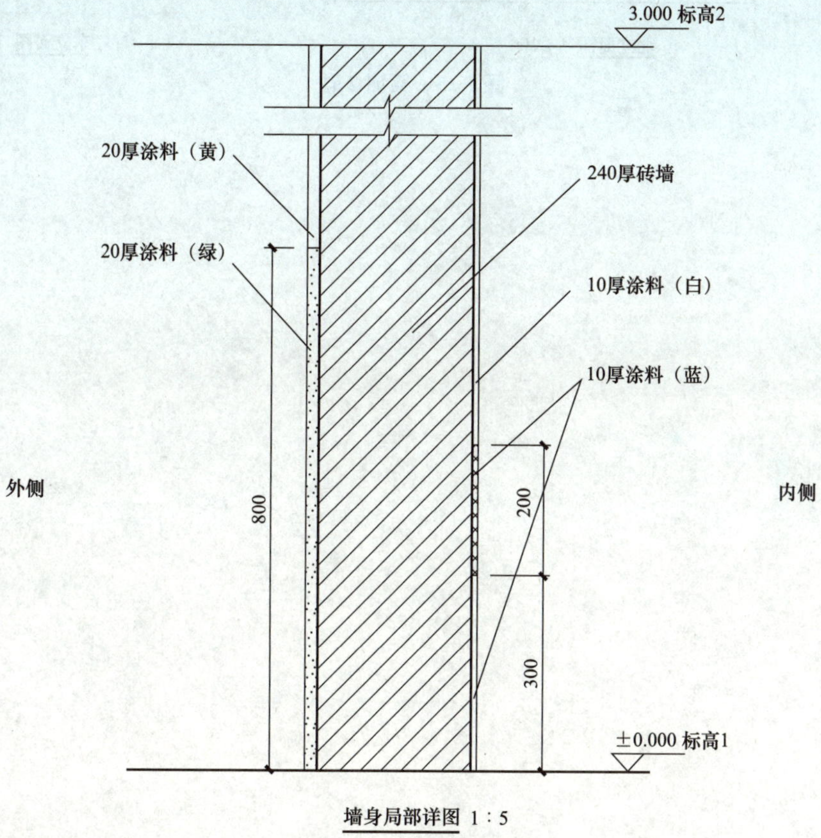

图5.24　实训1题

2．根据图 5.25 给定的北立面和东立面，创建玻璃幕墙及水平竖梃模型。

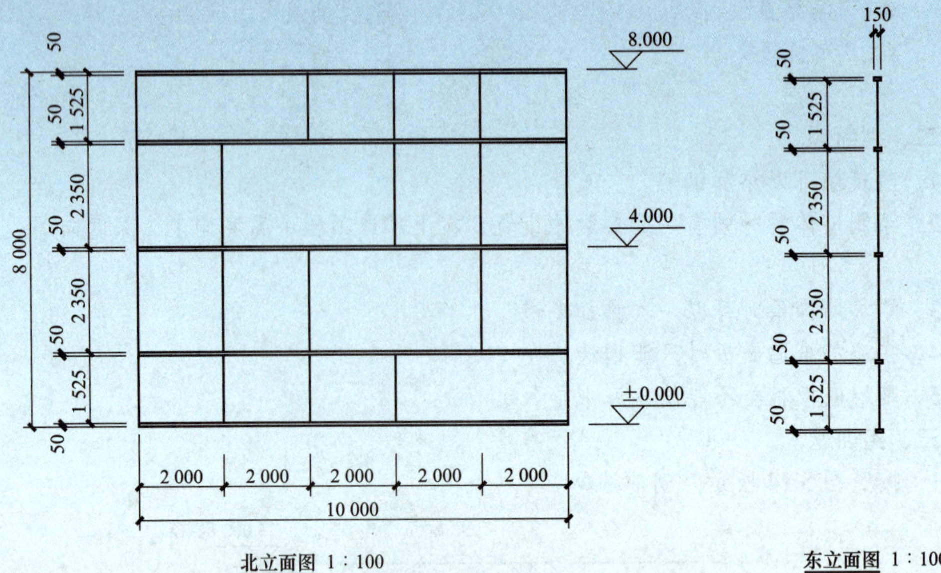

图 5.25　实训 2 题

项目六　梁和柱绘制

项目描述

本项目主要介绍如何创建和编辑建筑柱、结构柱及梁、梁系统、结构支架等，从而使读者了解建筑柱和结构柱的应用方法和区别。根据项目需要，用户有时需要创建结构梁系统和结构支架，如对楼层净高产生影响的大梁等。

学习目标

【知识目标】

1. 了解 Revit 软件中梁和柱的作用和意义；
2. 掌握梁的创建方法和技巧；
3. 掌握柱的创建方法和技巧。

【能力目标】

1. 熟练运用 Revit 软件进行梁的创建和编辑；
2. 熟练运用 Revit 软件进行柱的创建和编辑；
3. 能够根据实际项目需求，合理设置和调整梁和柱的参数。

【素质目标】

1. 培养对 BIM 技术的学习兴趣和积极态度；
2. 提高创新意识和问题解决能力，以应对梁和柱绘制在项目中的实际挑战；
3. 增强团队协作和沟通能力，能够在实际项目中应用梁和柱绘制方法；
4. 培养精益求精的工匠精神。

工作任务一 梁的创建

工作任务

1. 完成各类梁绘制时需要定义的属性。
2. 手动绘制梁或按轴网布设梁。

知识准备

1. 梁的概念和类别

梁是搁置在竖向受力的柱、承重墙上，承受竖向荷载，以受弯为主的构件。梁一般水平放置，用来支撑板并承受板传来的各种竖向荷载和梁的自重。梁从功能上分为与柱、承重墙等竖向构件共同构成空间结构体系的结构梁，如基础地梁、框架梁等；起到抗裂、抗震、稳定等构造性作用的构造梁，如圈梁、过梁、连系梁等。从施工工艺分，有现浇梁、预制梁等。从材料上分，工程中常用的有型钢梁、钢筋混凝土梁、木梁、钢包混凝土梁等。依据截面形式，可分为矩形截面梁、T 形截面梁、十字形截面梁、工字形截面梁、不规则截面梁等。

2. 梁的结构信息

在梁结构模型信息创建时，除了考虑梁的截面大小、长度、空间定位信息、配筋外，还需设置梁的材质、类型等信息，以便能在建筑信息模型中分类统计、计算梁。

任务实施

1. 常规梁

单击“结构”选项卡“结构”面板中的“梁”按钮，如图 6.1 所示，在“属性”面板类型选择器的下拉列表中选择需要的梁类型，如没有，可从库中载入。单击“插入”选项卡“从库中载入”面板中的“载入族”按钮，在弹出的“载入族”对话框中选择“结构”→“框架”文件夹，选择需要的族文件，如图 6.2、图 6.3 所示。

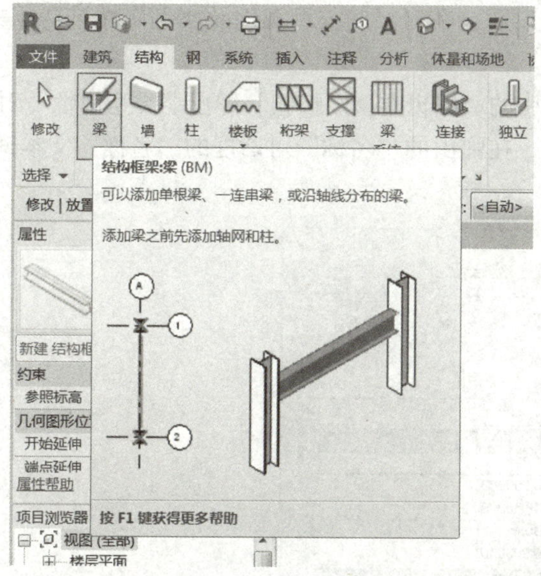

图 6.1 “梁”工具

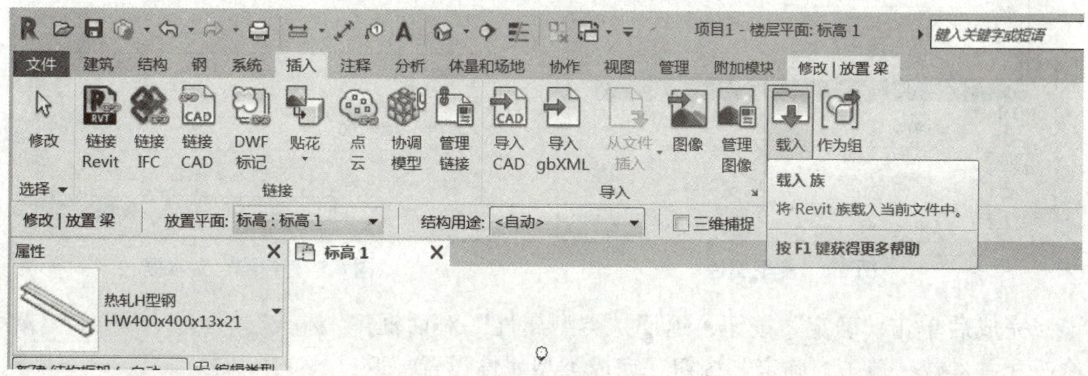

图 6.2 载入族

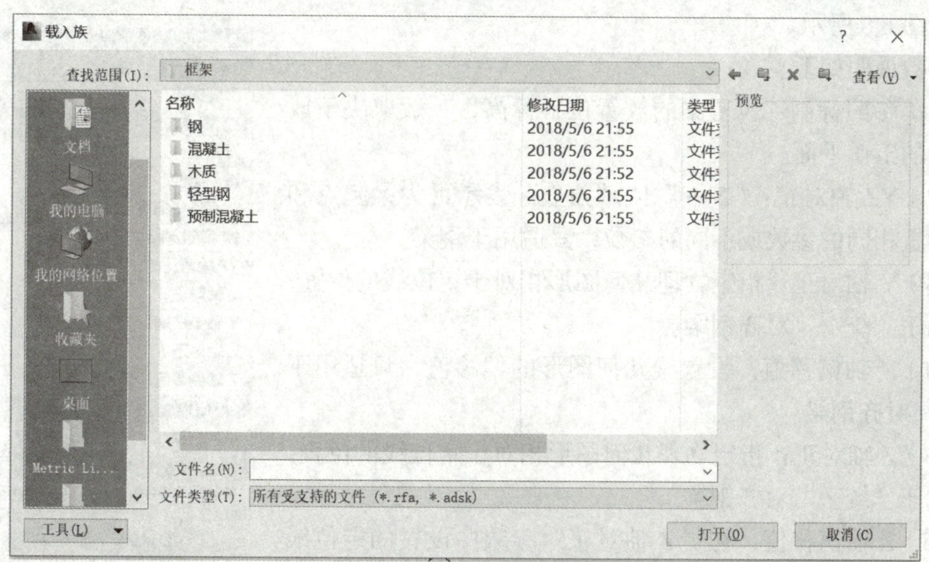

图 6.3 “载入族”对话框

将梁文件载入项目以后，在对梁的类型属性及实例属性进行相关的设置后便可进行梁的布置。

单击“属性”面板中的“编辑类型”按钮，弹出“类型属性”对话框，如图 6.4 所示。

单击“复制”按钮，在弹出的“名称”对话框的“名称”文本框中输入新建的梁名称，如图 6.5 所示。

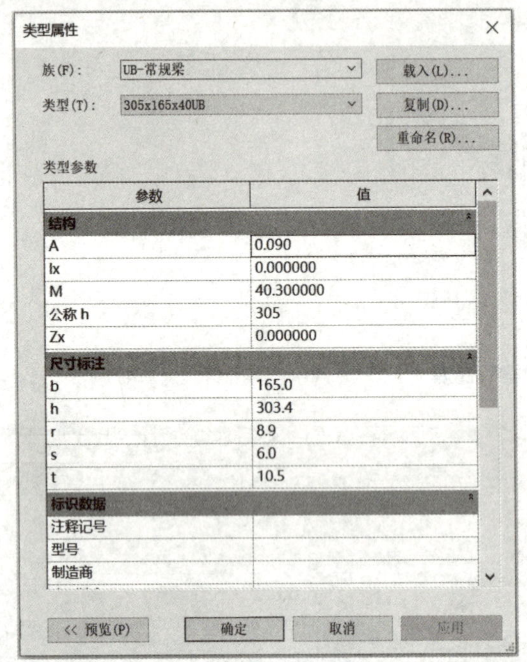

图 6.4　类型属性

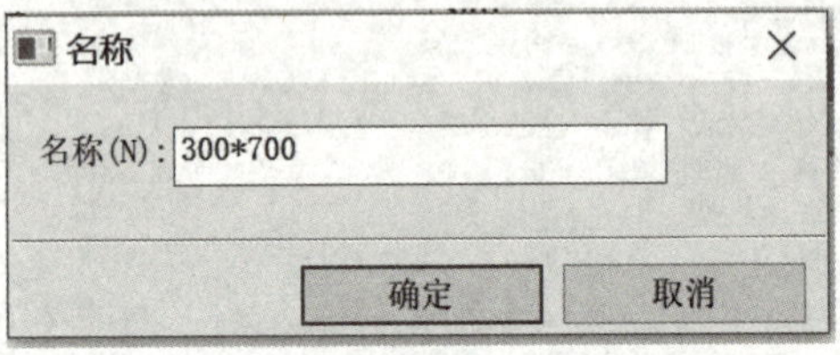

图 6.5　“名称”文本框

完成后单击“确定”按钮，返回“类型属性”对话框，修改相关参数，单击“确定”按钮，完成类型属性设置，返回梁绘制状态。进入梁实例“属性”面板，设置相关实例参数，如图 6.6 所示。

参数说明如下。

（1）参照标高：设置梁的放置位置标高，一般取决于放置梁时的工作平面。

（2）YZ 轴对正：“统一”或“独立”表示可为梁起点和终点设置相同的参数或不同的参数，只适用于钢梁。

（3）Y 轴对正：指定物理几何图形相对于定位线的位置，只适用于“统一”对齐钢梁。

（4）Y 轴偏移值：设置梁几何图形的偏移值，只适用于“统一”对齐钢梁。

（5）Z 轴对正：指定物理几何图形相对于定位线的位置，只适用于“统一”对齐钢梁。

（6）Z 轴偏移值：在“Z 轴对正”参数中设置的定位线与特征点之间的距离，只适用于“统一”对齐钢梁。

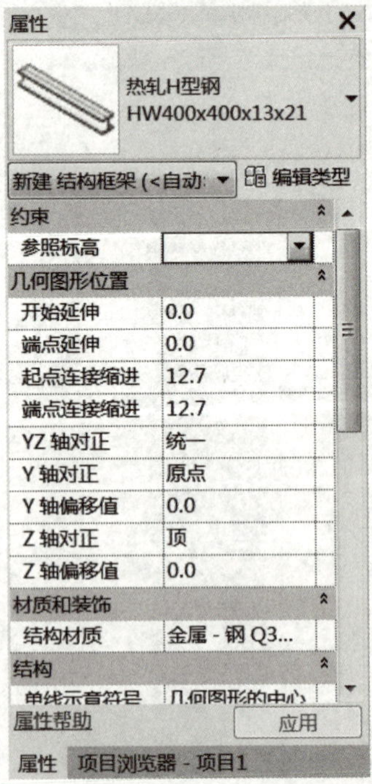

图 6.6　“属性”面板

（7）结构材质：指示为当前梁实例赋予某种材质类型。

（8）剪切长度：梁的物理长度，一般为只读数据。

（9）结构用途：为创建的梁指定其结构用途，有“大梁”“水平支撑”“托梁”“檩条”和“其他”五种用途。

（10）启用分析模型：勾选该复选框则显示分析模型，并将它包括在分析计算中。过多分析模型会降低计算机运行速度，建模过程中建议取消勾选该复选框。

（11）钢筋保护层 - 顶面：设置与梁顶面之间的钢筋保护层距离，此项只适用于混凝土梁。

（12）钢筋保护层 - 底面：设置与梁底面之间的钢筋保护层距离，此项只适用于混凝土梁。

（13）钢筋保护层其他面：设置从梁到邻近图元之间的钢筋保护层距离，此项只适用于混凝土梁。

选项栏设置结构平面，在选项栏可以确定梁的放置标高，选择梁的结构用途（与属性框中的信息相同），确定是否通过“三维捕捉”和“链”方式绘制，如图 6.7 所示。

图 6.7　选项栏

设置完成梁类型属性参数和实例属性参数后，在“绘制”面板中选择梁绘制工具，将鼠标光标移动到绘图区域即可进行绘制，如图 6.8 所示。

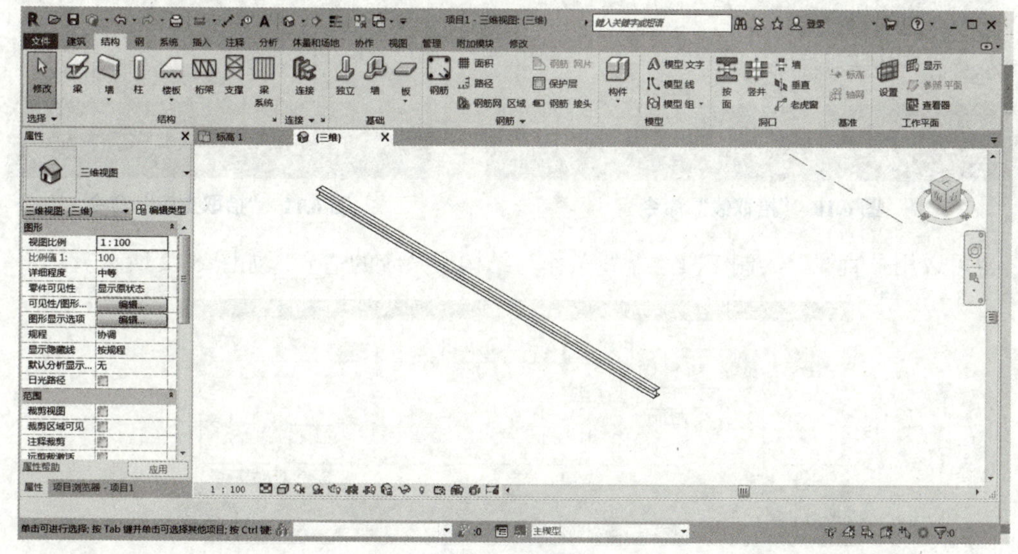

图 6.8　绘制梁

2．梁系统

结构梁系统可创建多个平行的等距梁，这些梁可以根据设计中的修改进行参数化调整。

打开一个平面视图，选择“结构”选项卡，在“结构”面板中单击“梁系统”按钮进入定义梁系统边界草图模式，如图 6.9 所示。

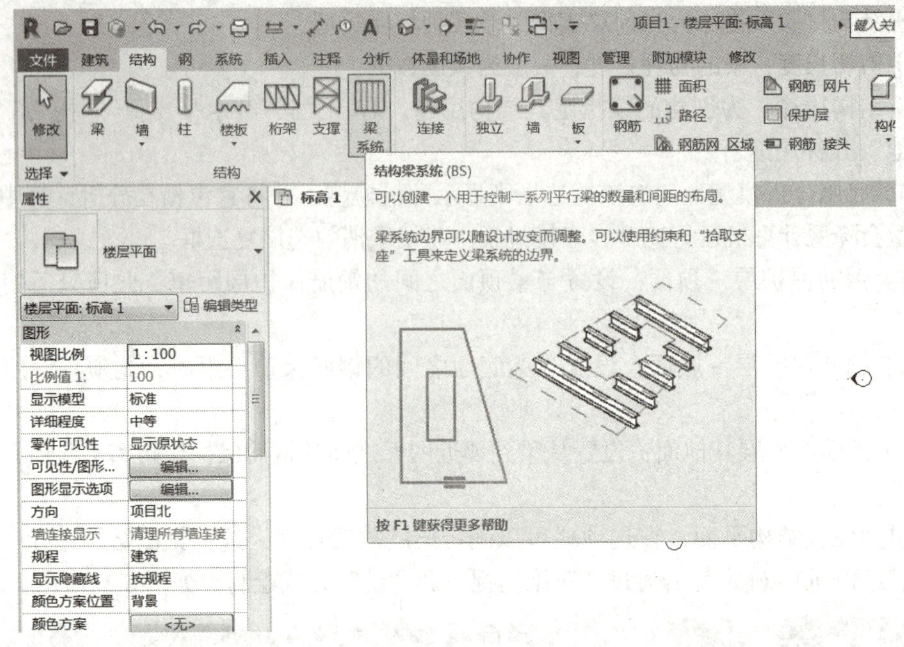

图 6.9 “梁系统”按钮

选择“绘制”面板“边界线”中的“拾取线”(图 6.10）或“拾取支座”(图 6.11）命令，拾取结构梁或结构墙并锁定其位置，形成一个封闭的轮廓作为结构梁系统的边界。

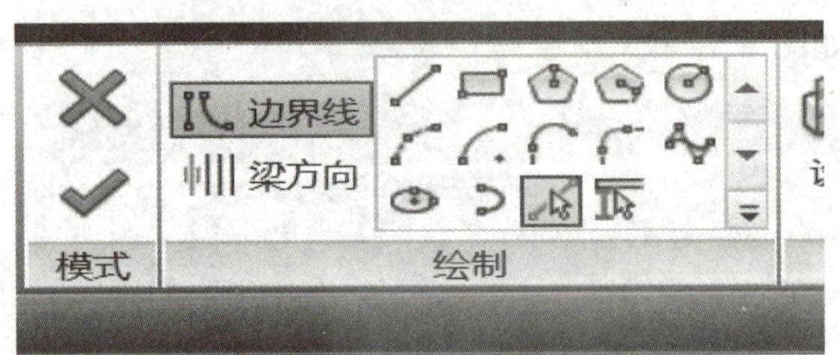

图 6.10 “拾取线”命令

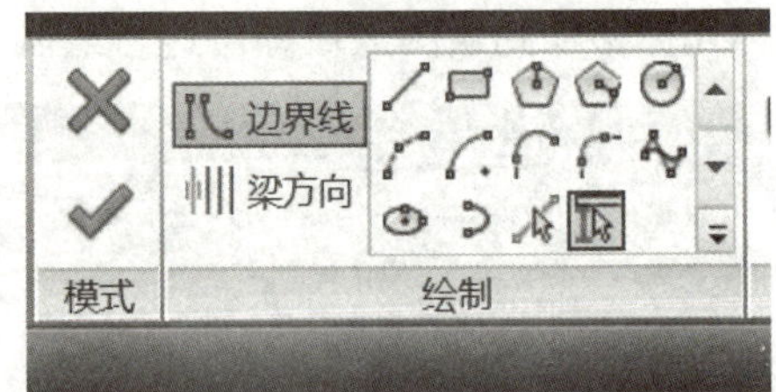

图 6.11 “拾取支座”命令

也可以用“直线”绘制工具绘制线条作为结构梁系统的边界，如图 6.12 所示。

图 6.12 “直线”绘制工具

绘制完边界后，可以用“梁方向边缘”命令选择某边界线作为新的梁方向。在默认情况下，拾取的第一个支座或绘制的第一条边界线为梁方向。

单击“梁系统属性”按钮，设置此系统梁在立面的偏移值，在三维视图中显示该构件，设置其布局规则，以及按设置的规则确定相应数值，梁的对齐方式及选择梁的类型，如图 6.13 所示，布置好的梁系统如图 6.14 所示。

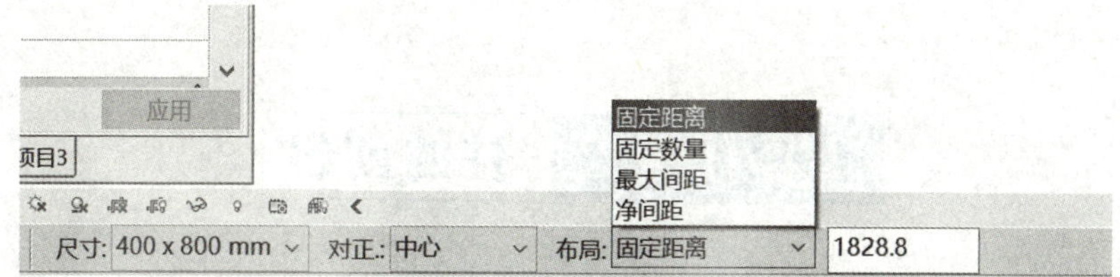

图 6.13 梁系统设置

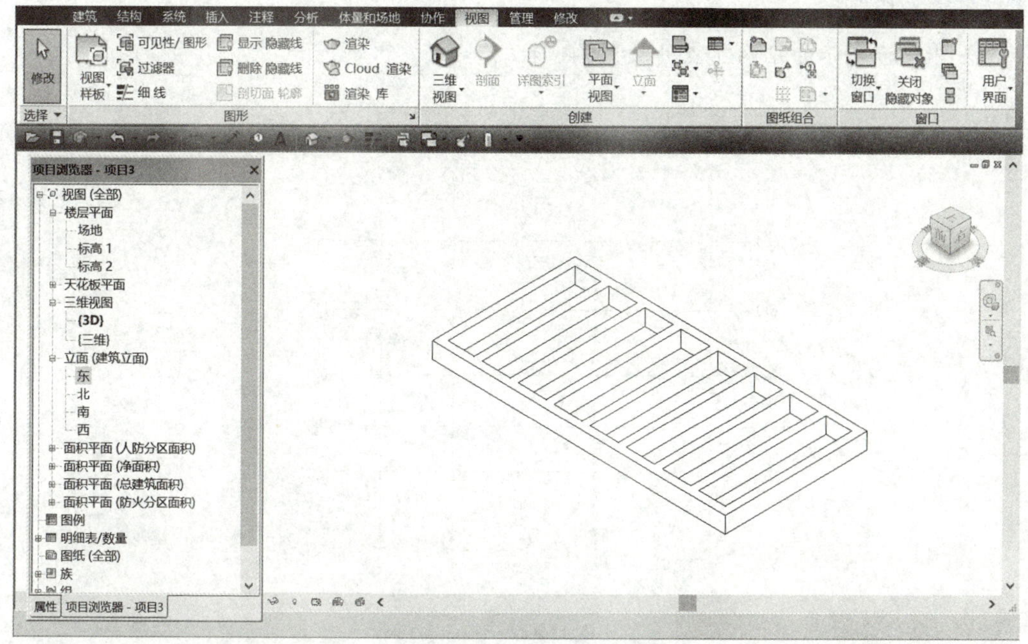

图 6.14 布置好的梁系统

知识链接

创建梁

知识拓展

武汉王家墩中央商务区的武汉中心大厦，高 438 m，地下 4 层，地上 88 层，总建筑面积为 36 万 m^2，是一幢集智能办公、全球会议中心、白金五星级酒店、高端国际商业、360° 高空观景台等多功能为一体的地标性国际 5A 级商务综合体。BIM 技术在该工程施工阶段的应用主要体现在三维建模，配合深化设计进行管网综合，指导现场施工，减少施工中不必要的碰撞和整改。

工作任务二 柱的创建

工作任务

在图 6.15 所示的轴网交点处放置构造柱。

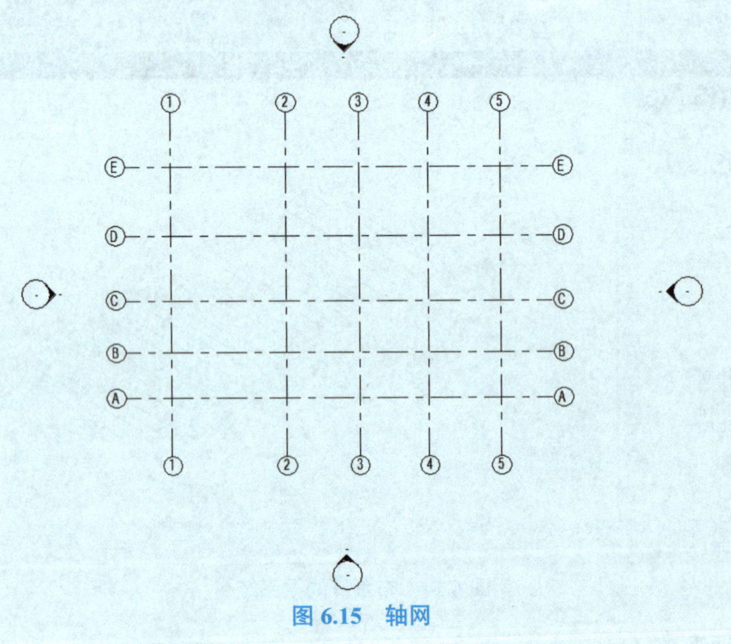

图 6.15 轴网

知识准备

1. 柱的基本概念

柱是建筑物中垂直的主结构件，承托着其上方物件的重量。

2. 建筑柱和结构柱建模时的区别

（1）在楼层平面上布置柱时，如果在标高 1 平面布置建筑柱，则建筑柱默认底部标高为标高 1，顶部标高为标高 2。如果同样在标高 1 平面布置结构柱，则结构柱默认按深度绘制，其顶部标高为标高 1。

（2）当绘制附墙柱时，如果选用建筑柱与墙交接，则放置完成之后，建筑柱会与墙融合并继承墙的材质，而结构柱不会与墙融合。如果非要让结构柱与墙连接，则墙被切掉，而结构柱保持自己的形状和材质不变。

（3）结构图元（如梁、支撑和独立基础）与结构柱连接，不与建筑柱连接。

（4）建筑柱只可以单击放置，但结构柱可以通过捕捉轴网交点或建筑柱进行批量放置。

任务实施

一、建筑柱

1．建筑柱的载入与属性调整

在项目中载入需要的柱类型，并调整柱的参数信息来满足设计的要求。

建筑柱的载入方式与梁类似。

在“建筑”选项卡的“构建”面板中单击“柱”下拉按钮，在下拉列表中选择“柱：建筑”选项，进入放置柱模式，在“修改 | 放置 柱”上下文选项卡的“模式”面板中单击“载入族”按钮，如图 6.16 所示。

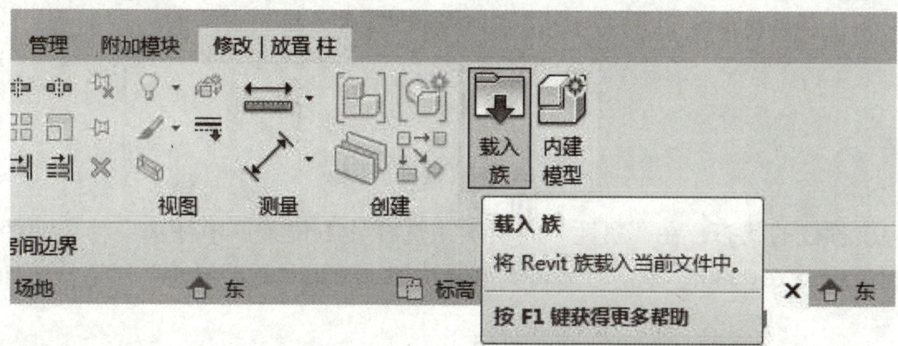

图 6.16　“载入族”按钮

在弹出的“载入族”对话框中选择相关的建筑柱族文件，单击“打开”按钮，就将柱载入项目，如图 6.17 所示。

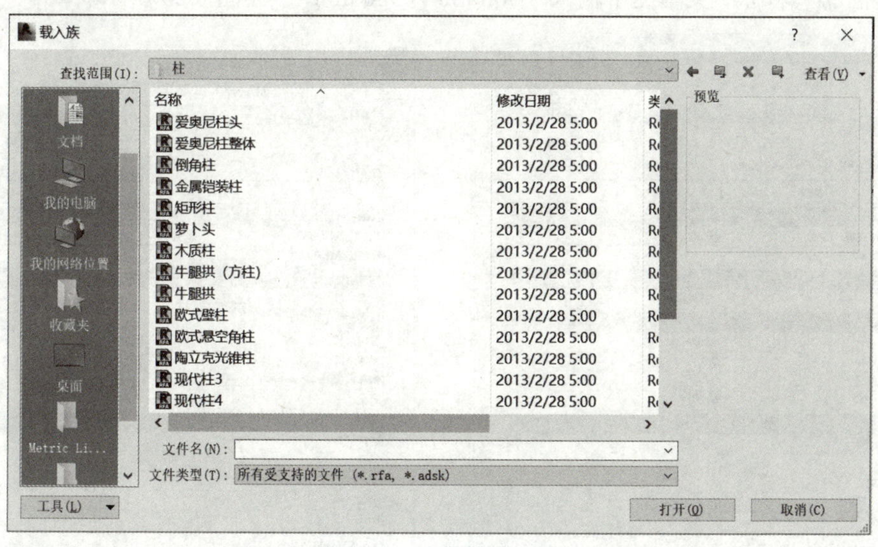

图 6.17　建筑柱族文件

在“属性”面板中的类型选择器中会看到添加的柱子类型，如图 6.18 所示。

将柱载入项目后，需要对柱的属性进行相关调整，以满足设计要求。柱的属性设置也包括类型属性设置和实例属性设置两种。通常先设置类型属性，再设置实例属性。

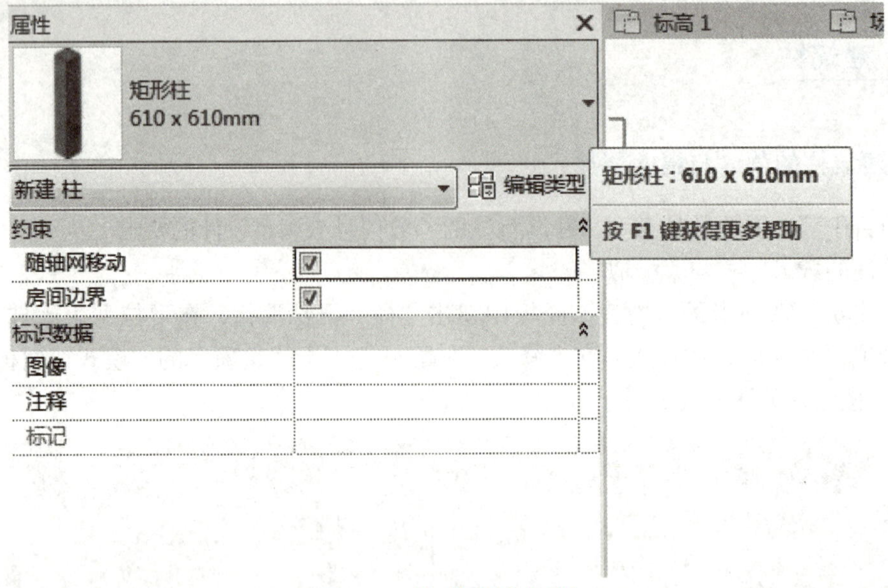

图 6.18　柱“属性”面板

保持放置柱的状态，在“属性”面板类型选择器下拉菜单中任选一种尺寸的柱，如矩形柱 610 mm×610 mm，单击“编辑类型”按钮，弹出“类型属性”对话框，如图 6.19 所示。

当前设置为矩形柱的类型属性，以创建“矩形柱 500 mm×500 mm”为例进行调整，从上往下一项一项地设置。在“族”下拉列表框中选择“矩形柱”选项；在“类型”下拉列表框中没有 500 mm×500 mm 这个尺寸选项，单击其后的“复制”按钮，在弹出的“名称”对话框的“名称”文本框中输入“500 mm×500 mm”，如图 6.20 所示。

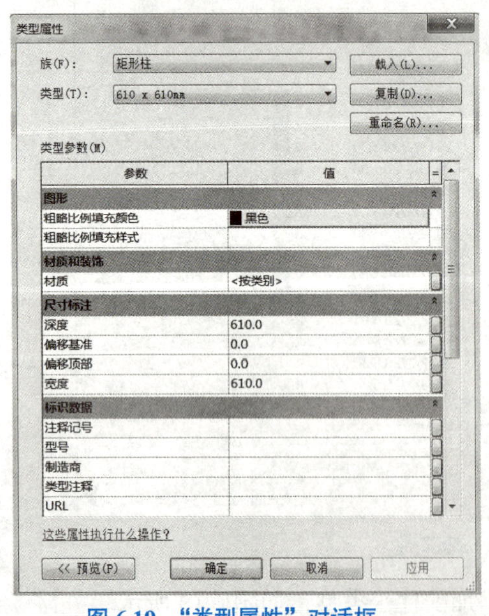

图 6.19　“类型属性”对话框

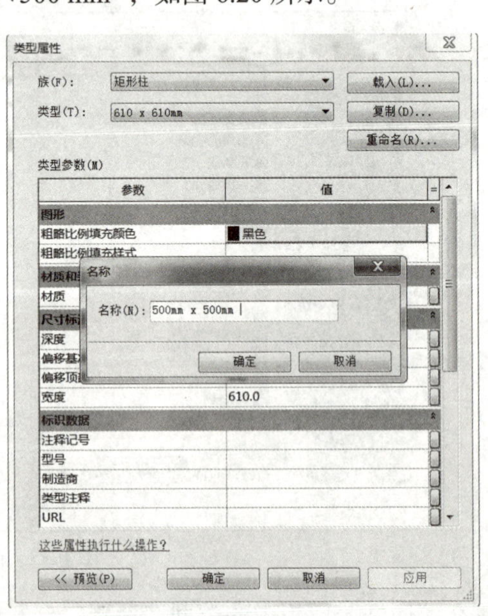

图 6.20　“名称”文本框

输入完成后单击“确定”按钮返回“类型属性”对话框，这时在“类型”一栏会自动显示尺寸值为 500 mm×500 mm，如图 6.21 所示。

然后继续设置类型参数，各参数说明如下。

（1）粗略比例填充颜色：在任一粗略平面视图中，粗略比例填充样式的颜色，单击可选择其他颜色，默认为黑色。

（2）粗略比例填充样式：在任一粗略平面视图中，为柱内显示的截面填充图案样式。单击该行后面的按钮进行添加。

（3）材质：给柱赋予某种材质，单击该行后面的按钮进行添加，与之前给墙体赋予材质的方法相同。

（4）深度：放置时柱的深度，矩形柱截面显示为长方形，该值表示长方形的宽度，输入值为 350。

属性
矩形柱
500 x 500 mm
矩形柱
457 x 475 mm
475 x 610 mm
500 x 500 mm
610 x 610 mm

图 6.21　矩形柱类型

（5）偏移基准：设置柱基准的偏移量，默认为 0。

（6）偏移顶部：设置柱顶部的偏移量，默认为 0。

（7）宽度：放置时柱的宽度，矩形柱截面显示为长方形，该值表示长方形的长度，输入值为 400。

设置实例属性，参数说明如下。

（1）随轴网移动：确定柱在放置时是否随着网格线移动。

（2）房间边界：确定放置的柱是否为房间的边界。

2．建筑柱的布置和调整

在完成了柱的类型属性和实例属性设置后，就可以把柱放置到项目中所在的位置。

在“建筑”选项卡的“构建”面板中单击“柱”下拉按钮，在下拉列表中选择“柱：建筑”选项，在“属性”面板类型选择器下选择柱类型，然后设置“柱”选项栏，如图 6.22 所示。

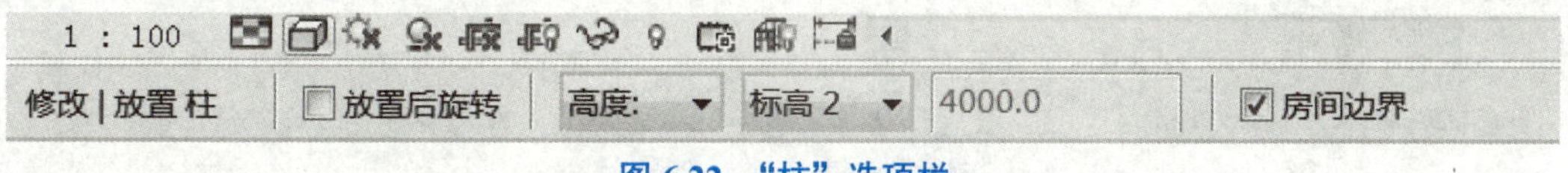

图 6.22　“柱”选项栏

（1）放置后旋转：确定放置柱后可继续进行旋转操作。

（2）高度 / 深度：设置柱的布置方式，并设置深度或高度值。

（3）房间边界：确定放置的柱是否为房间边界。

设置柱的参数后布置柱，将鼠标光标移至绘图区域，柱的平面视图形状会随着鼠标光标的移动而移动，将鼠标光标移动到横纵交会处，相应的轴网高亮显示，单击将柱放置在交汇点上，按两次 Esc 键退出当前状态。单击选择放置的柱，通过临时的尺寸标注将柱调整到合适的位置，如图 6.23 所示。

通过此方法将其他类型的柱放置到合适的位置，再通过临时尺寸标注进行调整，对于类型一致、与相邻轴网的位置关系相同的柱，可以通过复制的方法快速创建，布置好的柱系统如图 6.24 所示。

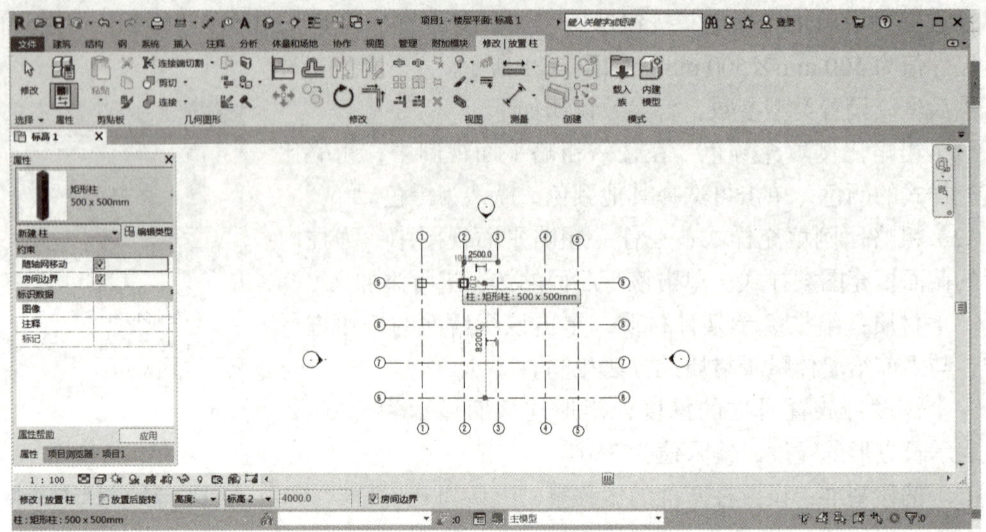

图 6.23 放置柱

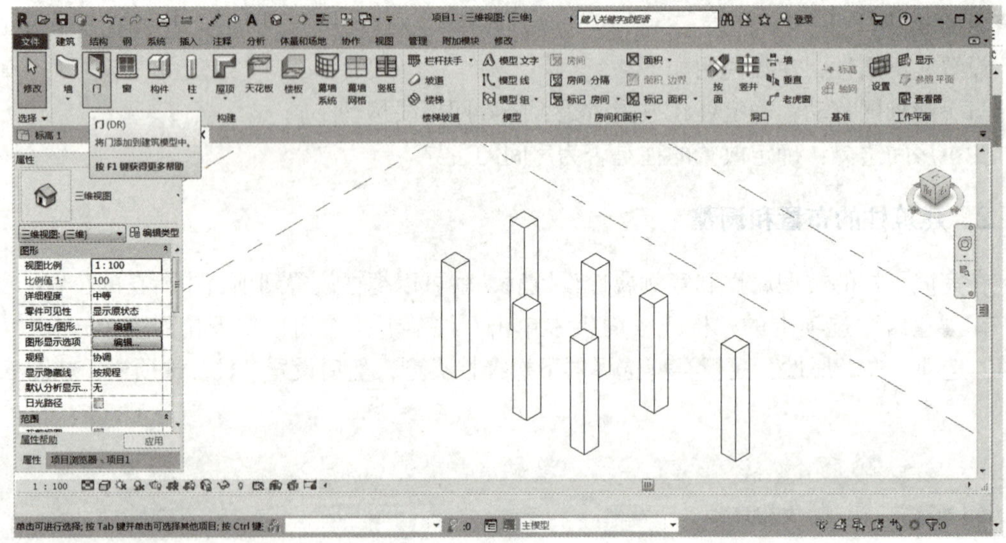

图 6.24 布置好的柱系统

二、结构柱

结构柱适用于钢筋混凝土柱等与墙材质不同的场合，是承载梁和板等构件的承重构件，在平面视图中结构柱截面与墙截面各自独立。

结构柱用于对建筑中的垂直承重图元建模，尽管结构柱与建筑柱共享许多属性，但是结构柱还具有许多由它自己的配置和行业标准定义的其他属性。在行为方面，结构柱也与建筑柱不同。

1. 结构柱载入与属性参数设置

在“建筑”选项卡的“构建”面板中单击“柱”下拉按钮，在下拉列表中选择“结

构柱”选项，切换至“修改 | 放置结构柱”上下文选项卡，单击“模式”面板中的“载入族”按钮，弹出结构柱“载入族”对话框，如图 6.25 所示。

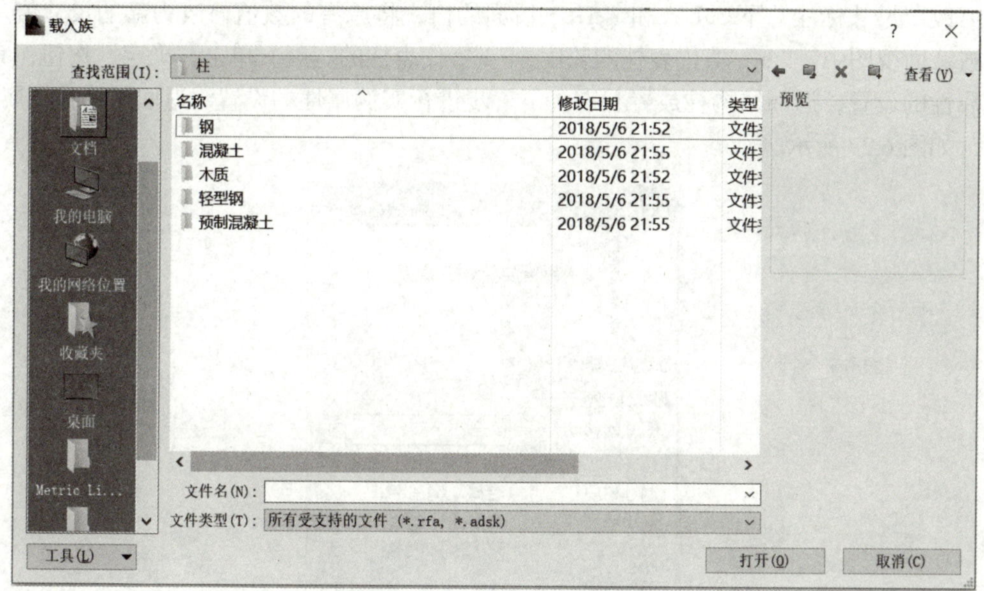

图 6.25 “载入族”对话框

在对话框中可以看到软件自带结构柱分为钢柱、混凝土柱、木质柱、轻型钢柱和预制混凝土柱五种类别，双击进入需要的柱类型文件夹，就可以找到需要的“.rfa”族文件，单击“确定”按钮完成载入，在“属性”面板的类型选择器下拉菜单中找到刚刚加入的结构柱，单击“编辑类型”按钮进入其“类型属性”对话框，如图 6.26 所示。

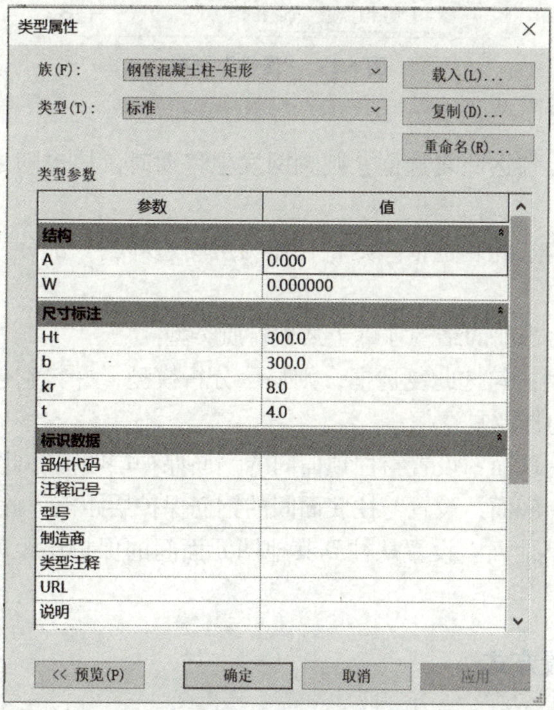

图 6.26 “类型属性”对话框

对柱进行属性设置，完成结构柱参数编辑后单击“确定”按钮，返回“类型属性”对话框，这时在“类型属性”对话框中的“类型”下拉列表框中就会显示刚刚命名的柱尺寸值。修改“尺寸标注”下“b”和“Ht”后面的值，将原有的数值修改为新的尺寸值。在平面或截面视图中，“b”值代表柱的长度，“h”代表柱的宽度。单击“确定”按钮，完成类型属性的设置，返回结构柱放置状态。下一步进行实例属性的设置，返回结构柱“属性”面板，如图 6.27 所示。

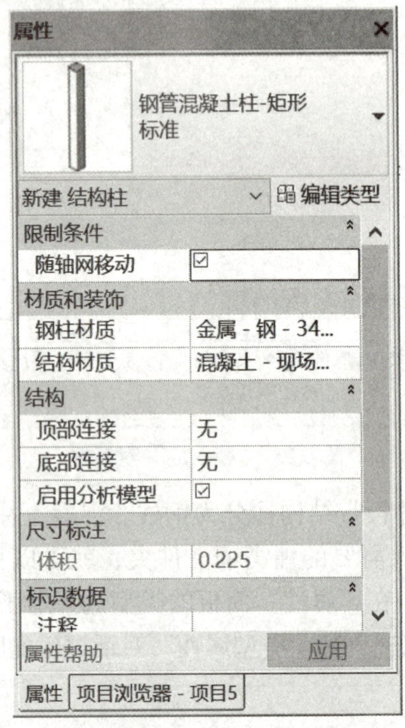

图 6.27 “属性”面板

部分参数说明如下。

（1）随轴网移动：勾选此复选框，则轴网发生移动时，柱也随之移动；反之，柱不随轴网移动而移动。

（2）房间边界：勾选此复选框，则将柱作为房间边界的一部分，反之，不作为房间边界的部分。

（3）结构材质：为当前的结构柱赋予某种材质类型。

（4）启用分析模型：勾选此复选框，则显示分析模型，并将它包含在分析计算中。在建模过程中建议不要勾选此复选框。

（5）钢筋保护层 – 顶面：设置与柱顶面间的钢筋保护层距离，此项只适用于混凝土柱。

（6）钢筋保护层 – 底面：设置与柱底面间的钢筋保护层距离，此项只适用于混凝土柱。

（7）钢筋保护层其他面：设置从柱到其他图元面间的保护层距离，此项只适用于混凝土柱。

2. 结构柱的放置方式

在完成结构柱的创建和属性参数设置后，下一步即可在轴网中布置结构柱。在“建

筑”选项卡的“构建”面板中单击“柱”下拉按钮，在弹出的下拉列表中选择“结构柱”选项，切换至“修改 | 放置结构柱”上下文选项卡选择需要放置的结构柱类型，如图 6.28 所示。

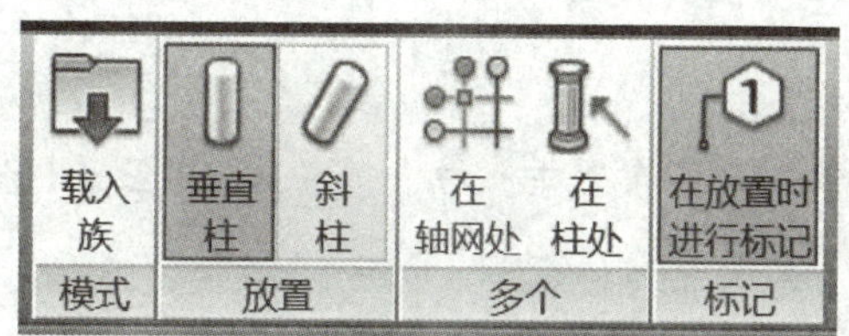

图 6.28 “结构柱”选项

各项说明如下。

（1）“垂直柱”放置方式。在选项栏设置垂直柱放置深度或高度，设置放置标高，将光标移动到绘图区域，确定放置位置后，单击鼠标左键完成柱的放置。

（2）“斜柱”放置方式。在选项栏设置斜柱第一点和第二点深度或高度，设置放置标高，将鼠标光标移动到绘图区域，分别单击确定第一点和第二点放置位置后，完成柱的放置。

（3）“在轴网处”放置方式。在轴网处放置结构柱适用于垂直柱，单击已放置好的垂直柱并单击“在轴网处”按钮，设置好垂直柱放置标高后，选择相关轴网，在轴网相交处会出现结构柱放置，单击“完成”按钮完成柱的放置。

（4）“在柱处”放置方式。在柱处放置结构柱适用于垂直柱，单击放置好的垂直柱并单击“在柱处”按钮，在选项栏设置好垂直柱放置标高后，选择相关建筑柱，在建筑柱中心处会出现结构柱放置，单击“完成”按钮完成柱的放置。

知识链接

创建柱

知识拓展

望京 SOHO 位于北京市朝阳区望京街与阜安西路交叉路口，由世界著名建筑师扎哈·哈迪德担任总设计师，占地面积为 115 392 m^2，规划总建筑面积为 521 265 m^2，望京 SOHO 办公面积总计 364 169 m^2，该项目由三栋集办公和商业为一体的高层建筑和三栋低层独栋商业楼组成，最高一栋高度达 200 m。BIM 技术在该工程施工阶段的应用主要体现在可视化控制，便于各方协调，尤其在重点、复杂空间机电深化、钢结构和幕墙设计、加工、安装上发挥了重要作用，为施工顺利进行创造了有利条件。

训练与提升

一、单选题

1．以下说法正确的是（　　）。

A．在 Revit 软件中只能布置垂直柱　　B．在 Revit 软件中只能布置斜柱

C．以上说法都不对

2．以下说法正确的是（　　）。

A．柱高度必须在柱绘制时设置，后期不能更改

B．可以根据墙体高度对柱高度进行调整

C．绘制柱时不需要设置柱高度

3．以下说法错误的是（　　）。

A．梁和柱需要在“结构”面板中绘制

B．选择“梁”选项，可以在弹出的编辑类型属性框中进行编辑和载入

C．以上说法都不对

二、判断题

1．柱截面尺寸可以在后期进行编辑修改。（　　）

2．在 Revit 软件中，柱分为建筑柱和结构柱。（　　）

3．在 Revit 软件中，既可以创建梁，也可以创建梁系统。（　　）

项目七　门和窗绘制

项目描述

门和窗是建筑物的重要的围护构件或分隔构件。通过本项目的学习，读者可以掌握门和窗的创建与编辑方法，为后续内容学习奠定基础。

学习目标

【知识目标】

1. 了解 Revit 软件中门和窗的作用和意义；
2. 掌握门和窗的绘制方法和技巧；
3. 熟悉门和窗的编辑方法和技巧。

【能力目标】

1. 熟练运用 Revit 软件进行门和窗的绘制和编辑；
2. 能够根据实际项目需求，合理设置和调整门和窗的参数；
3. 能够在实际项目中应用门和窗绘制和编辑方法，为建筑元素创建提供基础。

【素质目标】

1. 培养对 BIM 技术的学习兴趣和积极态度；
2. 提高创新意识和问题解决能力，以应对门和窗绘制与编辑在项目中的实际挑战；
3. 增强团队协作和沟通能力，以便在实际项目中应用门和窗绘制与编辑方法；
4. 培养精益求精的工匠精神。

工作任务一 绘制门和窗

工作任务

通过学习门、窗创建的相关知识，完成图 7.1 所示的门和窗的创建任务。其他所需参数按照平面图自定义。

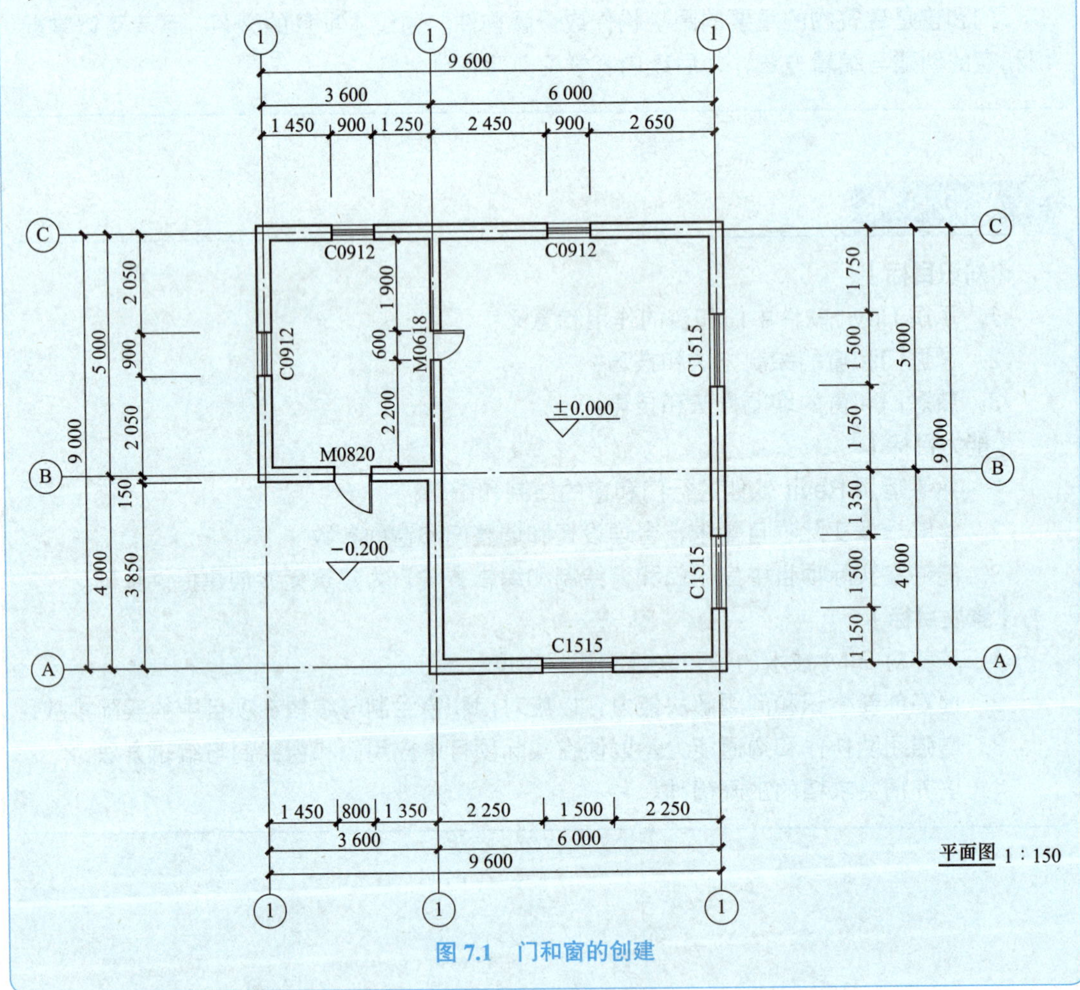

图 7.1　门和窗的创建

知识准备

1. 门和窗简介

门和窗是建筑设计中最常用的构件。在 Revit 中，给出了门、窗创建工具，用于在项目中添加门、窗图元。在 Revit 软件中，门和窗不能单独存在，必须依赖墙体、屋顶等主体图元，放置于任何类型的墙体、屋顶等主体图元中。这种依赖主体图元而存在的构件称为“基于主体的构件”。门和窗的绘制可以在平面视图、立面视图、剖面视图和三维视图中完成。

2. 门和窗的创建

在三维模型中，门和窗的模型与它们的平面表达并不是对应的剖切关系，这说明门和窗与立面表达可以相对独立。在 Revit 软件中，门和窗的创建可以通过绘制、复制两种方法实现。

任务实施

门和窗属于可载入族，要在项目中创建门和窗，必须先将其载入当前项目。启动 Revit，新建“建筑样板”文件，在“插入”选项卡“从库中载入”面板中单击“载入族”按钮，如图 7.2 所示，在弹出的“载入族”对话框中选择“建筑”文件夹，如图 7.3 所示，用户可按需选择载入的门和窗构件。

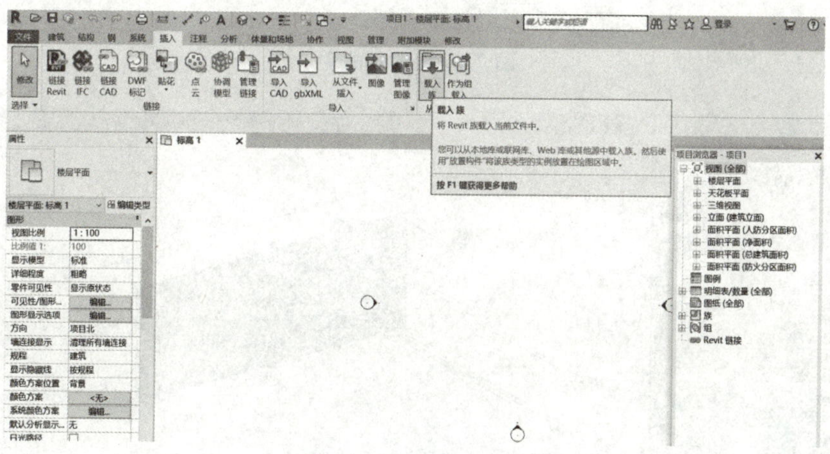

图 7.2　门窗载入命令

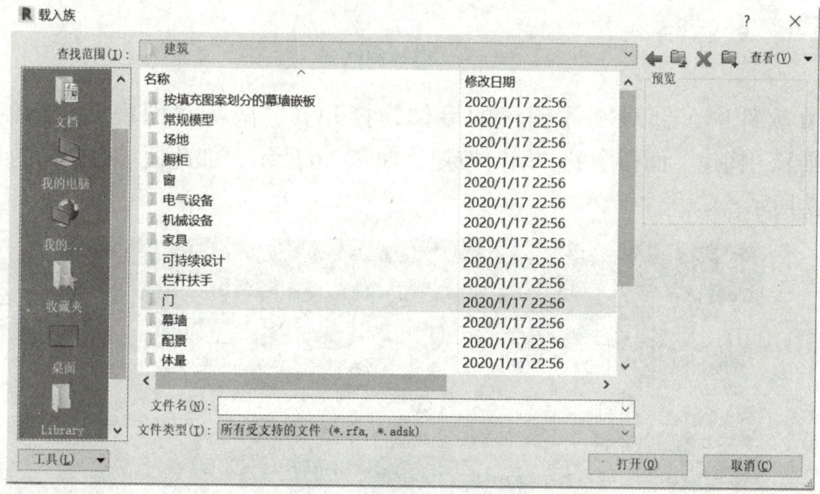

图 7.3　“载入族”对话框

1．绘制门

门的绘制需要基于主体图元。因此，在绘制门窗前需要先绘制任意墙体。

打开 Revit 软件，如图 7.4 所示，打开“建筑”选项卡，然后单击“构建”面板中的“墙”下拉按钮，在下拉列表中单击选择“墙：建筑”选项，单击“属性”面板类型选择器，创建任意类型的墙体，结果如图 7.5 所示。

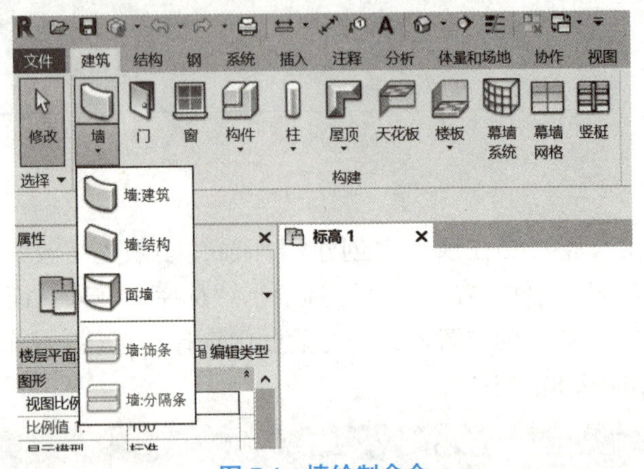

图 7.4　墙绘制命令

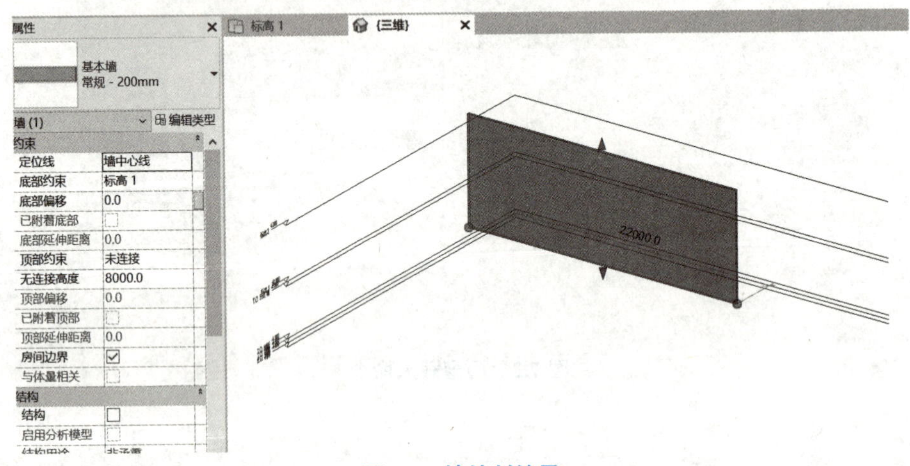

图 7.5　墙绘制结果

在 Revit 软件中，针对刚才创建的墙体，打开其“南”立面视图，绘制门。单击“建筑”选项卡“构建”面板中的“门”按钮，如图 7.6 所示，如此便可得到门的“属性”面板，如图 7.7 所示。

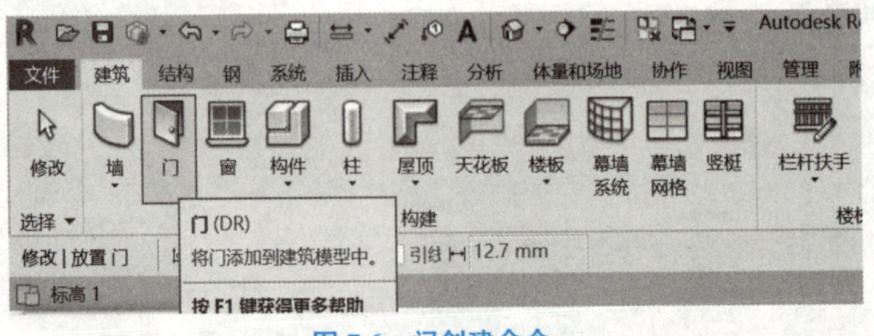

图 7.6　门创建命令

从门的“属性”面板类型选择器中可以看到，门的种类很多，可以按照需要任意选用，如图 7.8 所示。对于“属性”面板中没有的门的种类，用户可以按照前述“载入族”的方式载入其他门的类型。

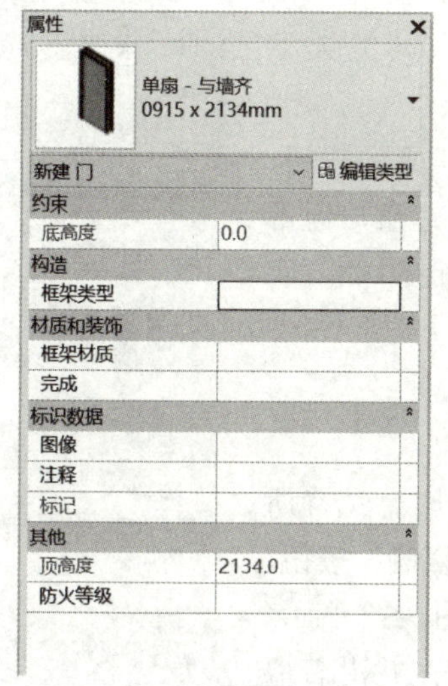

图 7.7　门“属性”面板

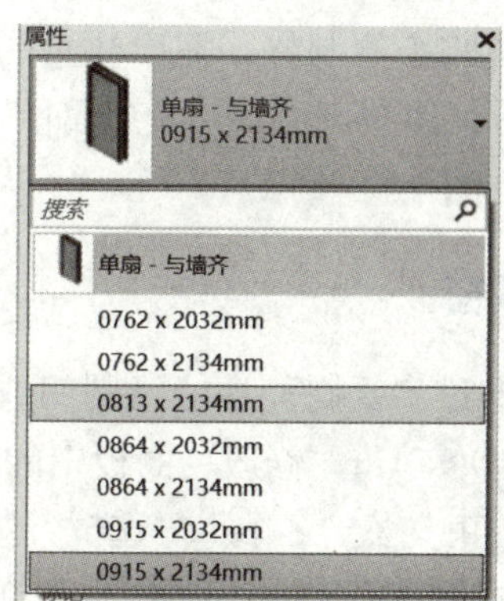

图 7.8　门类型选择

在“属性”面板中，单击鼠标左键选择需要的门类型，然后将鼠标光标放置于墙的任意位置，就可以将门绘制好，如图 7.9 所示。

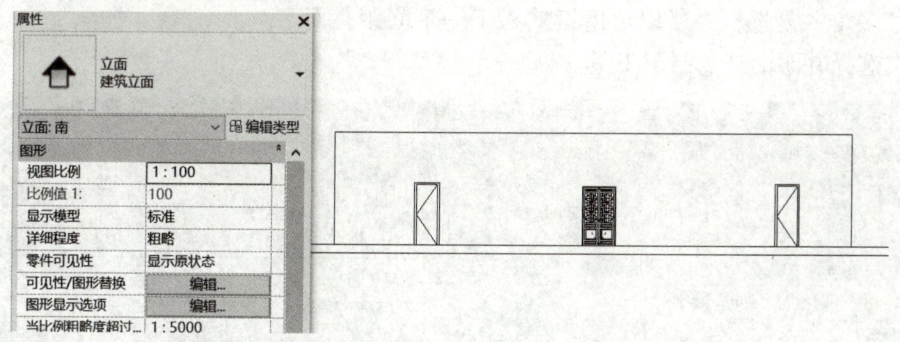

图 7.9　门创建结果

切换到“楼层平面”选项卡中的“标高 1”选项，单击任何一个门，都会出现两组箭头，可以通过单击箭头调整门的开启方向，如图 7.10 所示。

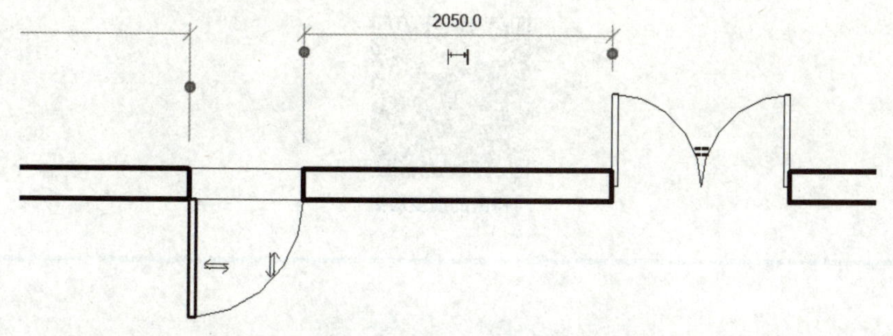

图 7.10　门开启方向调整示意

2. 绘制窗

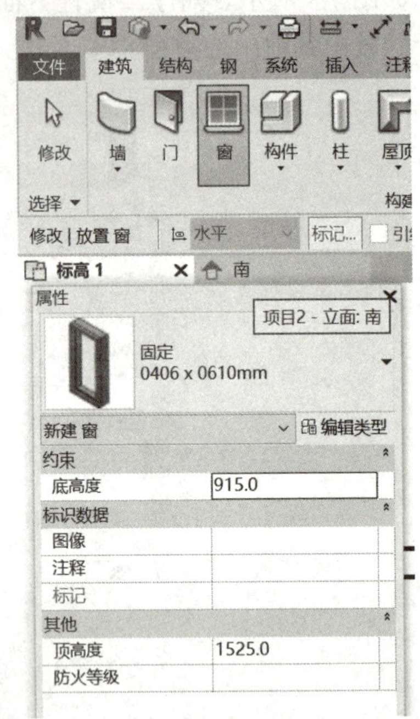

图 7.11 窗台高度设置命令

窗的绘制方法与门的绘制方法基本相同，用户可以采用系统设置好的窗，绘制在墙体任意位置，也可以根据自身需要按照前述“载入族”的方式载入其他类型的窗。

单击“建筑”选项卡“构建”面板中的“窗”按钮，在墙体的任何位置将窗绘制好，需要注意的是，窗户通常需要设置窗台高度，用户可以通过窗“属性”面板中的“底高度”来设置，如图 7.11 所示。

3. 复制门或窗

当用户需要通过“复制”功能绘制门或窗时，选择所需要复制的门（窗），单击“修改”面板中的“复制”按钮，在选项栏勾选“约束”及“多个”复选框，如图 7.12 所示。回到绘图区域，在刚才所选的门（窗）上单击，并沿着墙体移动，此时可直接输入新创建门（窗）的位置和被复制门（窗）之间的间距数值，如 2 000，单位为 mm，输入后按 Enter 键，即完成一个门（窗）的复制，由于勾选了选项栏中的“多个”复选框，所以可继续输入下一个间距，而无须再次选择并激活“复制”工具。

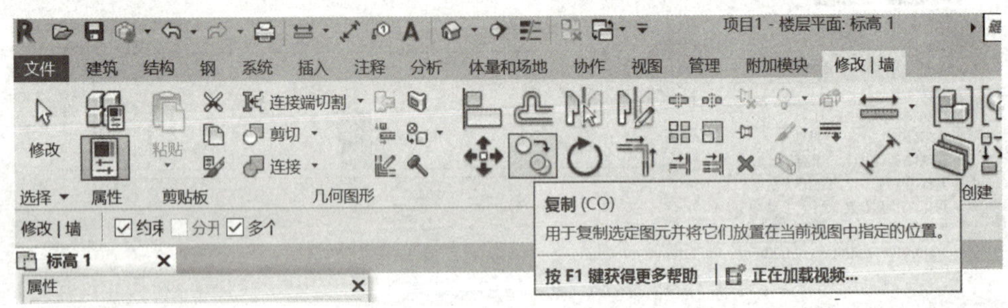

图 7.12 门或窗复制命令

知识链接

门和窗的演变历史

知识拓展

应用BIM软件进行室内装修参数化设计（三维建模）、虚拟现实展示、碰撞检测和材料统计等一体化设计，大大提高了室内装修设计的效率，降低了错漏风险，最大限度地保证了施工的可能性。

参数化设计是BIM技术最大的特点。将BIM技术运用到室内装修设计中，无论是隔断的设计还是墙面、地面、吊顶的设计，都对其内部构造以及材质进行了详细的记录。在绘制室内三维模型的同时，也生成了详细的明细表、施工图、详图等。在完成方案设计的同时，也完成了施工图绘制，一举两得，因此，参数化设计有很高的应用价值。

工作任务二 编辑门和窗

工作任务

通过学习门、窗编辑的相关知识，针对工作任务一所建的门、窗模型，自行设定参数并进行编辑。

知识准备

1. 门和窗编辑

在进行门和窗编辑时，用户需要选择门（窗），自动激活“修改｜门（窗）”上下文选项卡，然后可以修改门（窗）实例参数，也可以修改门（窗）类型参数。

2. 门和窗编辑注意事项

在项目中可以通过修改类型参数，如门、窗的宽和高以及材质等，形成新的门和窗类型。门和窗的主体为墙体，它们对墙体具有依附关系，删除墙体，门和窗也随之被删除。

任务实施

1. 修改门（窗）实例参数

选择门（窗），自动激活“修改｜门（窗）”上下文选项卡，在“属性”面板中，可以修改所选择门（窗）的“标高”“底高度”等实例参数，如图7.13所示。

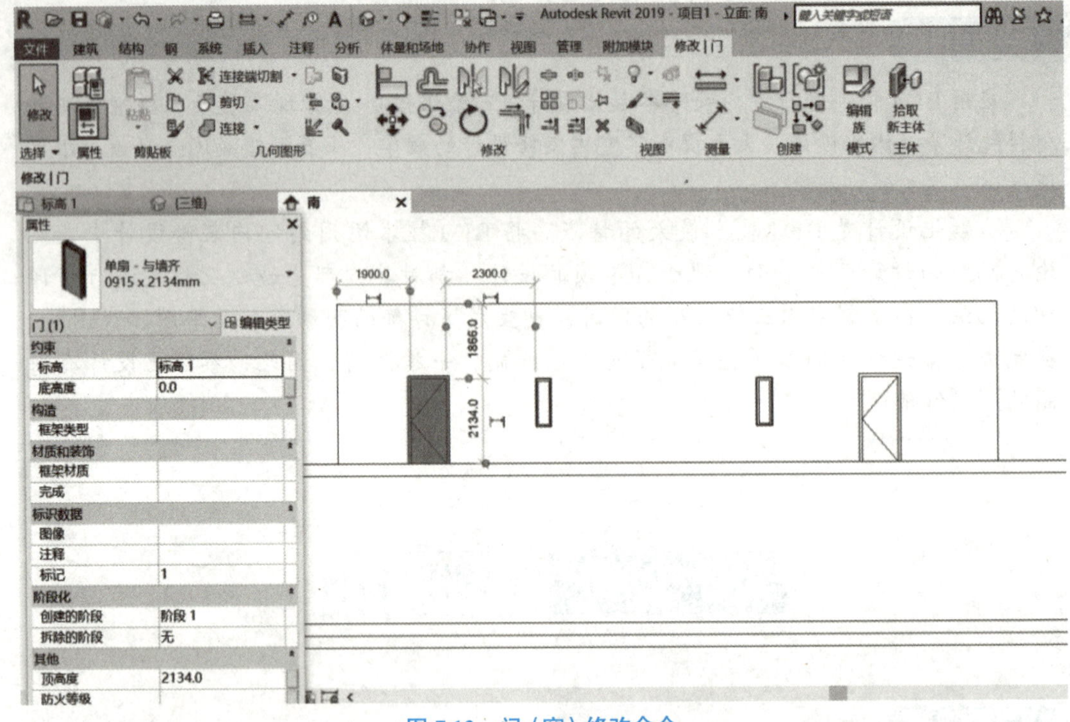

图 7.13　门（窗）修改命令

2. 修改门（窗）类型参数

选择门（窗），自动激活“修改｜门（窗）”上下文选项卡，在“属性”面板中，单击“编辑类型”按钮，打开“类型属性”对话框，单击“复制”按钮创建新的门（窗）类型，如图 7.14 所示。可供修改的参数类型包括构造、材质和装饰、尺寸标注等，用户可按照实际需要进行设置，单击“确定”按钮即可。

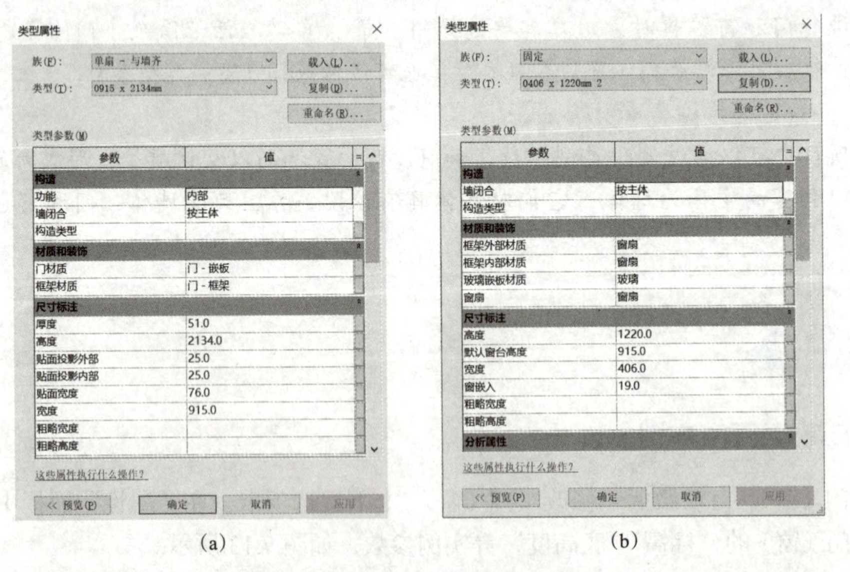

图 7.14　门和窗“类型属性”对话框

（a）门；（b）窗

提示：修改窗的实例参数中的“底高度”，实际上也就修改了窗台的高度。在窗的类型与参数中通常有“默认窗台高度”，这个类型参数并不受影响。

修改类型参数中“默认窗台高度”的参数值，只会影响随后插入的窗户的窗台高度，对之前插入的窗户和窗台高度并不产生影响。

3．利用鼠标修改

单击鼠标左键选择门（窗），出现开启方向控制和临时尺寸，单击改变开启方向和尺寸；拖曳门（窗）改变其位置，原来墙体洞口自动修复，新的洞口已开启。

知识链接

创建门窗

知识拓展

在传统施工中，由于建筑工程建筑专业、结构专业、设备及水暖电专业、室内外装修专业等各个专业分开设计，导致图纸中平立剖之间、建筑图和结构图之间、安装与土建之间及安装与安装之间的冲突问题数不胜数，随着建筑项目越来越复杂，这些问题会带来很多严重的后果。通过三维模型，在虚拟的三维环境下可以清楚地发现设计中的碰撞冲突，在施工前快速、全面、准确地检查出设计图纸中的错误、遗漏及各专业间的碰撞等问题，减少由此产生的设计变更和工程材料浪费，大大提高施工现场的生产效率，减少施工中的返工，提高建筑质量，节约成本，缩短工期，降低风险。

训练与提升

一、单选题

1．在对门进行编辑时，门顶高度实际等于门高加（　　）。

A．整体高度　　B．门宽度

C．底高度

2．门窗开启方向可以通过（　　）调整。

A．Shift 键　　B．Ctrl 键

C．Alt 键　　D．门窗上的方向箭头

3．创建门选项时选项卡变成（　　）。

A．修改 | 编辑 门　　B．修改 | 放置 门

C．修改 | 创建 门

二、多选题

1．载入门窗时可以通过（　　）键一次选择多种门窗。

A．Shift　　B．Ctrl

C．Alt　　D．Tab

2．对门窗属性的编辑，主要包括（　　）。

A．实例属性　　B．几何属性

C．类型属性　　D．物理属性

3．在门的类型属性尺寸标注中可以对（　　）进行修改。

A．厚度　　B．高度

C．宽度　　D．面积

三、判断题

1．门的尺寸可以根据需要编辑。（　　）

2．门的类型不能通过族载入。（　　）

3．载入门和窗时可以一次载入多种门窗。（　　）

4．门和窗可以单独插入，不需要依附于墙体。（　　）

5．在对门进行编辑时，限制条件中底高度必须为零。（　　）

项目八　屋顶、楼板和天花板

项目描述

屋顶是建筑的重要组成部分；楼板是建筑结构中的水平承重构件，在建筑体系中非常重要；天花板是建筑装饰中的重要组成部分。通过本项目的学习，学生可以掌握屋顶、楼板和天花板的创建与编辑方法，为后续学习奠定基础。

学习目标

【知识目标】

1. 了解屋顶、楼板和天花板在建筑设计中的作用和分类；
2. 掌握使用不同方法创建和修改屋顶、楼板和天花板的步骤和技巧；
3. 熟悉屋顶、楼板和天花板的属性设置和编辑功能，如材质、厚度、坡度、开洞、连接等。

【能力目标】

1. 能够对屋顶、楼板和天花板进行参数化设置，调整其形状、尺寸、材质等属性；
2. 能够在屋顶、楼板和天花板上添加细部元素，如开口、边缘处理、构造节点等；
3. 熟练运用 Revit 软件进行屋顶、楼板和天花板的创建和编辑；
4. 能够根据实际项目需求，合理设置和调整屋顶、楼板和天花板的参数。

【素质目标】

1. 培养对 BIM 技术的学习兴趣和积极态度；
2. 提高创新意识和问题解决能力，以应对屋顶、楼板和天花板绘制与编辑在项目中的实际挑战；
3. 增强团队协作和沟通能力，以便在实际项目中应用屋顶、楼板和天花板绘制与编辑方法；
4. 培养精益求精的工匠精神。

工作任务一 屋顶的创建

工作任务

通过学习屋顶创建相关知识，完成图8.1所示的屋顶创建任务。已知屋面板厚度均为400 mm，其他建模参数可参照平、立面图自定义。

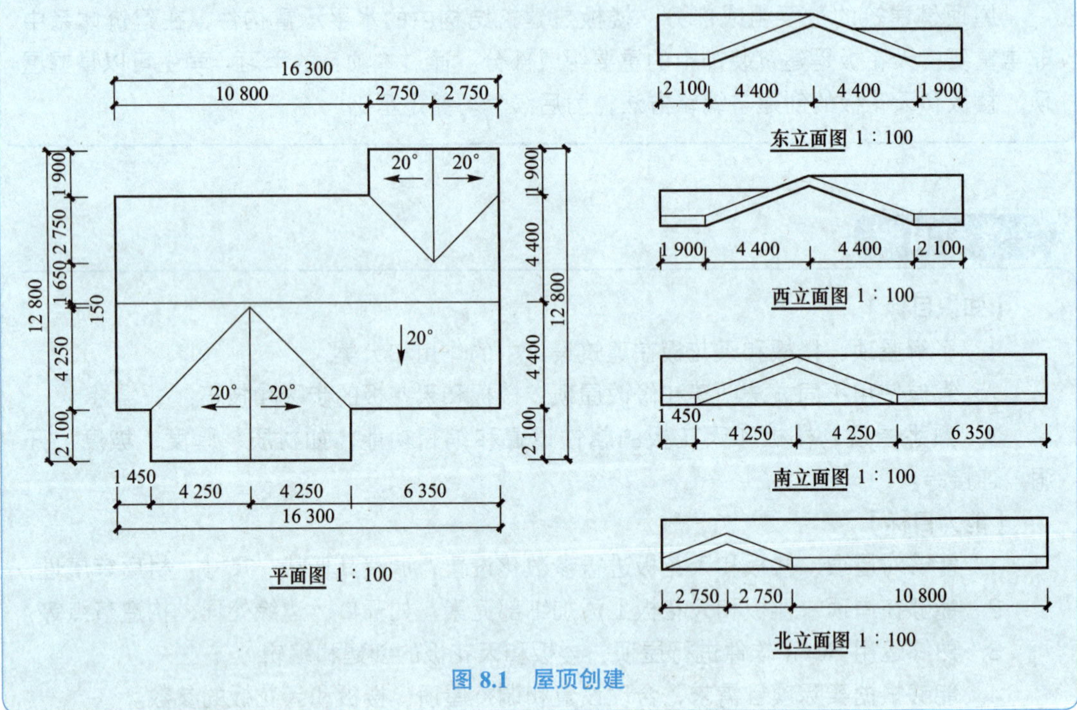

图8.1 屋顶创建

知识准备

1. 屋顶的功能

屋顶是建筑的重要组成部分，是建筑物最上部的承重和维护构件，主要起到承重、防水与排水、保温与隔热作用。此外，屋顶还要满足人们对建筑艺术，即美观方面的要求。

2. 屋顶创建的主要方法

Revit软件提供了多种屋顶建模工具，如迹线屋顶、拉伸屋顶、面屋顶等创建屋顶的常规工具。其中，迹线屋顶是以在平面视图中绘制屋顶的轮廓边界的方式创建的屋顶。此外，对于一些特殊造型的屋顶，还可以通过内建模型的工具创建。

任务实施

一、迹线屋顶

1. 采用“坡度定义”设置屋面坡度

打开 Revit 软件，新建“建筑样板”文件并切换至标高 2 层平面，单击“屋顶”下拉按钮，如图 8.2 所示，弹出如图 8.3 所示的下拉列表，选择“迹线屋顶”选项。

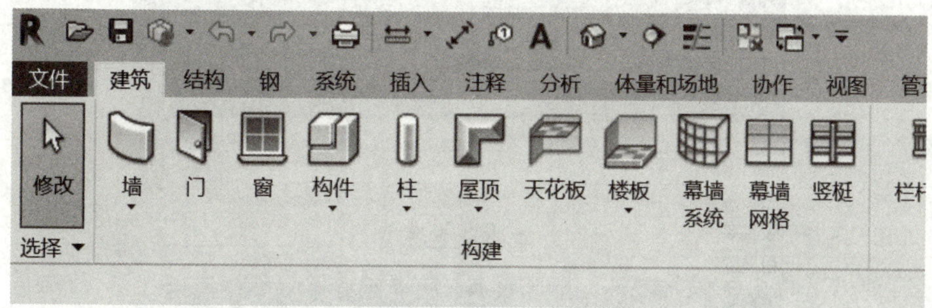

图 8.2 “建筑”命令

当“迹线屋顶”选项被激活后，会出现如图 8.4 所示的“属性”面板，用户可以在此选择屋顶类型、设置相关参数，也可以单击“编辑类型”按钮设置相关属性，如图 8.5 所示。

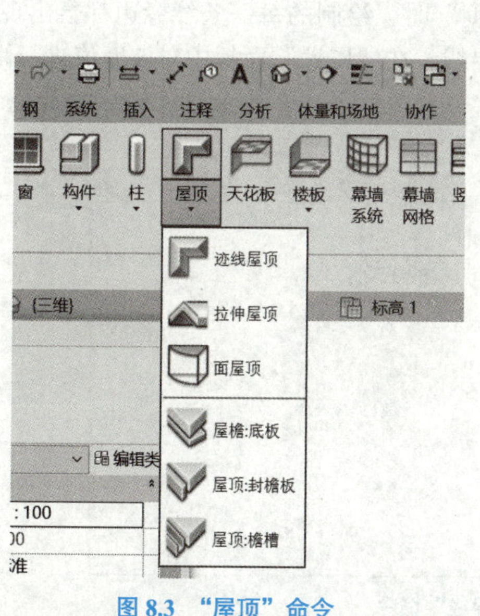

图 8.3 “屋顶”命令

属性

基本屋顶
常规 - 400mm

屋顶 编辑类型

约束	
底部标高	T.O. 基脚
房间边界	☑
与体量相关	☐
自标高的底部偏移	0.0
截断标高	无
截断偏移	0.0
构造	
椽截面	垂直截面
封檐板深度	0.0
最大屋脊高度	0.0
尺寸标注	
坡度	
厚度	400.0
体积	
面积	
标识数据	
图像	
注释	

属性帮助 应用

图 8.4 迹线屋顶“属性”面板

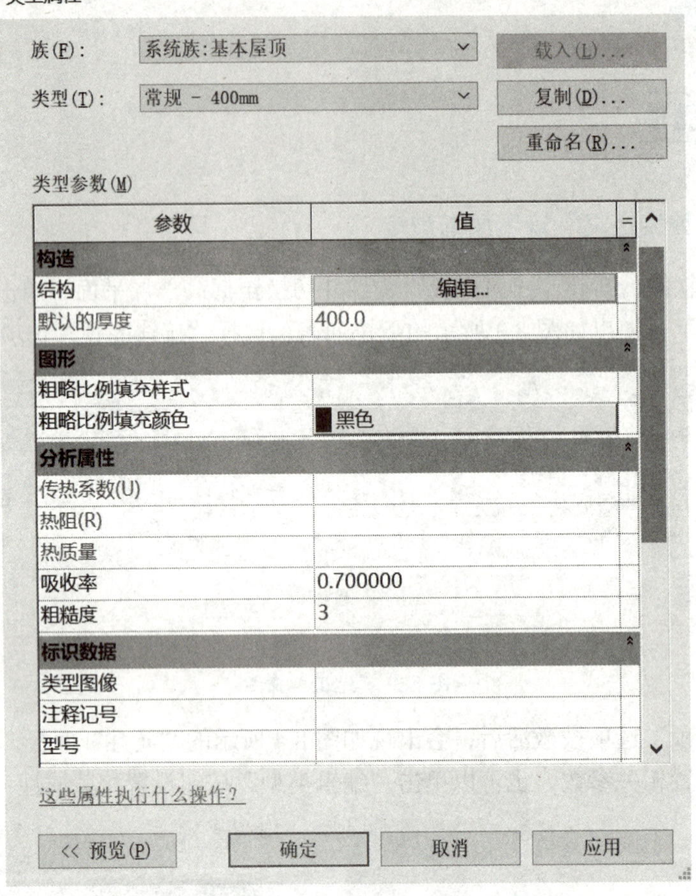

图 8.5　迹线屋顶“类型属性”对话框

选择“迹线屋顶”选项后，切换至“修改 | 创建屋顶迹线”上下文选项卡。如图 8.6 所示，在“边界线”命令下有多种屋面迹线的绘制方式，在此以“直线”为例，绘制图 8.7 所示的屋面。绘制时，在选项栏中勾选“定义坡度”时，绘制的每一条线旁边都会出现一个三角形的坡度符号，用户可以单击选取屋面边界线，在“属性”面板中对坡度值进行修改。

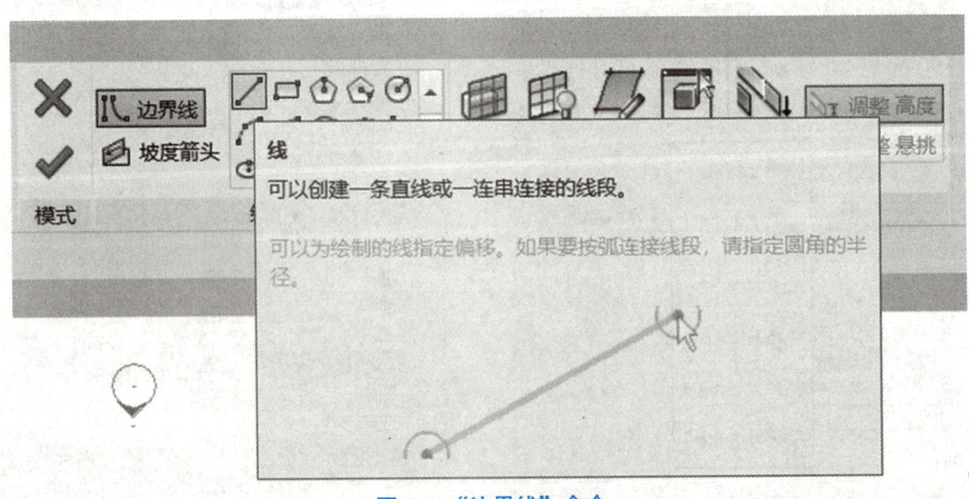

图 8.6　“边界线”命令

屋面边线绘制完成后，单击图 8.8 所示的“完成编辑模式”按钮✔完成操作，并切换至三维视图，查看绘制效果，如图 8.9 所示。

单击选择该屋顶，在图 8.10 所示界面中会出现调整屋顶高度的符号，用户可自行调整。

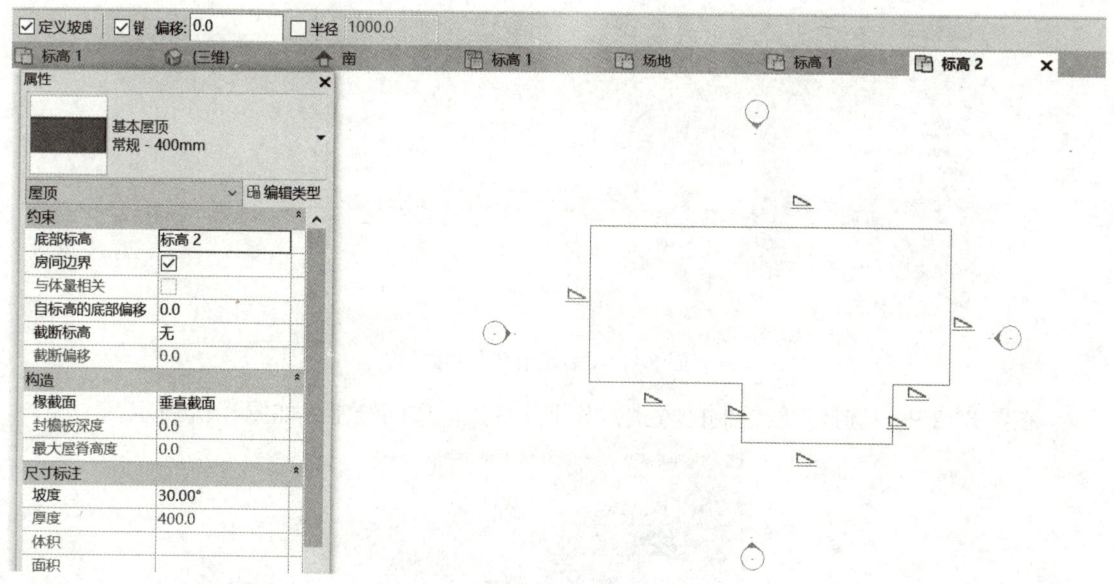

图 8.7　屋面边界线

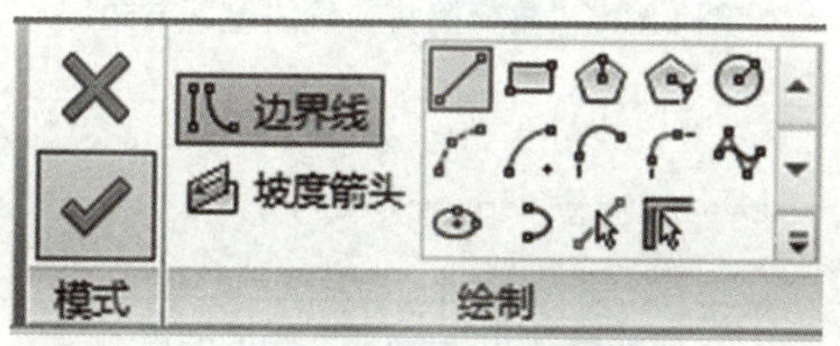

图 8.8　屋面绘制操作界面

图 8.9　屋面三维图

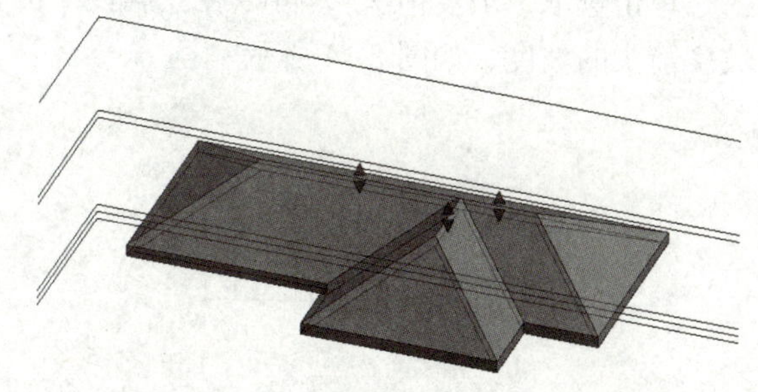

图 8.10　带有调整屋顶高度符号的屋面三维图

2. 通过“坡度箭头”设置屋面坡度

切换到标高 2 层平面，同时激活“迹线屋面”命令，选择“矩形”绘制方式，取消勾选“定义坡度”，在绘图区绘制好矩形后，单击图 8.11 中所示的“坡度箭头”按钮。

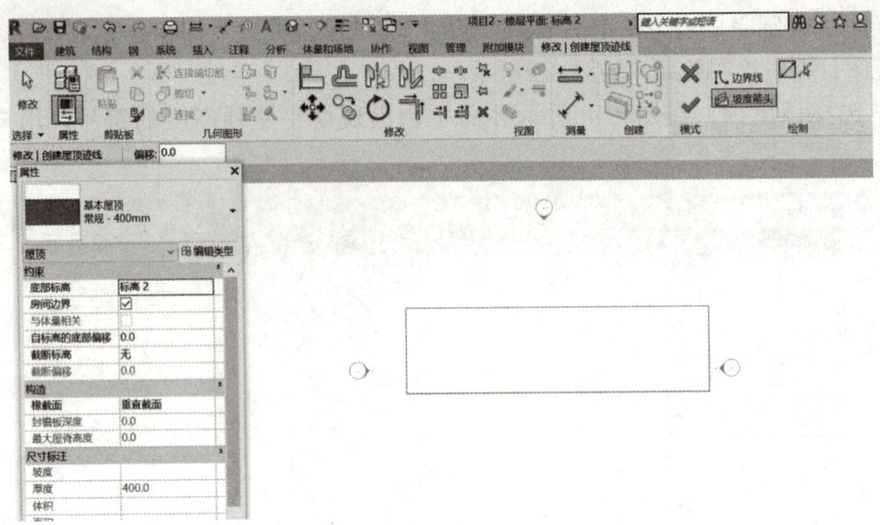

图 8.11 “坡度箭头”界面

在图 8.12 中，选择直线绘制的方式，分别从两边向中间绘制，如图 8.13 所示。

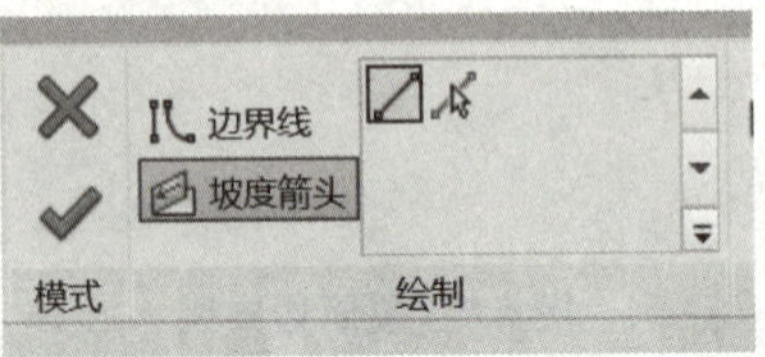

图 8.12 “坡度箭头”直线绘制方式

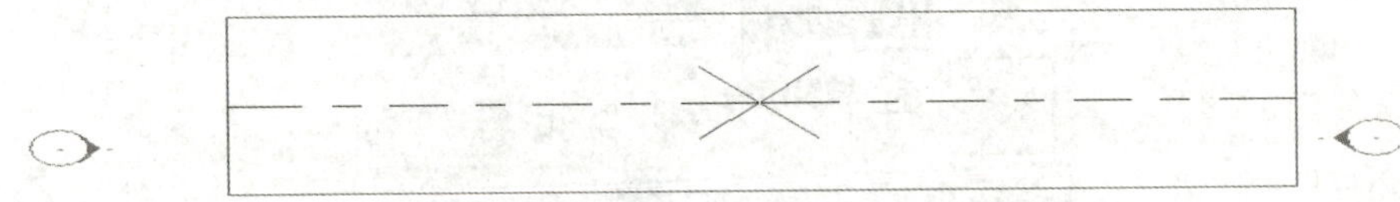

图 8.13 “坡度箭头”绘制结果

单击选取“坡度箭头”，可以在“属性”面板中通过“尾高”和“坡度”两种形式设置坡度箭头的坡度，如图 8.14 所示。

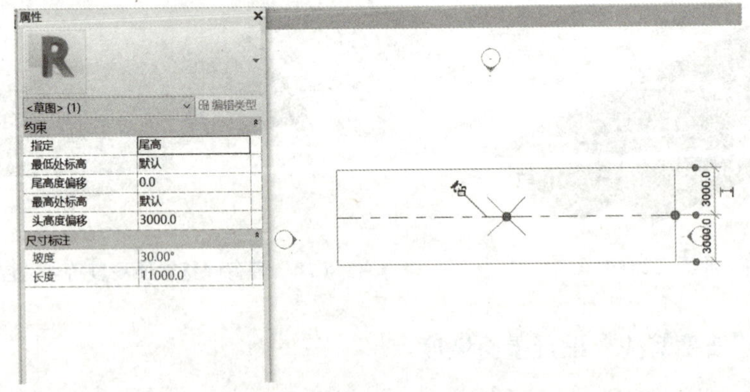

图 8.14 “坡度箭头”设置形式

单击“模式”面板中的“完成编辑模式”按钮✔，完成屋面绘制，切换至三维视图查看效果，如图 8.15 所示。

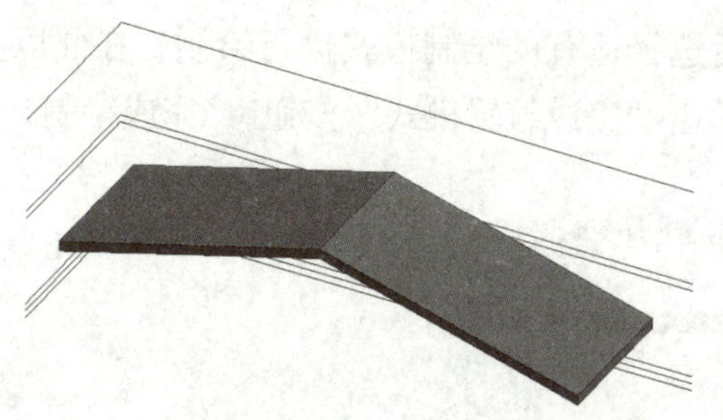

图 8.15　屋面三维视图

二、拉伸屋面

拉伸屋面的原理是根据轮廓绘制屋面。因此，在使用“拉伸屋面”命令之前，需要先绘制墙体轮廓。

打开 Revit 中的建筑样板，切换到标高 1 层平面，单击“建筑”选项卡“构建”面板中的“墙”按钮，切换至“修改 | 放置墙”上下文选项卡，单击“绘制”面板中的“矩形”按钮，绘制墙体，墙体的底部约束为标高 1，顶部约束为标高 2，顶部偏移量为 0，具体如图 8.16 所示。

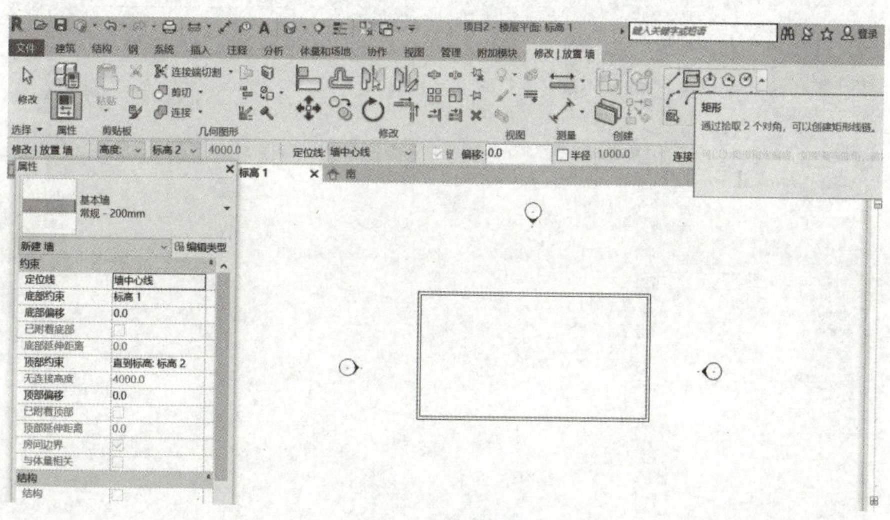

图 8.16　墙体模型

单击“建筑”选项卡“构建”面板中“屋顶”下拉列表中的“拉伸屋面”按钮，弹出图 8.17 所示对话框，选择“拾取一个平面”并单击“确定”按钮，然后选择西立面墙体，弹出图 8.18 所示对话框，选择“立面：西”并单击“打开视图”按钮，弹出图 8.19 所示的对话框，选择标高为“标高 2”，偏移值可按照实际需要输入，这里把偏移值定为“100”，单击“确定”按钮。

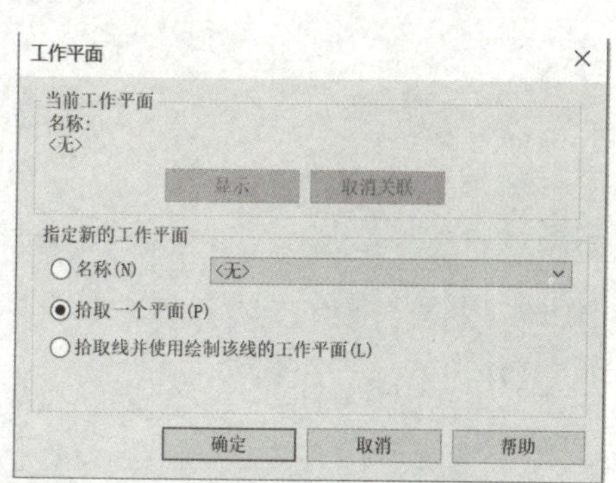

图 8.17　拉伸屋面对话框

在图 8.20 中，用户可以在“属性”面板设置完成屋面相关属性值，然后选择适宜的绘制模式进行绘制，在此以直线绘制方法为例，得到图 8.21 所示的轮廓线，单击“完成编辑模式”按钮✔完成绘制，如图 8.22 所示。

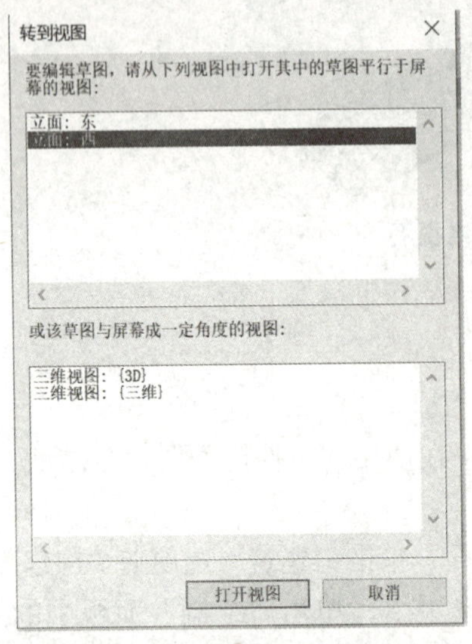

图 8.18　选择西立面界面

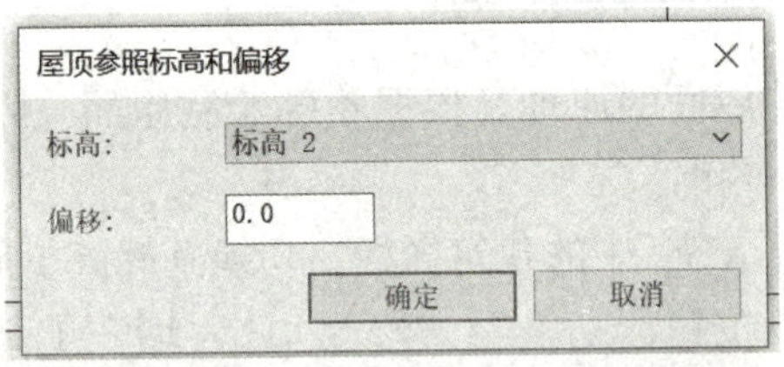

屋顶参照标高和偏移
标高：　标高 2
偏移：　0.0
确定　取消

图 8.19　屋顶参照标高和偏移值设置

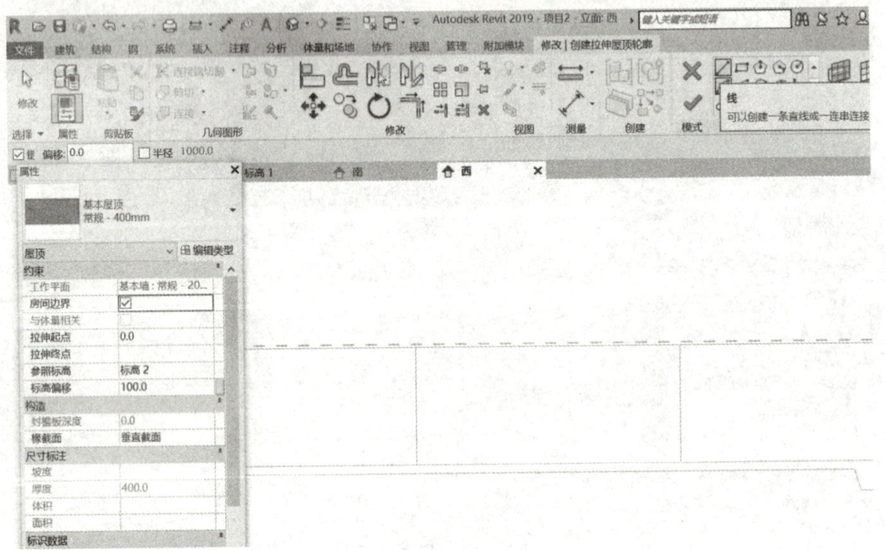

图 8.20　屋面“属性”设置界面

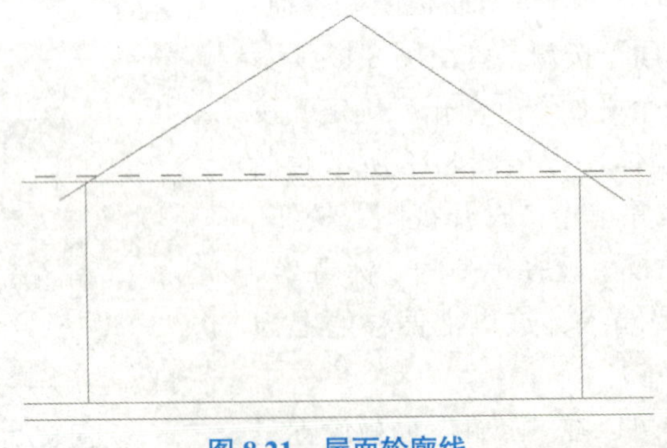

图 8.21　屋面轮廓线

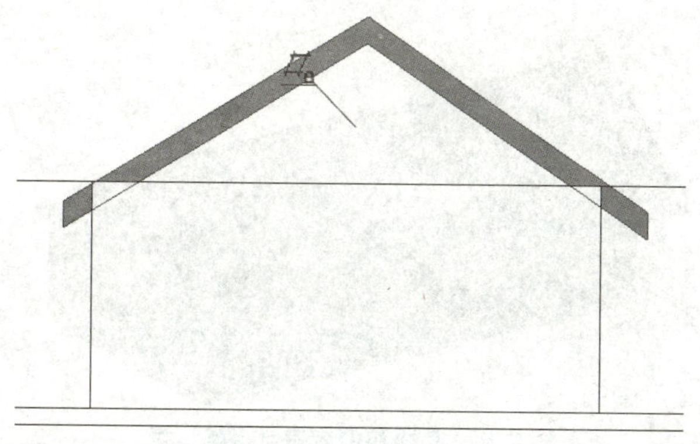

图 8.22　屋面模型

切换至三维视图模式，单击屋顶，对两边适当地进行拖曳，最终效果如图 8.23 所示。

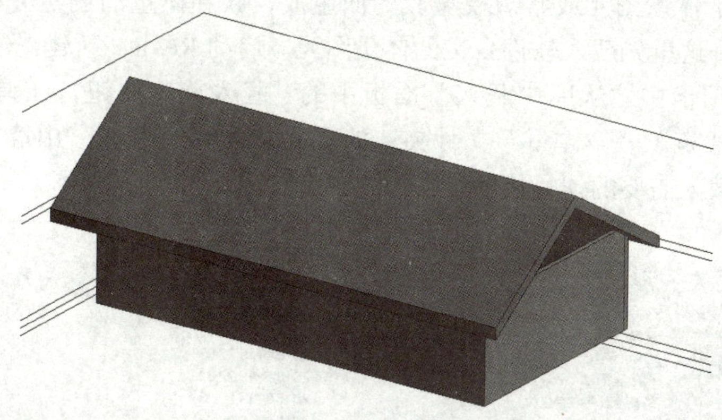

图 8.23　屋面模型三维视图

在图 8.23 中，屋面和墙体没有完全接触。选择墙体，如图 8.24 所示，在“修改 | 墙”上下文选项卡“修改墙”面板中单击“附着顶部 / 底部”按钮，然后单击屋面，得到图 8.25 所示效果。

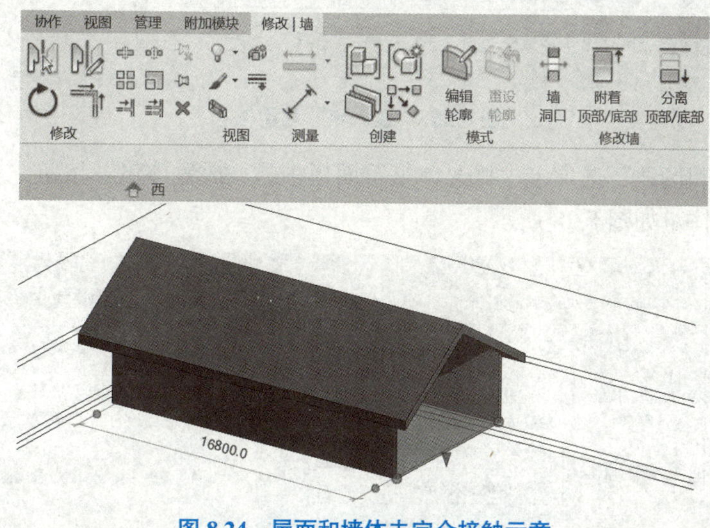

图 8.24　屋面和墙体未完全接触示意

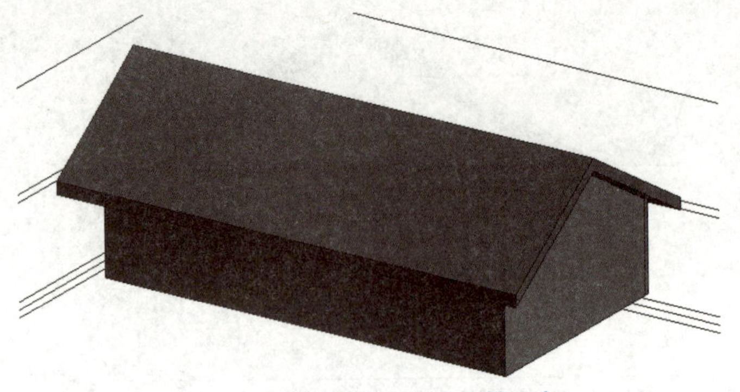

图 8.25　屋面和墙体完全接触示意

1．面屋顶

面屋顶要基于体量图元或常规模型族的面生成，族和体量的创建会在项目十四和项目十五详细介绍，这里先载入软件自带的体量图元。启动 Revit，新建“建筑样板”文件，单击“插入”选项卡中“从库中载入”面板中的“载入族”按钮，在弹出的“载入族”对话框中选择“建筑”→“体量”文件夹，如图 8.26 所示，载入“山墙”体量，用户也可按照需要选择载入需要的体量模型。

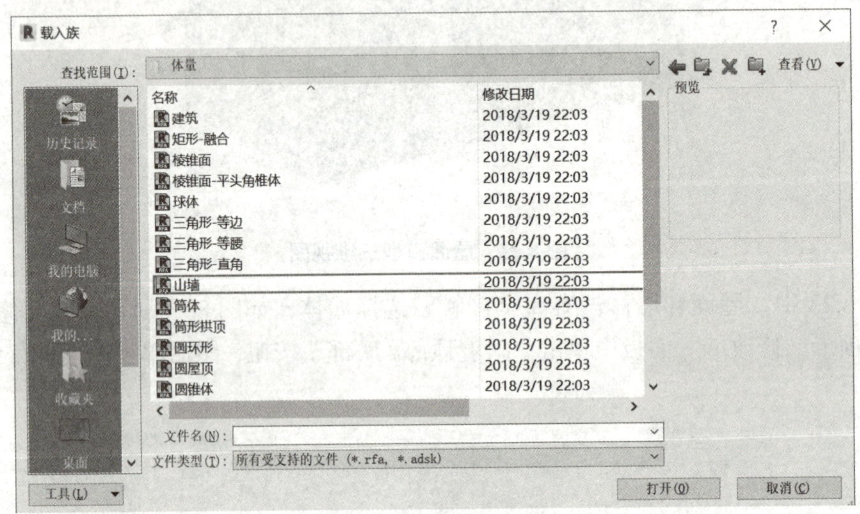

图 8.26　“载入族”对话框

单击“体量和场地”选项卡“概念体量”面板中的“放置体量”按钮，如图 8.27 所示，创建完成的山墙体量如图 8.28 所示。

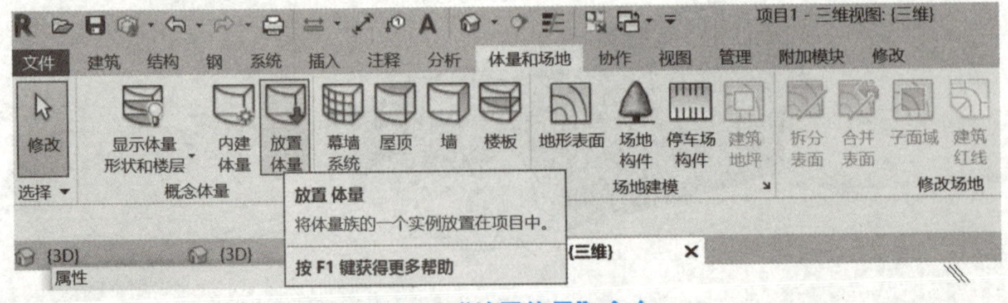

图 8.27　“放置体量”命令

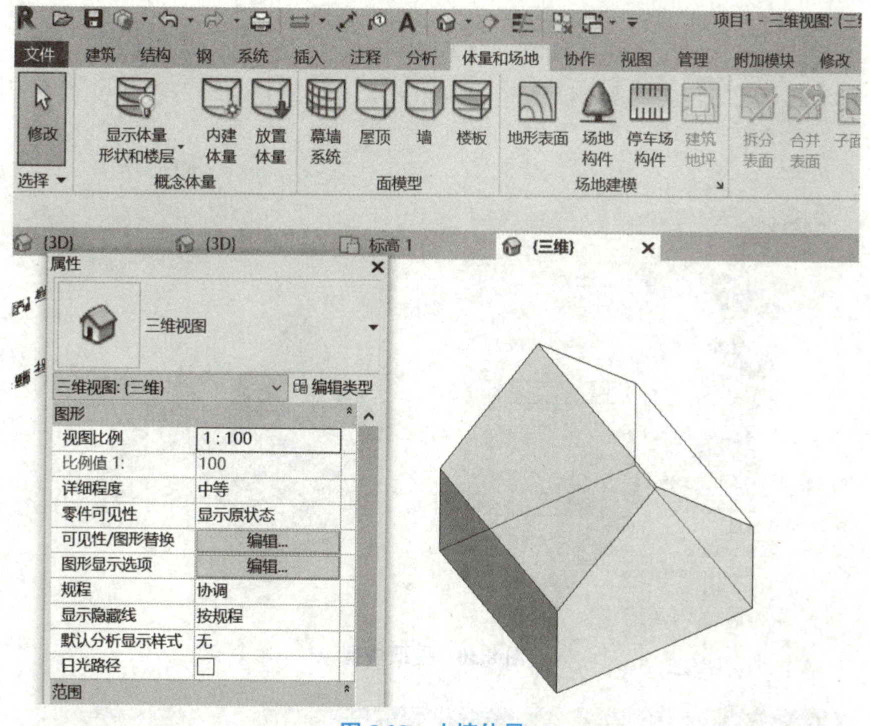

图 8.28　山墙体量

单击“建筑”选项卡“构建”面板中“屋顶”的下拉按钮，在下拉列表中选择“面屋顶”选项，切换至“修改 | 放置面屋顶”上下文选项卡，拾取体量图元的面生成屋顶。

当选择好需要放置面屋顶的体量面之后，可在“属性”面板中设置其屋顶的相关属性，在类型选择器中直接设置屋顶的类型，最后单击“创建屋顶”按钮✔完成面屋顶的创建，如图 8.29 所示。创建的面屋顶模型如图 8.30 所示。如需其他操作可单击选择屋面，切换至“修改 | 屋顶”上下文选项卡后完成，如图 8.31 所示。

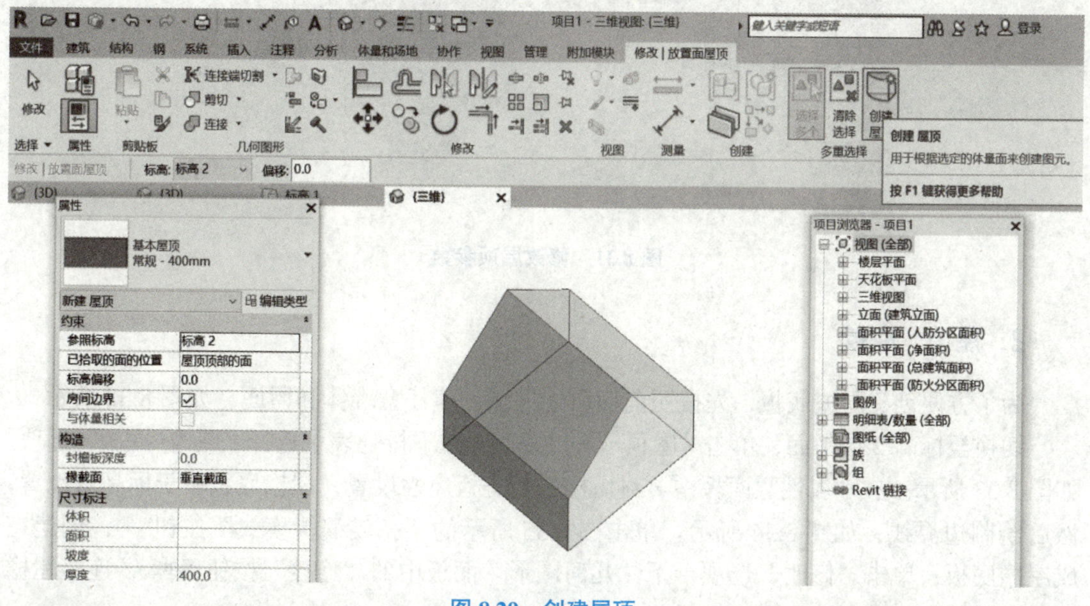

图 8.29　创建屋顶

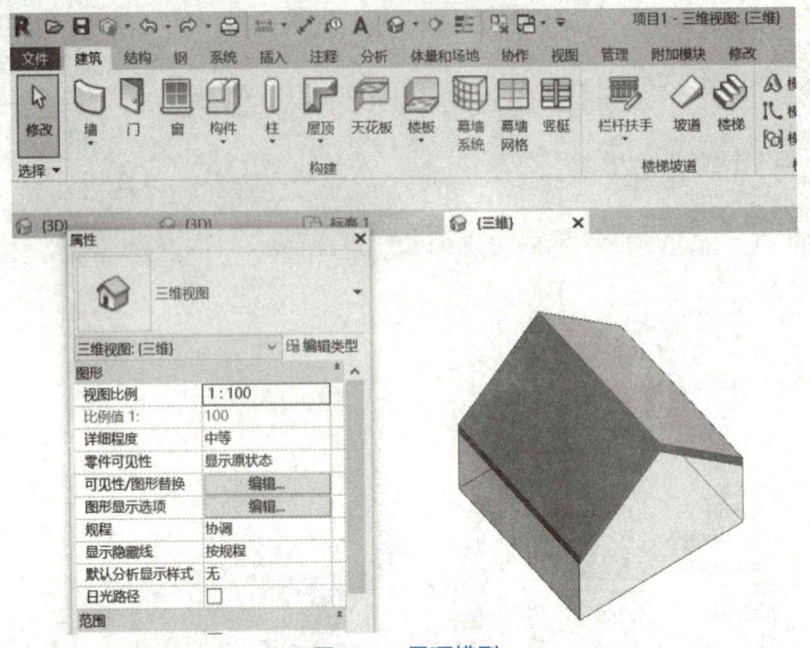

图 8.30　屋顶模型

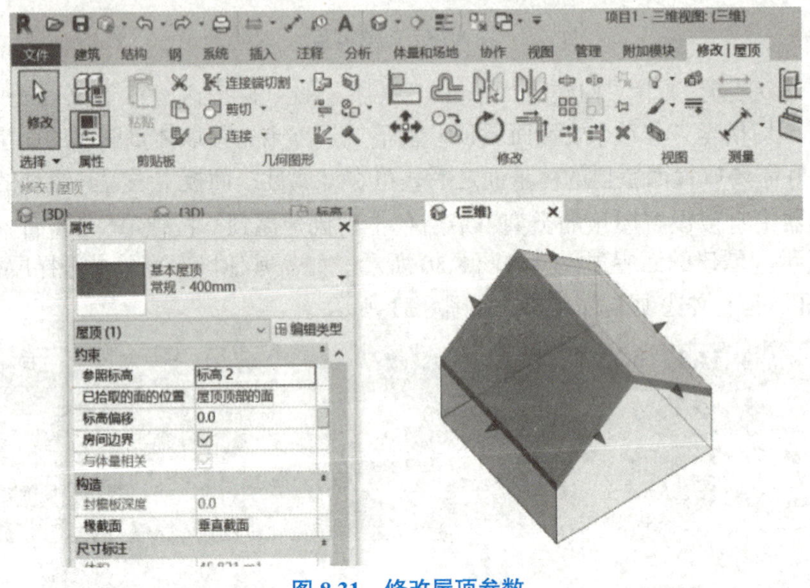

图 8.31　修改屋顶参数

2．屋檐：底板

为了方便创建屋檐底板，先按照前面所述方法创建任意墙体和屋面，如图 8.32 所示。

切换至标高 2 层平面，单击“屋顶”下拉按钮，在下拉列表中选择“屋檐：底板”选项，如图 8.33 所示。在“属性”面板中可对屋檐底板进行属性设置，屋檐底板位于标高 2 位置，然后绘制边界线，如图 8.34 所示。单击图 8.35 所示的“完成编辑模式”按钮✔，创建完成屋檐底板，单击“修改”选项卡下“几何图形”面板中的“连接”按钮连接，连接屋檐底板和屋顶，查看三维视图，如图 8.36 所示。

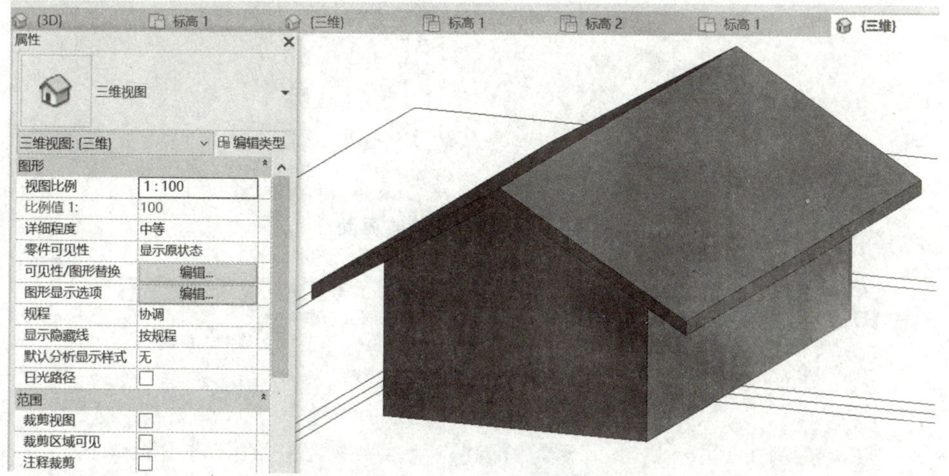

图 8.32　墙体和屋面

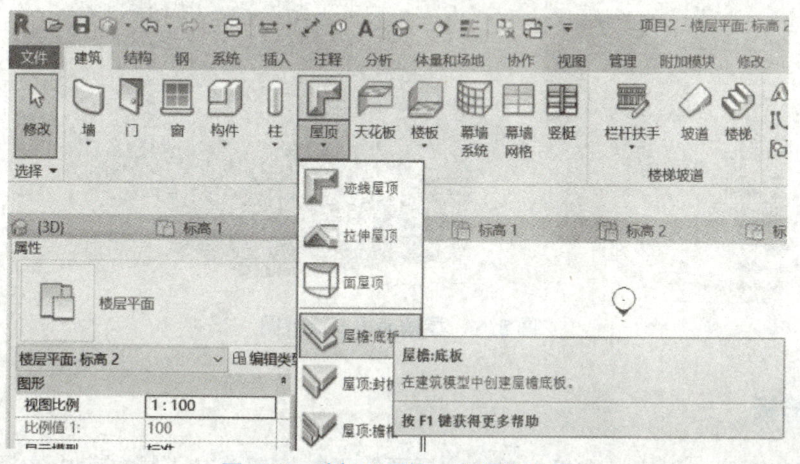

图 8.33　选择“屋檐：底板”选项

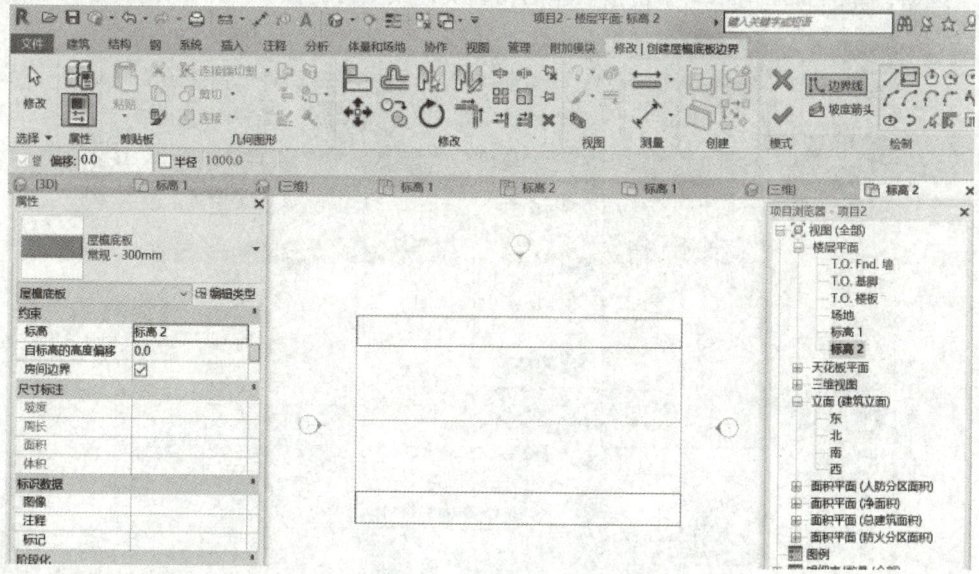

图 8.34　屋檐底板边界线

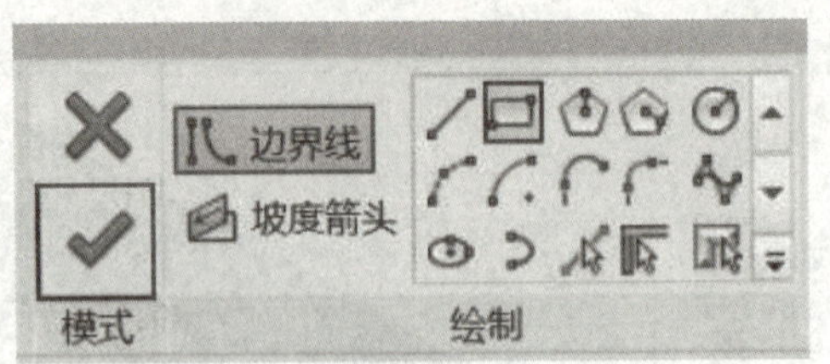

图 8.35　屋檐底板绘制界面

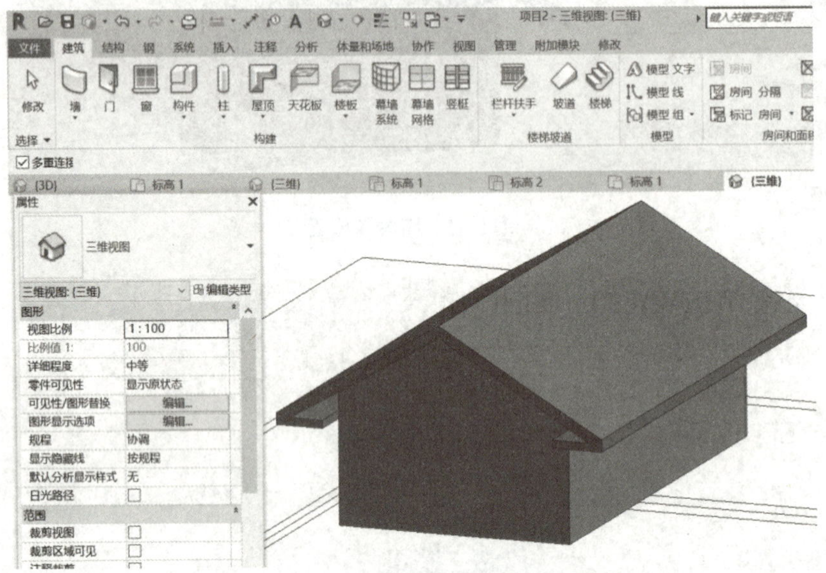

图 8.36　屋檐底板三维视图

3．封檐板

基于以上模型，创建封檐板。单击“屋顶”下拉按钮，在下拉列表中选择“屋顶：封檐板”选项，如图 8.37 所示。单击拾取屋面轮廓线，放置封檐板，三维视图如图 8.38 所示。

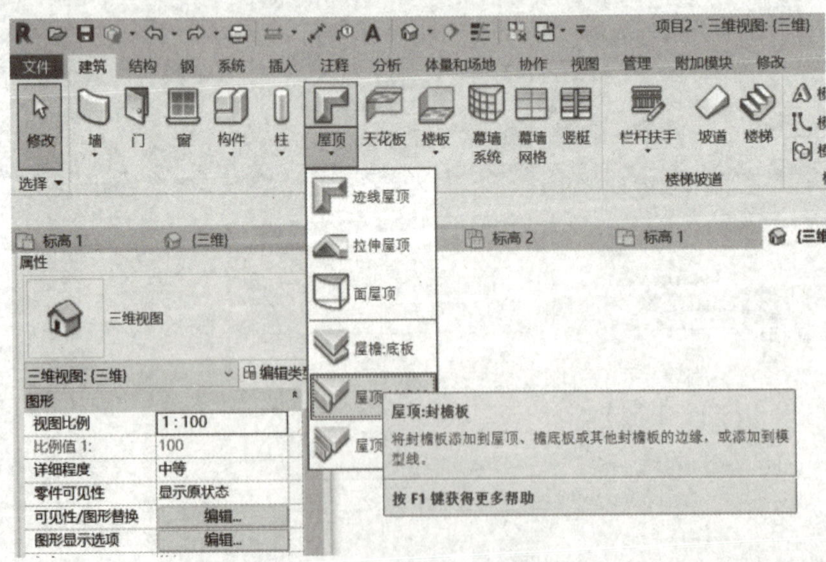

图 8.37　选择“屋顶：封檐板”选项

单击选择“封檐板”，在图 8.39 所示的“属性”面板中，设置“垂直轮廓偏移”和“水平轮廓偏移”等实例参数，也可单击“编辑类型”按钮，在“类型属性”对话框中进行相关设置。

图 8.38　封檐板三维视图

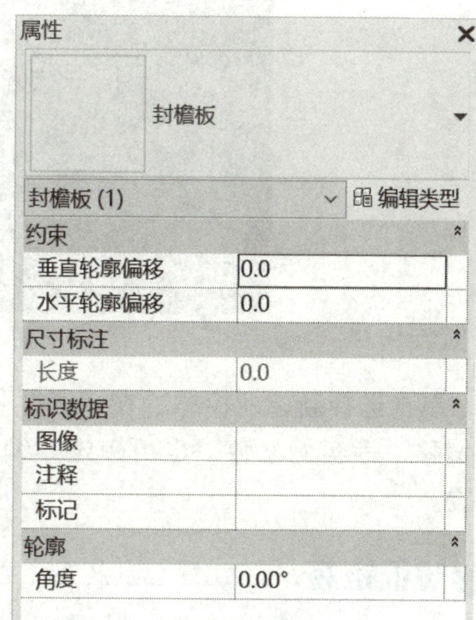

图 8.39　封檐板属性对话框

4. 檐槽

基于以上模型，创建檐槽。单击“屋顶”下拉按钮，在下拉列表中选择“屋顶：檐槽”选项，如图 8.40 所示。单击拾取屋面轮廓线，放置檐槽，三维视图效果如图 8.41 所示。

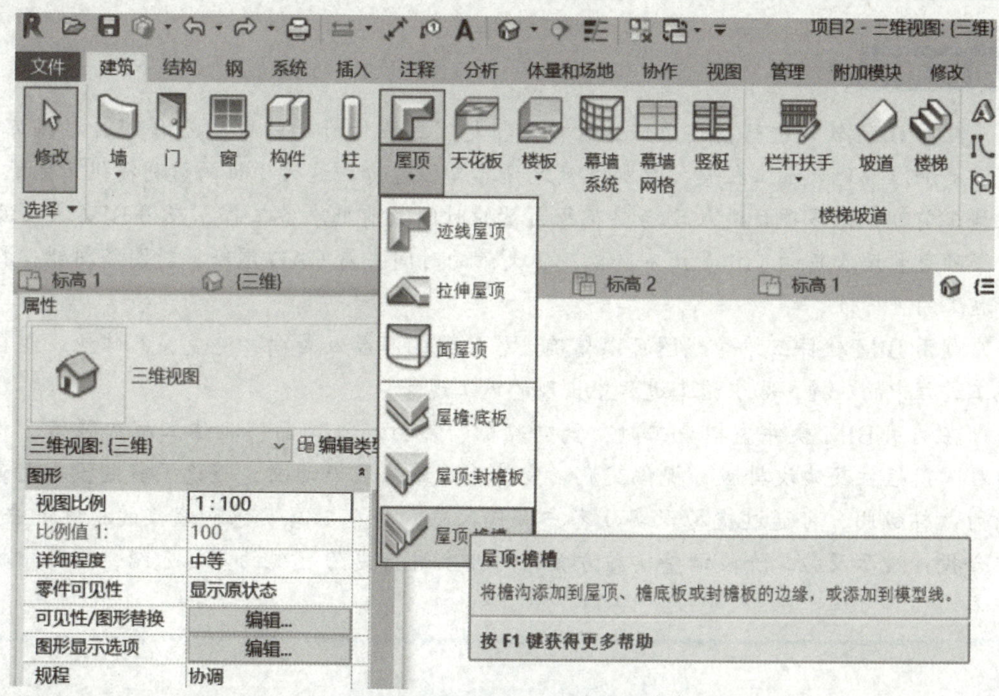

图 8.40　选择“屋顶：檐槽”选项

图 8.41　檐槽三维图

单击选择新建的檐槽，在“属性”面板中，可以设置“垂直轮廓偏移”和“水平轮廓偏移”等实例参数，也可单击“编辑类型”按钮在“类型属性”对话框中进行相关设置。

知识链接

屋顶的创建

知识拓展

应用 BIM 软件进行室内装修，在前期投标、工程估价过程中，应用 BIM 数据库，可以更加准确地计量工程量，更加准确地预算工程造价。这为项目的盈利提供了保障。在施工前期，很多项目进入现场要花费大量的时间做前期准备工作，应用 BIM 大量减少了项目管理人员的工作量，不必要花费大量的时间去看 CAD 图纸，对图纸纠错，判断施工的可行性 。

利用 BIM 软件三维管线图可以精确设置管线的布局及走向，避免交叉作业班组在施工过程中的碰撞，减少施工过程中出现的返工现象。

在利用 BIM 软件虚拟施工时，瓷砖粘贴、石材、木饰面、砌体工程加强带、构造柱、门框柱及砌块排版可视化交底。宣传展示三维渲染动画，避免了前期投入大量精力做样板间，可通过虚拟现实让客户有代入感，给人以真实感和直接的视觉冲击，配合投标演示及施工阶段调整实施方案，对业主进行更为直观的宣传介绍，提升中标概率。

工作任务二 楼板的创建与编辑

工作任务

通过学习楼板创建的相关知识，完成图 8.42 所示的楼板创建任务。已知楼板顶部标高为 ±0.000，构造层保持不变，水泥砂浆层进行放坡，并创建洞口。

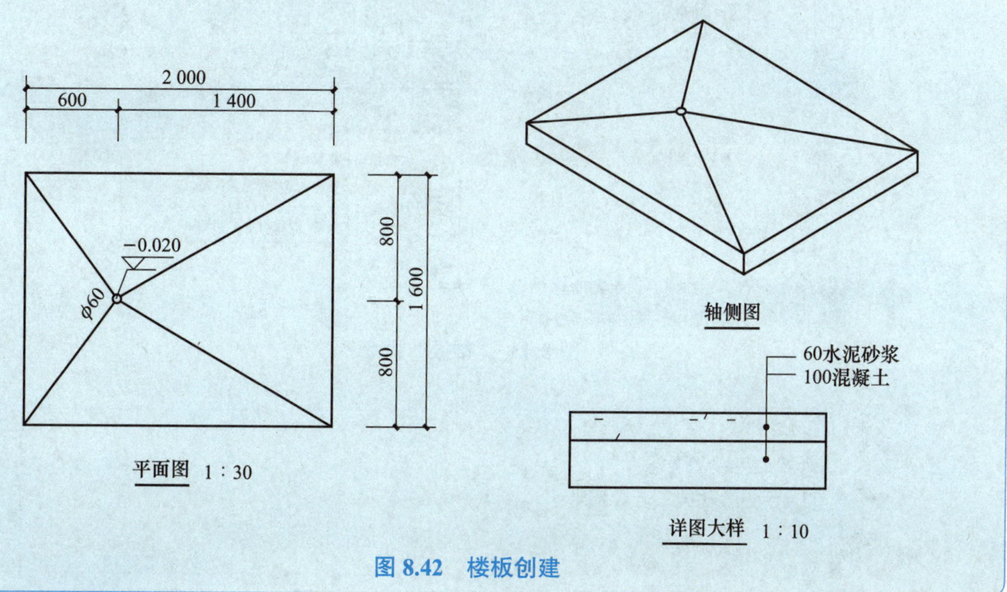

图 8.42 楼板创建

知识准备

1. 楼板的功能

楼板是建筑物的水平承重构件，同时是建筑空间的水平分隔构件，其一方面承受自重和楼板层上部的全部荷载，并合理有序地把荷载传给墙和柱，增强房屋的整体刚度和稳定性；另一方面对墙体起水平支撑作用，以减少风和地震产生的水平力对墙体的影响，增加建筑物的整体刚度；此外，楼板还具有一定的防火、隔声、防水、防潮等功能。

2. "楼板"命令使用方法

在"结构楼面"选项下找到"楼板命令"，其中包含三种主要类型——"楼板：结构""楼板：建筑""楼板：楼板边"。

创建楼板时，可以在体量设计中设置楼层层面生成面楼板，也可以直接绘制完成。在 Revit 软件中，楼板可以设置构造层，默认的楼板标高为楼板的面层标高，即建筑标高，在楼板编辑中，不仅可以编辑楼板的平面形状、开洞口和楼板基坡度等，还可以通过"修改子图元"命令修改楼板的空间形状，设置楼板的构造层找坡，实现楼板的内排水和有组织排水的分水线建模绘制。

任务实施

1. 楼板创建

打开 Revit 软件，切换到标高 2 层平面，单击“建筑”选项卡，然后单击“构建”面板的“楼板”下拉按钮，在下拉列表中选择“楼板：建筑”选项，如图 8.43 所示。在图 8.44 所示的“边界线”面板中，选择适宜的方式绘制楼板轮廓线，绘制好的楼板轮廓线如图 8.45 所示。单击“完成编辑模式”按钮✔完成绘制，楼板三维视图如图 8.46 所示。

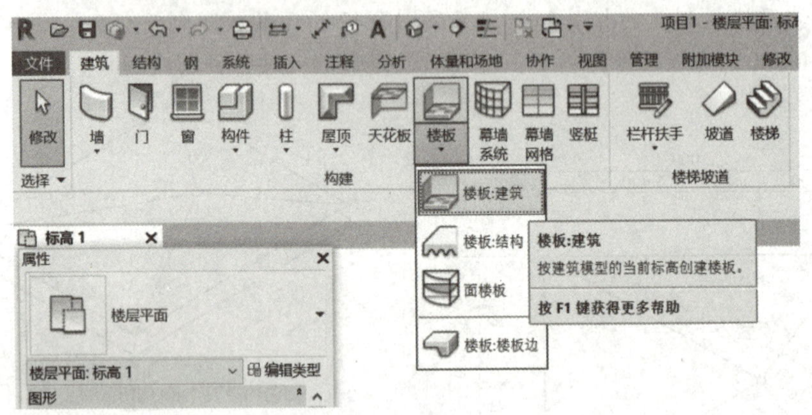

图 8.43 “楼板”命令

图 8.44 “边界线”界面

图 8.45 楼板轮廓线

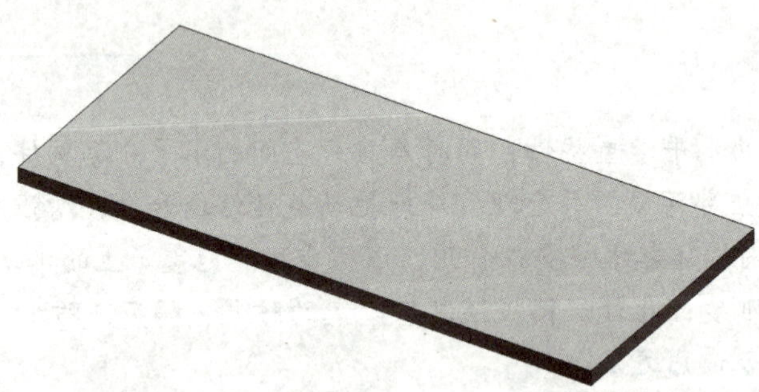

图 8.46 楼板三维视图

2. 楼板编辑

切换到楼板所在标高平面，单击选择楼板，可通过“修改 | 楼板”上下文选项卡“模式”面板中的“编辑边界”按钮进行楼板边界编辑，如图 8.47 所示；然后单击“模式”面板中的“完成编辑模式”按钮✔，完成编辑。值得注意的是，此命令可以实现楼板开洞。

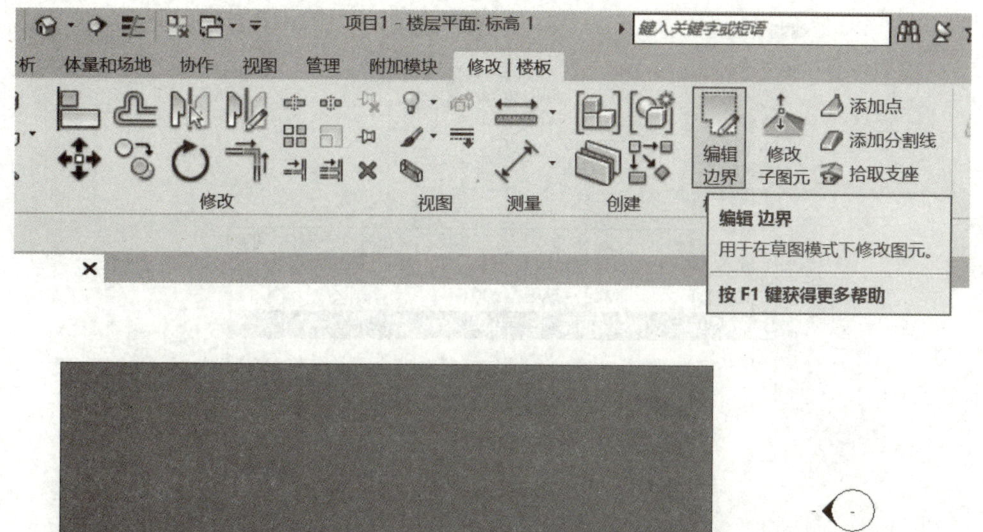

图 8.47　楼板边界编辑界面

单击选择楼板，在图 8.48 所示的楼板“属性”面板中，可选择需要的楼板类型，也可以完成楼板标高、自标高的高度偏移等参数设置。

单击“编辑类型”按钮，弹出“类型属性”对话框，如图 8.49 所示，在此处用户可完成楼板相关参数设置。也可以单击图 8.49 中“结构”后的“编辑部件”按钮进入图 8.50 所示对话框，完成楼板结构层设置。

属性

楼板
混凝土 - 商用 362mm

楼板 (1)　编辑类型

约束	
标高	标高 1
自标高的高度偏移	0.0
房间边界	☑
与体量相关	☐
结构	
结构	☐
启用分析模型	☐
尺寸标注	
坡度	
周长	52800.0
面积	148.230 m²
体积	53.659 m³
顶部高程	0.0
底部高程	-362.0
厚度	362.0
标识数据	

图 8.48　楼板“属性”对话框

类型属性

族(F)：系统族:楼板　载入(L)...

类型(T)：混凝土 - 商用 362mm　复制(D)...

重命名(R)...

类型参数(M)

参数	值
构造	
结构	编辑...
默认的厚度	362.0
功能	内部
图形	
粗略比例填充样式	
粗略比例填充颜色	黑色
材质和装饰	
结构材质	混凝土 - 现场浇注
分析属性	
传热系数(U)	27.9167 W/(m²·K)
热阻(R)	0.0358 (m²·K)/W
热质量	0.18 kJ/K
吸收率	0.700000
粗糙度	3
标识数据	

这些属性执行什么操作?

<< 预览(P)　确定　取消　应用

图 8.49　楼板“类型属性”对话框

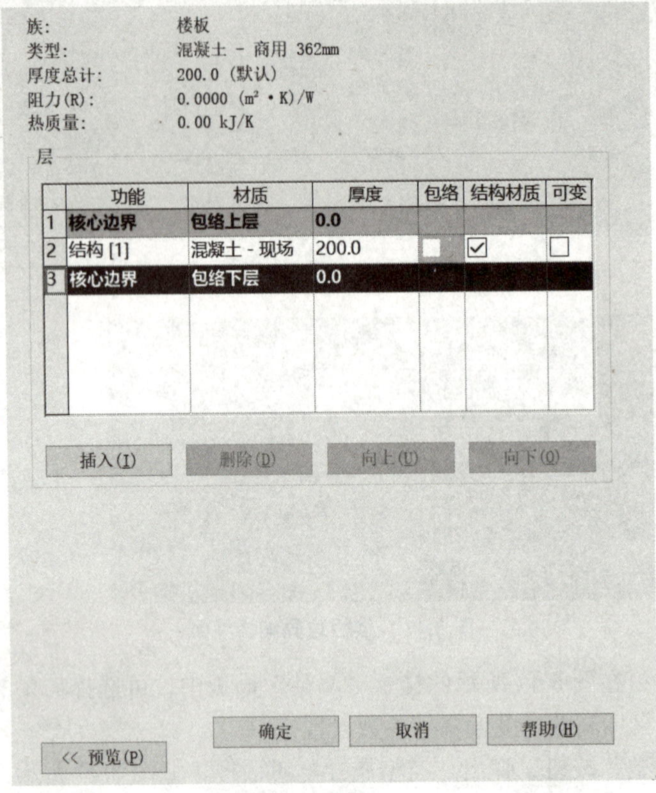

图 8.50 楼板结构层设置

知识链接

檐板

知识拓展

传统装修工程的工程计量需要根据二维图纸及施工现场统计量进行工程洽商，比较麻烦，很多的时候需要计算几次。施工中的预算超支现象十分普遍，缺乏可靠的基础数据支撑是造成超支的重要原因。BIM 是一个富含工程信息的数据库，可以真实地提供造价管理需要的工程量信息，借助这些信息，计算机可以快速对各种构件进行统计分析，进行门窗、钢结构、石材等各种材料算量，大大减少了烦琐的人工操作和潜在错误，非常容易实现工程量信息与设计方案的高度一致。

工作任务三 天花板的创建与编辑

工作任务

根据前面墙体创建的内容，创建任意形式的墙体，并在某一楼层位置完成天花板创建任务。

知识准备

1. 天花板的功能

天花板是一座建筑物室内顶部表面的地方，是建筑装饰中重要的组成部分。

2. 天花板创建方法

在Revit软件中，天花板可以在指定楼层自动创建，也可以按照实际形状绘制天花板。天花板创建完成后，可以对其高度和结构样式进行修改编辑，此外，还可以对天花板添加洞口、设置坡度。

任务实施

一、天花板创建

打开Revit软件，切换到任意楼层平面，单击“建筑”选项卡“构建”面板中“天花板”按钮，如图8.51所示。如图8.52所示，在“修改｜放置天花板”上下文选项卡“天花板”面板中给出了两种天花板绘制方式，分别为“自动创建天花板”和“绘制天花板”。

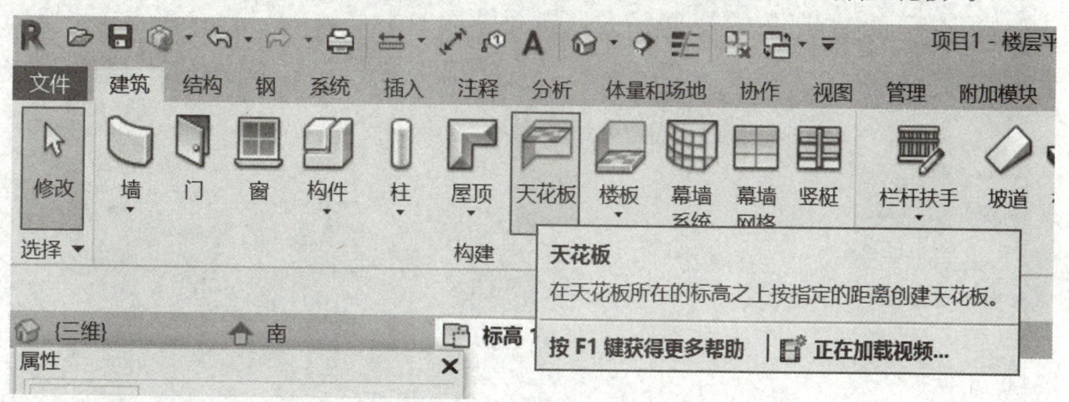

图8.51 “天花板”命令

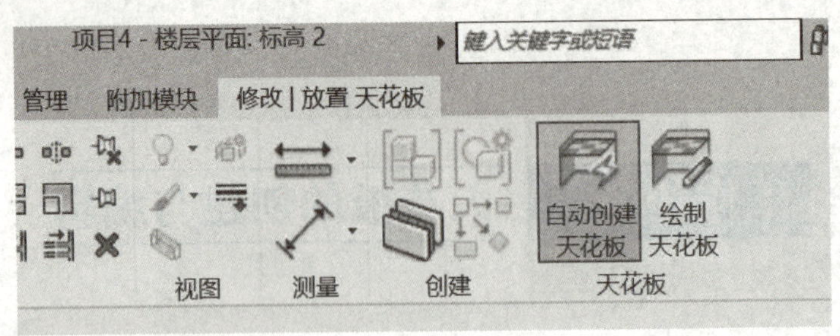

图 8.52　天花板绘制方式界面

1. 自动创建天花板

先按照前述方法绘制任意墙体，墙体底部标高为标高 1 楼层平面，顶部标高为标高 2 楼层平面，如图 8.53 所示。切换到标高 2 楼层平面，单击“建筑”选项卡“构建”面板中的“天花板”按钮，切换至“修改 | 放置天花板”上下文选项卡，单击“自动创建天花板”按钮，如图 8.54 所示，在“属性”面板中选择天花板类型，设置“自标高的高度偏移值”为 −500.0，拾取天花板边界，生成天花板。

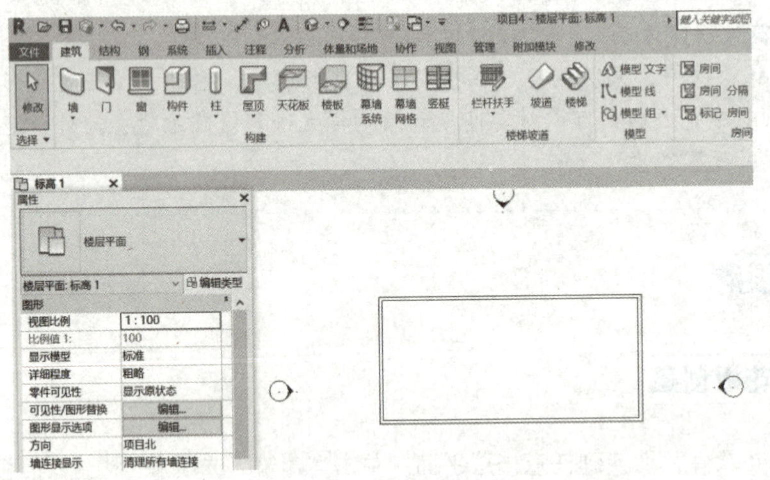

图 8.53　墙体模型

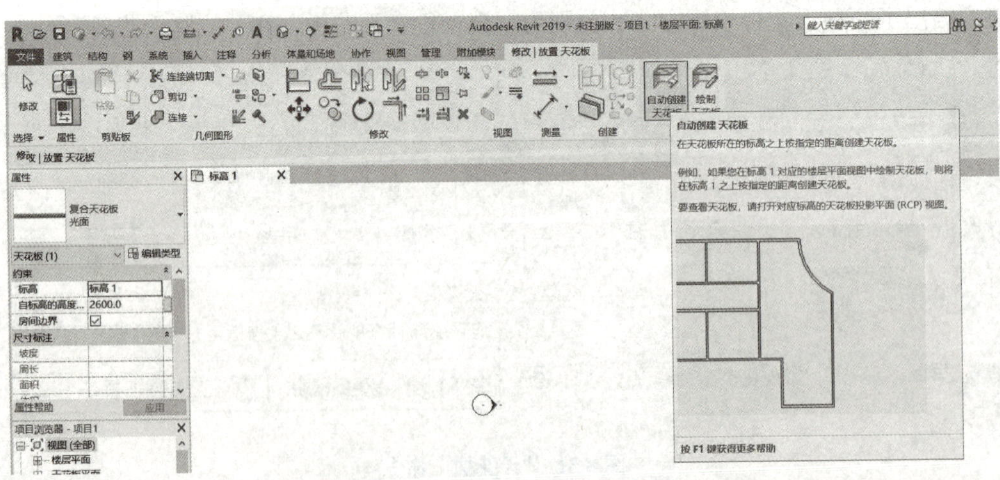

图 8.54　“自动创建天花板”界面

2. 绘制天花板

在 Revit“建筑样板”文件中，切换到标高 2 楼层平面，单击“建筑”选项卡“构建”面板中的“天花板”按钮，切换至“修改 | 放置天花板”上下文选项卡，单击“绘制天花板”按钮，在图 8.55 所示的“修建 | 创建天花板边界”上下文选项卡中，选择“边界线”命令，选择适宜的方式绘制天花板轮廓线。在天花板“属性”面板中，选择天花板类型并设置“自标高的高度偏移”等参数，单击“完成编辑模式”按钮✔，完成绘制，如图 8.55 所示。

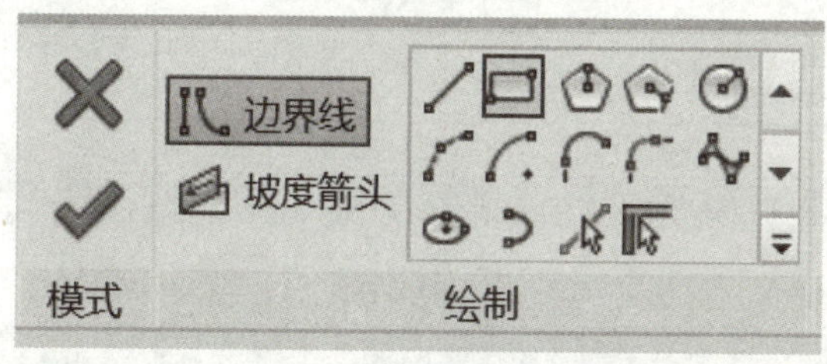

图 8.55 天花板绘制界面

二、天花板编辑

1. 修改天花板安装高度

在“属性”面板中修改“自标高的高度偏移”一栏数值，可以修改天花板的安装位置，如图 8.56 所示。

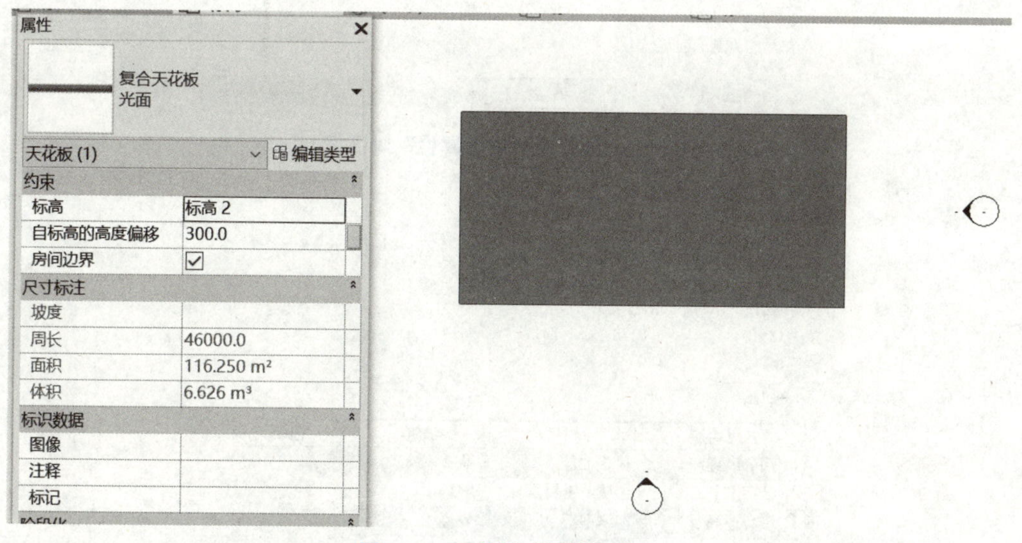

图 8.56 天花板“属性”菜单

2. 修改天花板的结构样式

单击“属性”面板中的“编辑类型”按钮，在弹出的图 8.57 所示的“类型属性”对话框中，单击“结构”栏的“编辑”按钮，然后在弹出的“编辑部件”对话框中单击“面层 2 [5]”的“材质”栏，如图 8.58 所示，材质名称后会出现浏览按钮“▣”，单击该浏览按钮，弹出图 8.59 所示的“材质浏览器”对话框，用户可以新建材质，也可以单击“表面填充图案”对话框下面的“图案”，在弹出的“填充样式”对话框中选择合适的图案类型，如图 8.60 所示。

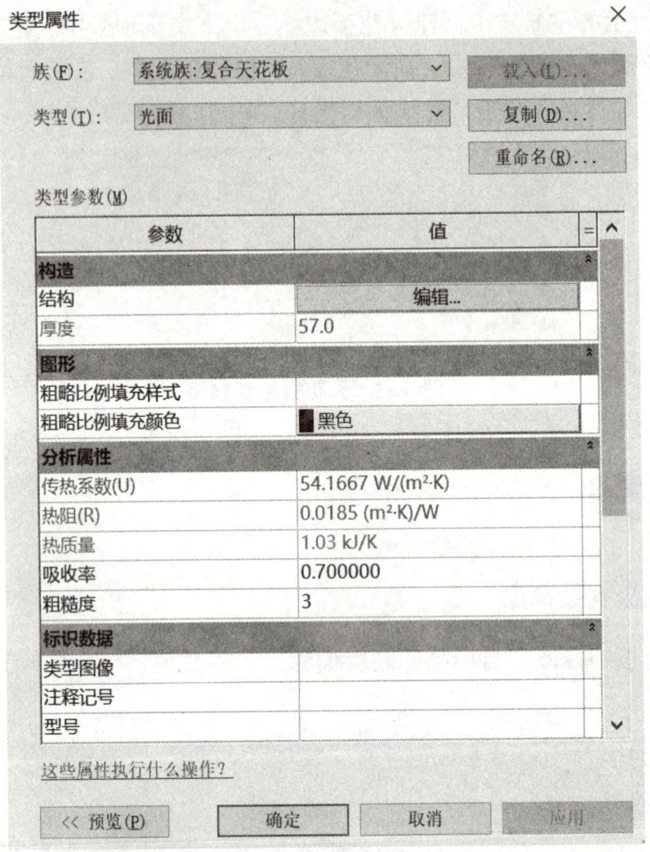

图 8.57 天花板“类型属性”对话框

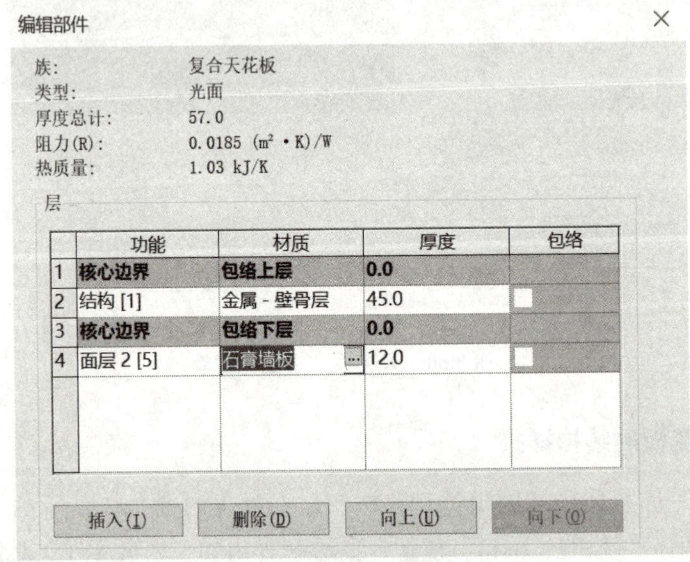

图 8.58 天花板材质编辑界面

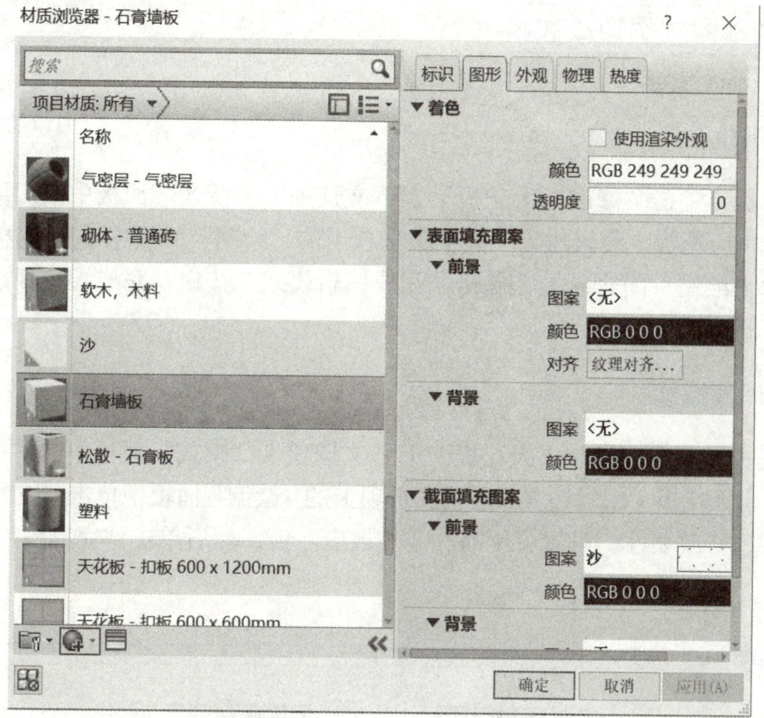

图 8.59 “材质浏览器”对话框

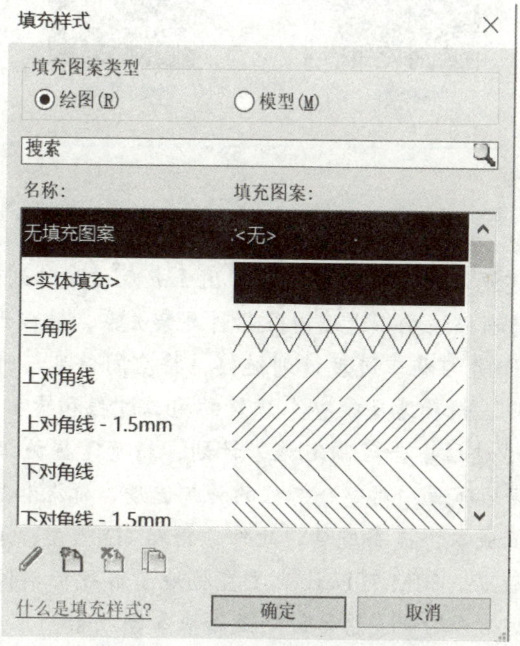

图 8.60 天花板填充图案对话框

在图 8.60 中可以看到，“填充样式”对话框中有“绘图”和“模型”两种填充图像类型。选择“绘图”类型时，填充图案不支持移动、对齐，但会随着视图比例的大小变化而变化。选择“模型”类型时，填充图案可以移动或对齐，不会随着视图比例大小变化而变化，而且始终保持不变。

三、天花板添加洞口或坡度

1．绘制洞口

选择天花板，单击“修改 | 天花板”上下文选项卡“模式”面板中的“编辑边界”按钮，在“修改 | 天花板 > 编辑边界”上下文选项卡的“绘制”面板中单击“边界线”按钮，在天花板轮廓上绘制一闭合区域，单击“完成编辑模式”按钮，完成天花板绘制，即可在天花板上打开洞口。

2．绘制坡度箭头

选择天花板，单击“修改 | 天花板”上下文选项卡“模式”面板中的“编辑边界”按钮，在“修改 | 天花板 > 编辑边界”上下文选项卡的“绘制”面板中单击“坡度箭头”按钮，绘制坡度箭头，修改属性，设置“尾高”或“坡度”值，然后单击“完成编辑模式”按钮，完成绘制。

知识链接

创建楼板

创建天花板

知识拓展

网络计划是当前建筑工程项目管理中经常用于表示进度计划的方法，其专业性强，可视化程度低，无法清晰描述施工进度以及各种复杂关系，难以形象表达工程施工的动态变化过程。通过将 BIM 与施工进度计划链接，将空间信息与时间信息整合在一个可视的模型中，可以直观、精确地反映整个建筑的施工过程和虚拟形象进度。4D 施工模拟技术可以在项目建造过程中合理制定施工计划，精确掌握施工进度，优化使用施工资源以及科学地进行场地布置，对整个工程的施工进度、资源和质量进行统一管理和控制，以缩短工期、降低成本、提高质量。此外，借助 4D 模型，承包工程企业在工程项目投标中将获得竞标优势，BIM 可以让业主直观地了解投标单位对投标项目主要施工的控制方法、施工安排是否均衡、总体计划是否基本合理等。

BIM 技术在未来必将取代 CAD，成为建筑行业的主流。作为建筑专业技术管理人员，我们要转变观念、与时俱进，在工作中要重视自身的学习，尤其要重视对 BIM 这样的新理念、新技术以及新工艺、新材料等的学习，不断努力提升自身素质，并积极推动 BIM 的应用和发展，以便更好地为企业创造更大的效益。

训练与提升

一、单选题

1．绘制好的屋顶迹线的坡度符号形状为（　　）。

A．直角三角形　　B．正方形　　C．等边三角形

2．屋顶的相关属性可以在（　　）中进行设置和修改。

A．“属性”菜单　　B．“绘制”选项卡　C．“修改”选项卡

3．通过坡度箭头定义屋顶坡度时，关于坡度箭头线绘制的说法正确的是（　　）。

A．坡度箭头线从高标高位置向低标高位置绘制

B．坡度箭头线从低标高位置向高标高位置绘制

C．不需要绘制坡度箭头线，直接给定坡度值即可

二、判断题

1．通过坡度箭头设置屋顶坡度时，只能通过指定坡度的方式定义屋顶坡度值。（　　）

2．通过拉伸屋顶命令创建屋顶时，需要在平面视图中绘制轮廓线。（　　）

3．面屋顶要基于体量图元或常规模型族的面才能生成。（　　）

4．拉伸屋顶的原理是根据轮廓绘制屋顶。（　　）

项目九　楼梯、栏杆扶手和坡道

项目描述

楼梯、栏杆扶手和坡道是建筑物的重要构件。通过本项目的学习，读者可以掌握楼梯、栏杆扶手和坡道的创建与编辑方法，为后续内容的学习奠定基础。

学习目标

【知识目标】

1. 了解楼梯、栏杆扶手和坡道的基本概念和分类，以及它们在建筑设计中的作用和要求；
2. 掌握使用 BIM 软件创建和编辑楼梯、栏杆扶手和坡道的基本步骤和操作，包括设置参数、选择类型、绘制路径、调整形状、添加细节等；
3. 熟悉使用 BIM 软件修改和优化楼梯、栏杆扶手和坡道的常用工具和方法。

【能力目标】

1. 能够根据设计意图和规范，合理地布置和调整楼梯、栏杆扶手和坡道的位置、方向、尺寸、形式和风格，以满足对其功能和美观的要求；
2. 能够制作出符合设计意图和质量标准的楼梯、栏杆扶手和坡道模型；
3. 能够对楼梯、栏杆扶手和坡道模型进行修改以满足设计变更或优化的需要。

【素质目标】

1. 培养对 BIM 技术的学习兴趣和积极态度；
2. 提高创新意识和问题解决能力，以应对楼梯、栏杆扶手和坡道在项目中的实际挑战；
3. 增强团队协作和沟通能力，以便增强在实际项目中楼梯、栏杆扶手和坡道创建方法的应用能力；
4. 培养精益求精的工匠精神。

工作任务一　楼梯、栏杆扶手的创建与编辑

工作任务

通过学习楼梯、栏杆扶手创建相关知识，完成图 9.1 所示的楼梯、栏杆扶手创建任务。已知楼梯宽度为 1 200 mm，所需梯面数为 21 个，实际踏面宽为 260 mm，扶手高度为 1 100 mm，其他建模参数可参考平、立面图自定。

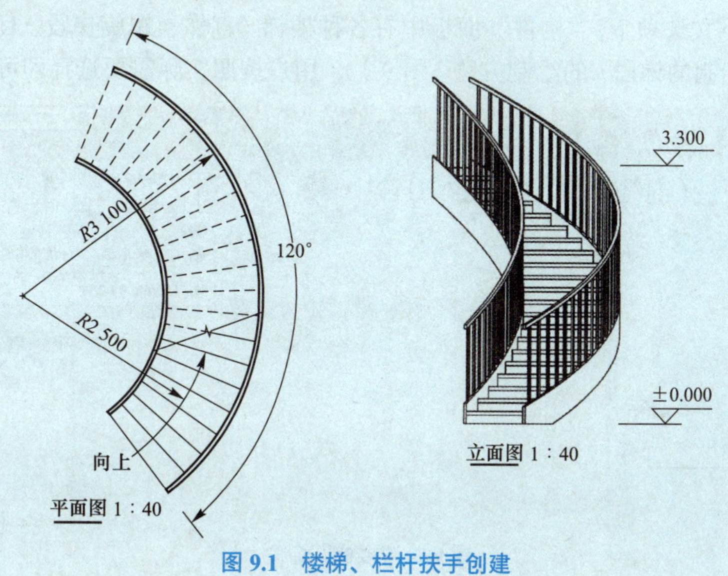

图 9.1　楼梯、栏杆扶手创建

知识准备

1. 楼梯的组成

一个基于构件的楼梯包括以下几部分。

（1）梯段：直梯、螺旋梯段、U 形梯段、L 形梯段、自定义绘制的梯段。

（2）平台：在梯段之间自动创建，或通过拾取两个梯段创建，或创建自定义绘制的平台。

（3）支撑（侧边和中心）：随梯段自动创建，或通过拾取梯段或平台边缘创建。

（4）栏杆扶手：在创建期间自动生成，或稍后放置。

2. 楼梯、栏杆扶手创建

要创建基于构件的楼梯，将在楼梯部件编辑模式下添加常见和自定义绘制的构件。在楼梯部件编辑模式下，可以直接在平面视图或三维视图中装配构件。平面视图可以为装配构件提供完整的楼梯模型全景。

任务实施

1. 楼梯、栏杆扶手的绘制

Revit 软件提供了楼梯、扶手等创建工具，用于在项目中创建楼梯和栏杆扶手构件。使用“楼梯”工具时，可以在项目中添加各种样式的楼梯。在 Revit 中，楼梯由楼梯和栏杆扶手两部分组成。在绘制楼梯时，Revit 会沿着楼梯段自动放置指定类型的栏杆扶手。与其他构件类似，需要通过楼梯的“类型属性”对话框定义楼梯的参数，从而生成指定的楼梯模型。

打开 Revit 软件，创建“建筑样板”，切换至标高 1 楼层平面，单击“建筑”选项卡，然后单击“楼梯坡道”面板中的“楼梯”按钮，如图 9.2 所示。软件自动切换至“修改｜创建楼梯”上下文选项卡，“构件”面板中有各种楼梯（直梯、螺旋梯段、U 形梯段、L 形梯段、自定义绘制的梯段）的绘制方法（图 9.3），用户按照实际需要选择即可。

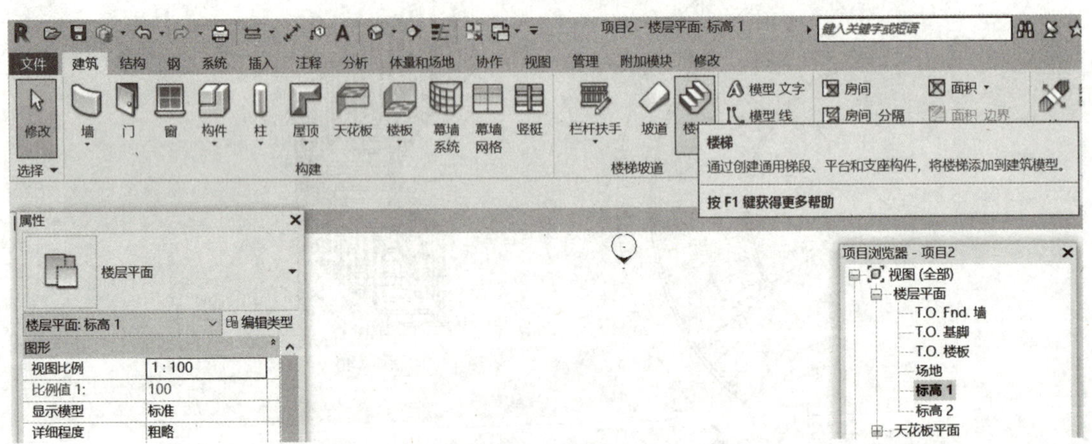

图 9.2 “楼梯”命令

图 9.3 楼梯编辑界面

选择好楼梯绘制方法之后，在正式绘制之前，用户需要设置楼梯定位线、偏移值、实际梯段宽度等参数，并勾选“自动平台”复选框（图 9.4）。在图 9.5 所示“属性”面板中，可以选取楼梯类型、设置楼梯所连接的两个标高，还可以调整“所需踢面数”和“实际踏板深度”等参数。

根据不同的设计需求，对各个参数进行调整，这里选择软件默认样式，在绘图区绘制图 9.6 所示的楼梯，注意踢面数。单击“完成编辑模式”按钮完成楼梯绘制，查看三维视图，如图 9.7 所示。

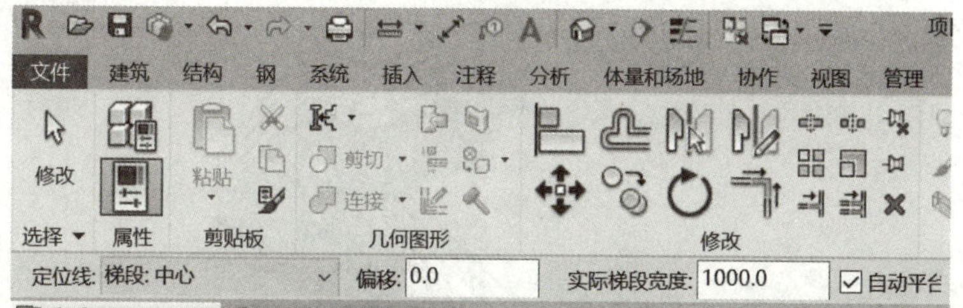

图 9.4 楼梯参数设置

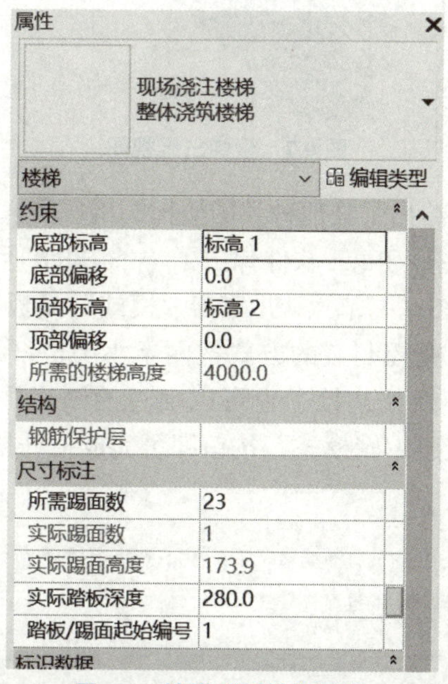

图 9.5 楼梯"属性"面板

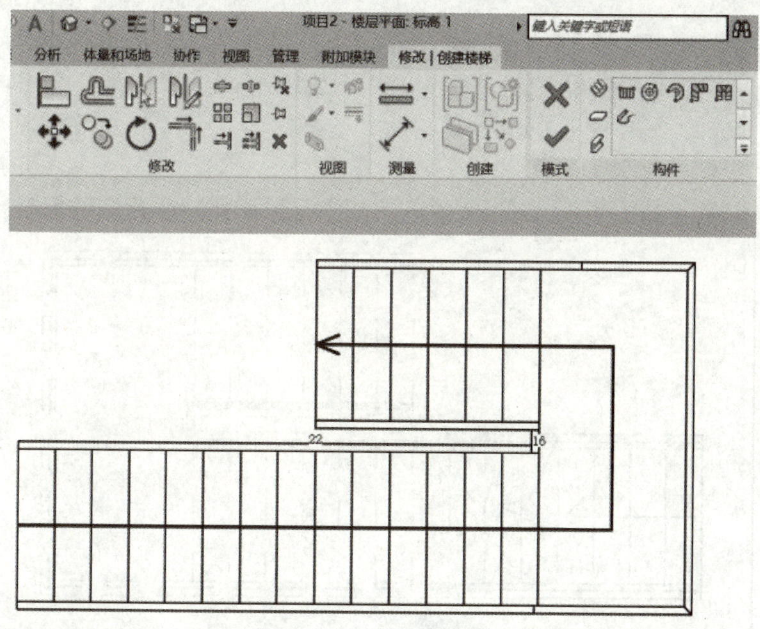

图 9.6 楼梯绘制界面

图 9.7　楼梯三维视图

除了直梯，Revit 软件还给出了其他种类的楼梯，用户可自行绘制并查看效果。

在上述绘制楼梯的过程中，Revit 软件弹出了一条图 9.8 所示的信息，警告“扶栏是不连续的”。选择该栏杆，如图 9.9 所示，并单击“模式”面板中的“编辑路径”按钮，进行栏杆路径的编辑，通过拖曳控制点的方式把两条水平栏杆线向右延长，并拖曳竖直方向的栏杆线使其与水平栏杆线相连接，也可以通过绘制栏杆扶手路径实现，如图 9.10、图 9.11 所示。最后单击“完成编辑模式”按钮即可完成栏杆扶手的绘制。

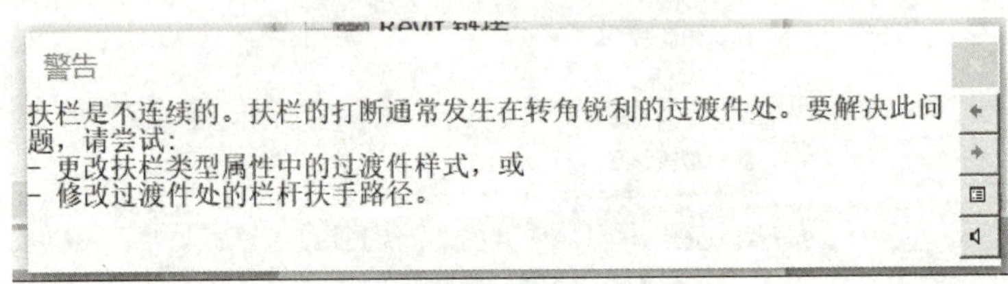

图 9.8　警告对话框

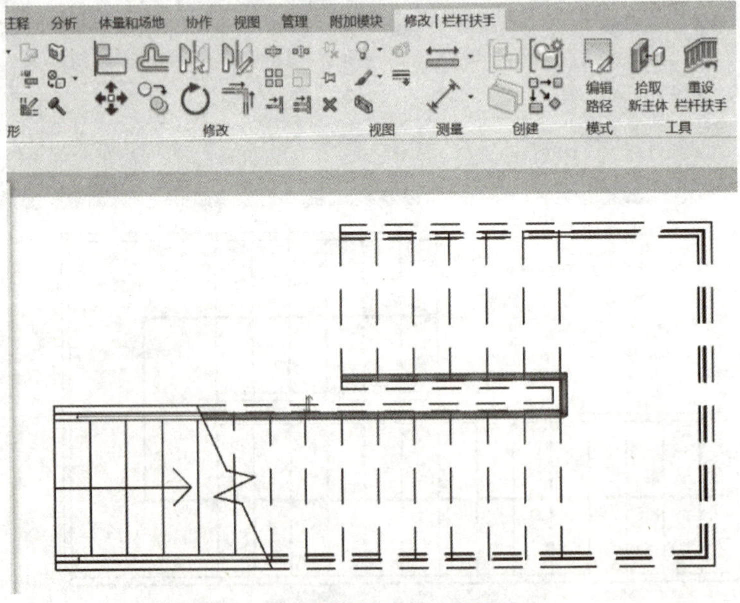

图 9.9　楼梯栏杆选择界面

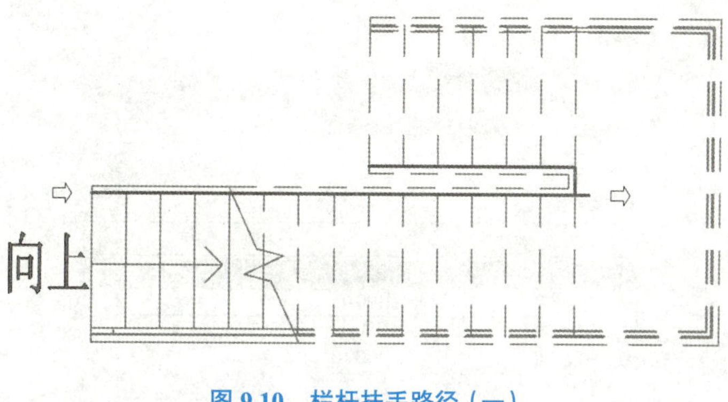

图 9.10　栏杆扶手路径（一）

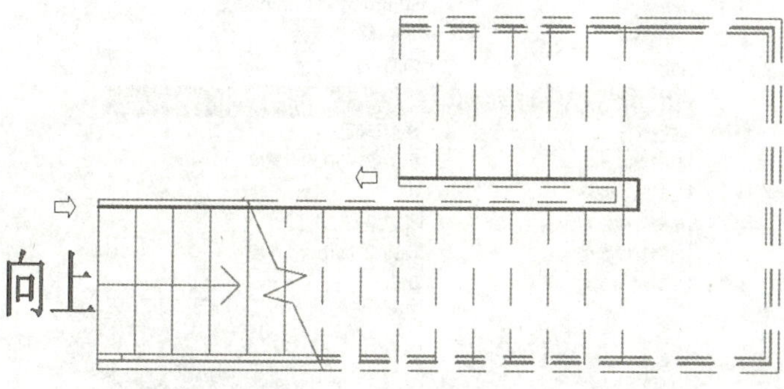

图 9.11　栏杆扶手路径（二）

通过上述方法绘制的栏杆扶手，相对于软件自带的栏杆扶手更合适，当选中栏杆扶手以后，系统不会弹出显示警告对话框。

除了上述方法之外，如图 9.12 所示，Revit 软件还提供了“绘制路径”“放置在楼梯 / 坡道上”两种栏杆扶手绘制方法，在此不再赘述。

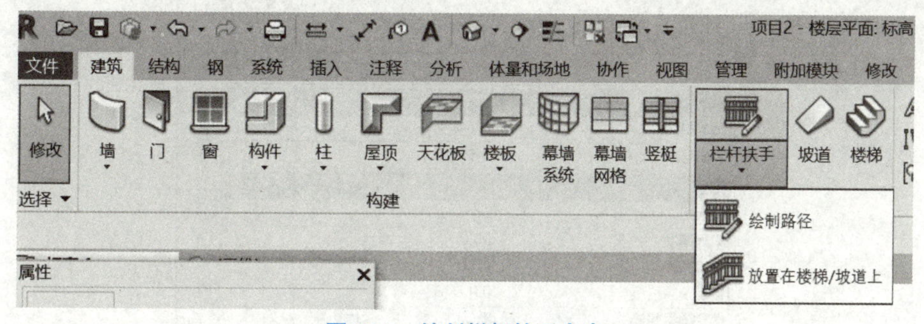

图 9.12　绘制栏杆扶手命令

2. 楼梯的编辑

单击选择已经绘制好的楼梯，在“属性”面板中单击“编辑类型”按钮，在类型对话框中编辑相关属性，如图 9.13 所示。在此处用户可以完成“最大踢面高度”“最小踏板深度”“最小梯段宽度”的编辑，还可以编辑“梯段类型”和“平台类型”。值得注意的是，当对“梯段类型”进行编辑时，在图 9.14 所示的对话框中，用户可以进行“材质和装饰”“踏板”“踢面”等的编辑。

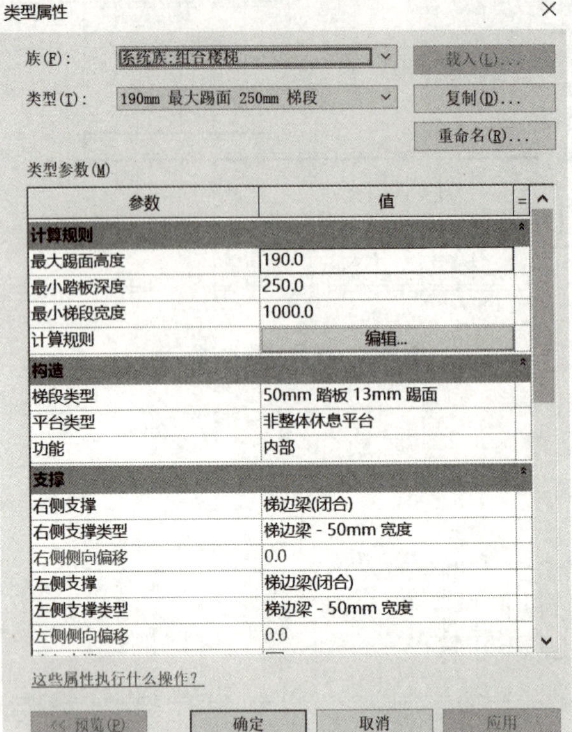

图 9.13　楼梯“类型属性”对话框（一）

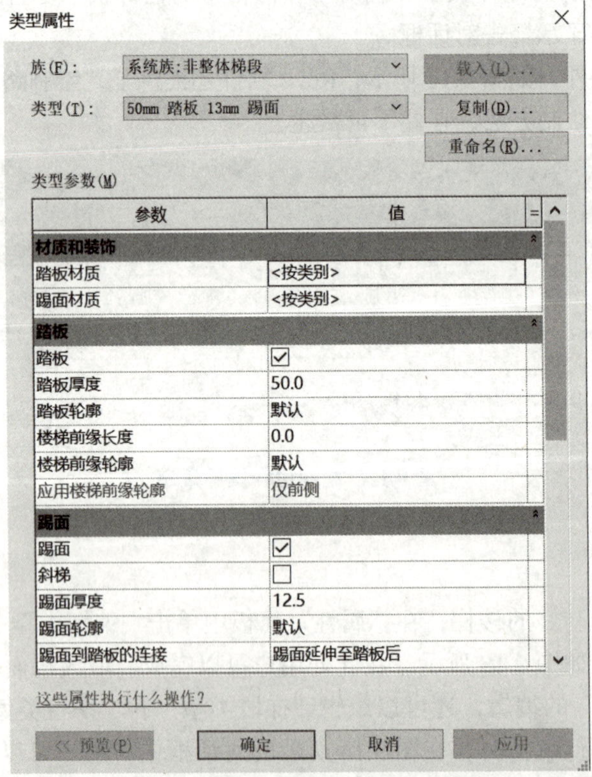

图 9.14　楼梯“类型属性”对话框（二）

3. 栏杆扶手编辑

单击选择已经绘制好的栏杆扶手，在“属性”面板中单击“编辑类型”按钮，在“类型属性”对话框中编辑相关属性，如图 9.15 所示。当“属性”面板类型选择器中缺少所需要的栏杆扶手类型时，用户可以通过“载入族”的方式自行载入。在此处用户可以完成扶栏“构造”“顶部扶栏”等编辑，还可以实现对“扶手”的编辑。

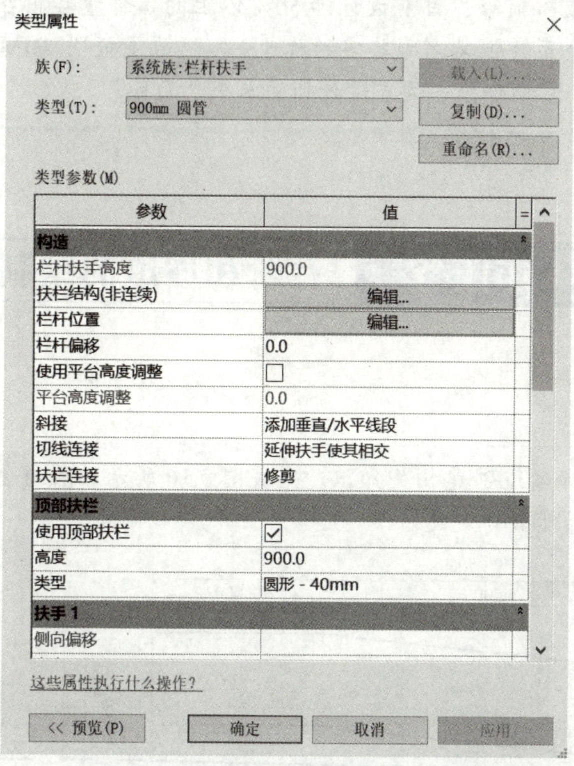

图 9.15　栏杆扶手“类型属性”对话框

知识链接

创建栏杆扶手

创建楼梯

知识拓展

BIM 技术在设计阶段的信息化管理功能体现在以下几个方面。

（1）方案设计：使用 BIM 技术除能进行造型、体量和空间分析外，还可以同时进行能耗分析和建造成本分析等，使初期方案决策更具有科学性；

（2）扩初设计：建筑、结构、机电各专业建立 BIM 模型，利用模型信息进行能耗、结构、声学、热工、日照等的分析，各种干涉检查和规范检查，以及工程量统计；

（3）施工图：各种平面、立面、剖面图纸和统计报表都可从 BIM 模型中得到；

（4）设计协同：设计阶段有十几个甚至几十个专业需要协调，包括设计计划、互提资料、校对审核、版本控制等；

（5）设计工作重心前移：目前设计师 50% 以上的工作量集中在施工图阶段，以至于设计师得到了一个无奈但又名副其实的称号——“画图匠”，BIM 可以帮助设计师把主要工作放到方案和扩初阶段，恢复设计师的本来“面目”。

工作任务二 台阶和坡道的绘制

工作任务

通过学习台阶和坡道创建相关知识，完成图 9.16 所示的坡道创建任务。墙体和坡道材质、地形尺寸等参数自定义。

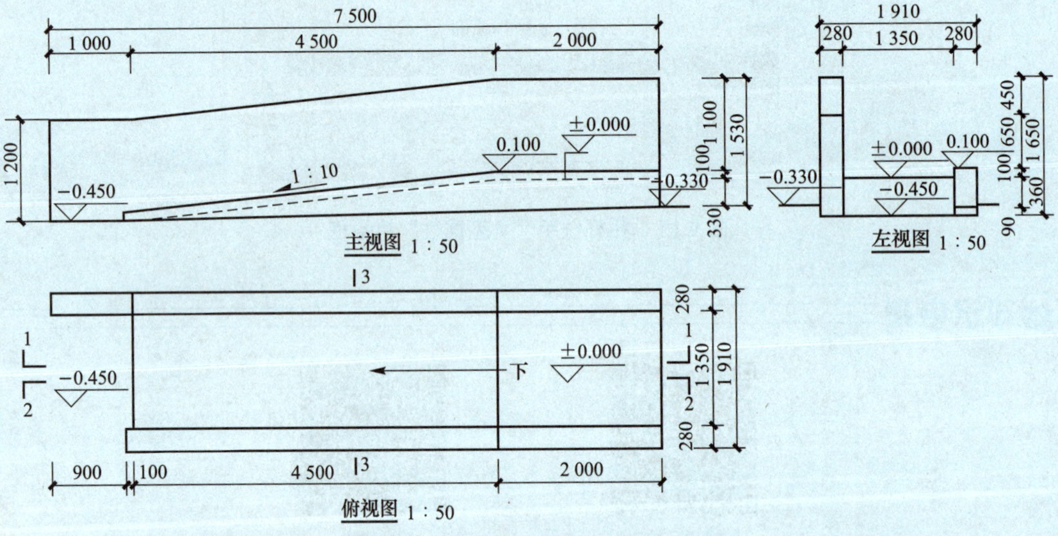

图 9.16 坡道创建

知识准备

1. 台阶和坡道的功能

室外台阶与坡道是设在建筑物出入口的辅助配件，用来解决建筑物室内外的高度差问题。一般建筑物多采用台阶，当有车辆通行或室内外底面高度差较小时，可采用坡道。

2. 台阶和坡道创建

可以采用创建族、楼板边缘甚至楼梯等方式创建各种台阶模型。此外，用户可以采用“梯段”绘制坡道，也可采用“边界”+“踢面”绘制坡道。

任务实施

一、绘制台阶

Revit 软件中没有专用的“台阶”命令，可以采用创建族、楼板边缘甚至楼梯等方式创建各种台阶模型。

1. 通过“族”创建台阶

启动 Revit 软件，如图 9.17 所示，单击“族”下的“新建”按钮，在弹出的对话框中选择“公制常规模型”选项，用户可以通过“创建”选项卡“形状”面板中的“拉伸”“放样”等命令创建台阶，如图 9.18 所示。这里主要介绍“放样”命令的应用。

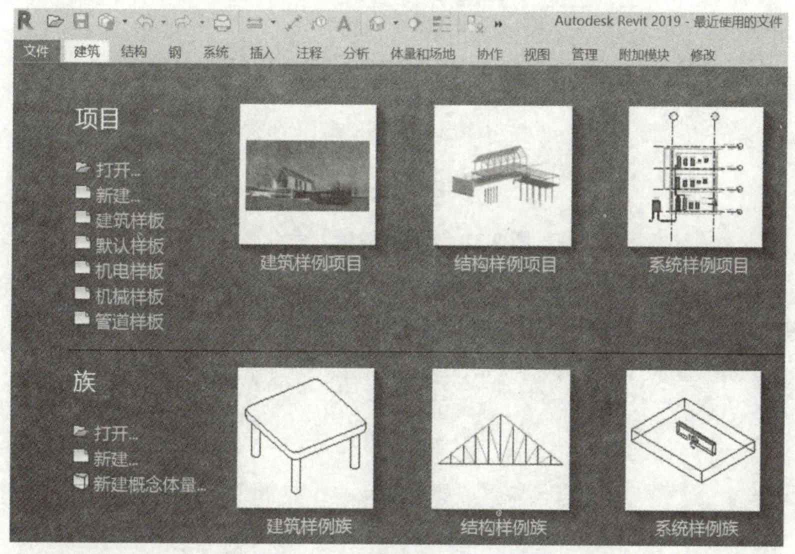

图 9.17 Revit 软件启动界面

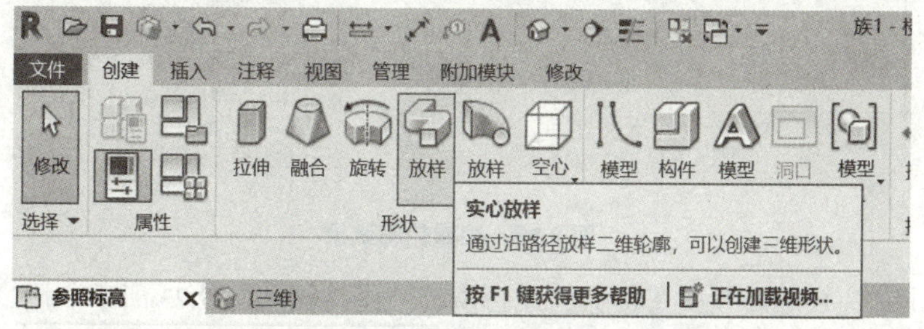

图 9.18 “创建”选项卡“形状”面板

如图 9.19 所示，先选择“绘制路径”命令绘制放样路径，绘制结果如图 9.20 所示，单击“完成编辑模式”按钮✔完成绘制。

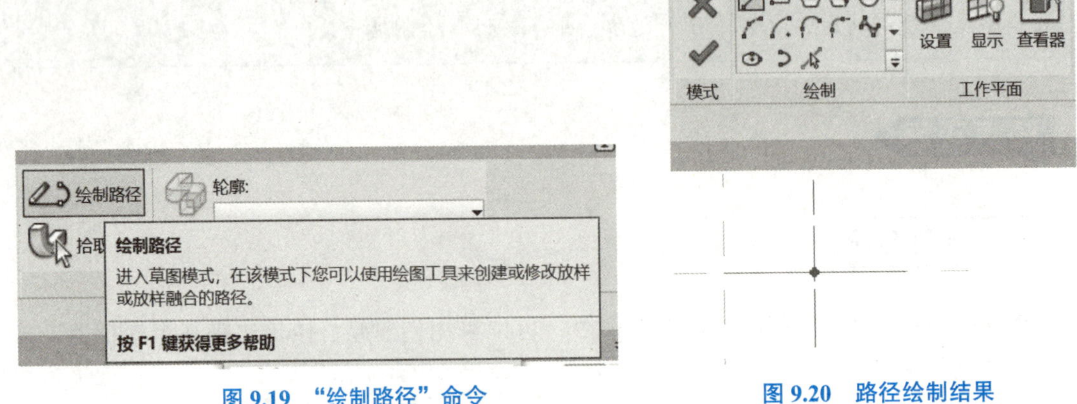

图 9.19 “绘制路径”命令

图 9.20 路径绘制结果

如图 9.21 所示，采用“编辑轮廓”命令绘制放样轮廓，绘制结果如图 9.22 所示，单击“完成编辑模式”按钮✔完成放样轮廓的绘制。

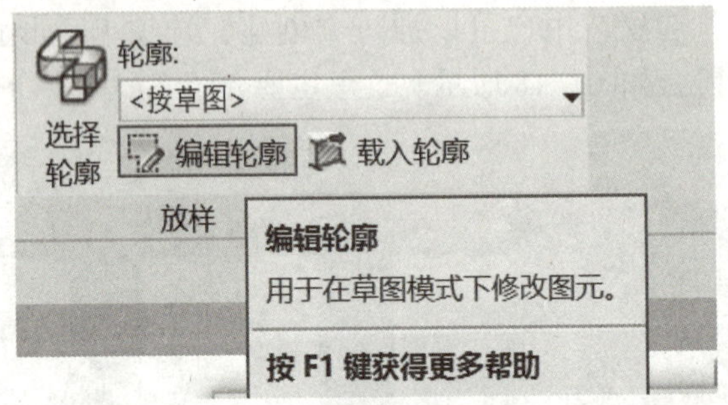

图 9.21 “编辑轮廓”命令

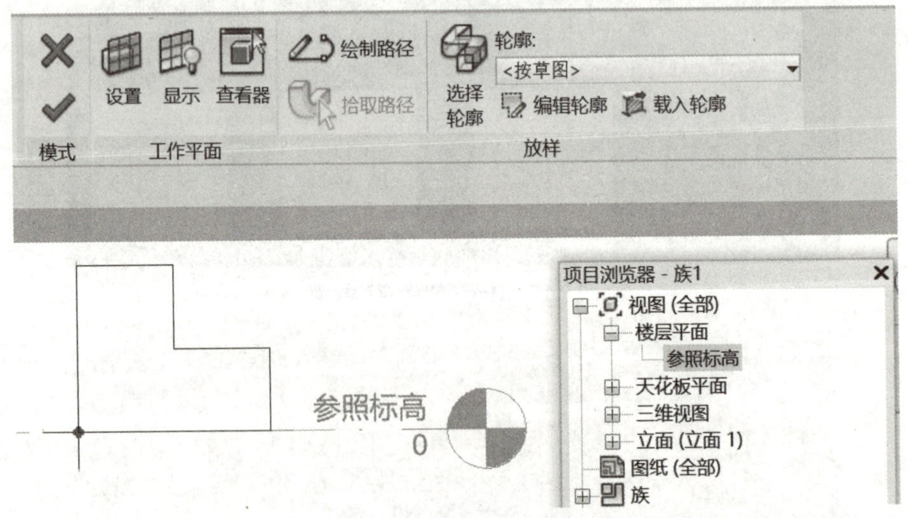

图 9.22 编辑轮廓结果

最后单击“完成编辑模式”按钮生成台阶，三维视图如图 9.23 所示。用户可按照项目需要将其载入具体项目。

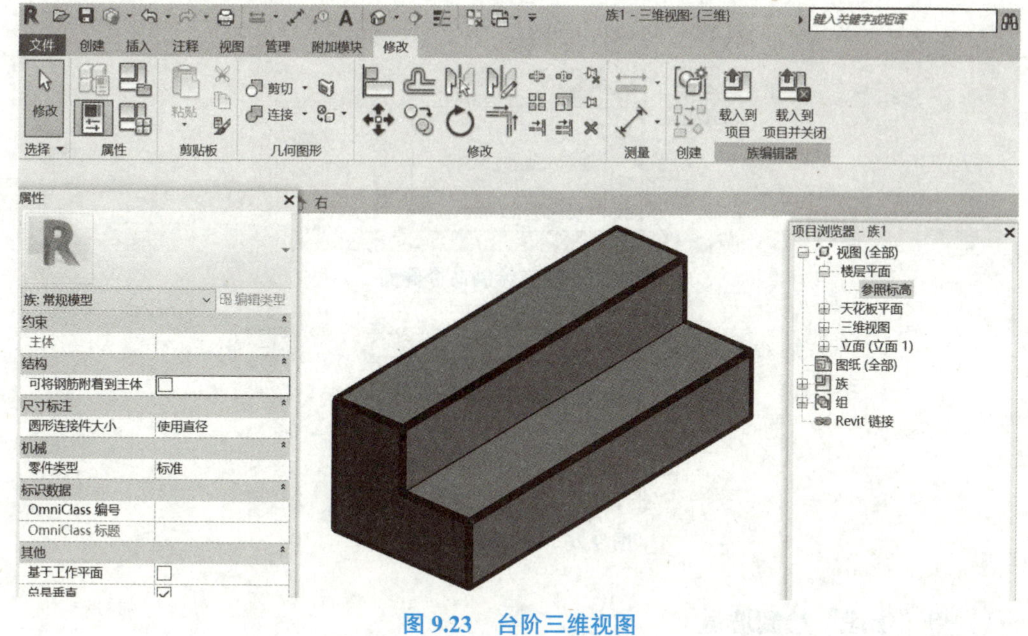

图 9.23　台阶三维视图

2. 用“楼板边”命令创建台阶

Revit 软件中提供了“楼板边缘”“屋顶檐沟”“屋顶封檐带”等主体主放样工具。选择合适的轮廓，利用“楼板”下拉菜单中提供的“楼板：楼板边”选项，可以创建室外台阶。

由于楼板边需以楼板为放置主体，所以在建筑样板中先绘制任意形状的楼板，单击“建筑”选项卡“构建”面板中的“楼板”下拉按钮，在弹出的下拉列表中选择“楼板：楼板边”选项，直接拾取绘制好的楼板边界即可生成“台阶”，通过载入族的方式载入所需的“楼板边”，如图 9.24 所示。

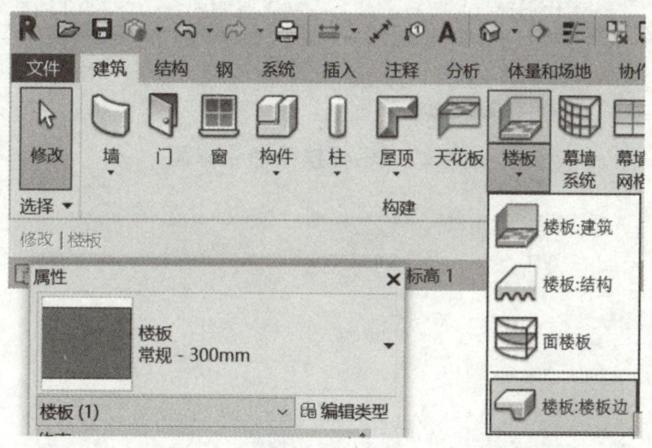

图 9.24　楼板边缘创建命令界面

二、绘制坡道

打开 Revit 软件，新建“建筑样板”并切换至标高 1 楼层平面，选择“坡道”选项，如图 9.25 所示，激活后如图 9.26 所示。

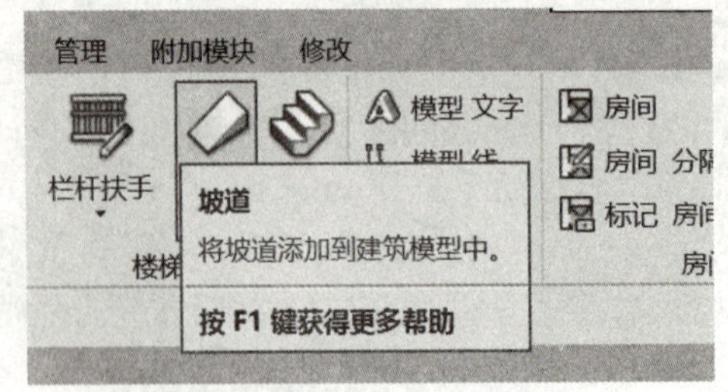

图 9.25　坡道绘制命令界面

图 9.26　坡道绘制界面

1. 用“梯段”绘制坡道

在图 9.27 所示选项栏中，将栏杆扶手设置为“无”。用“梯段”命令绘制坡道，并在“属性”面板中设置坡道“底部标高”“顶部标高”“宽度”等参数，如图 9.28 所示。单击“编辑类型”按钮后弹出图 9.29 所示对话框，可以完成坡道“厚度”“坡道材质”“最大斜坡长度”“坡道最大坡度”等参数，最后单击“完成编辑模式”按钮完成坡道绘制，三维视图如图 9.30 所示。

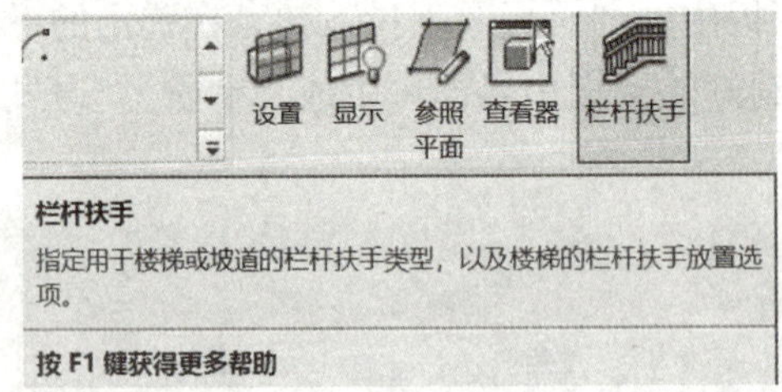

图 9.27　栏杆扶手命令界面

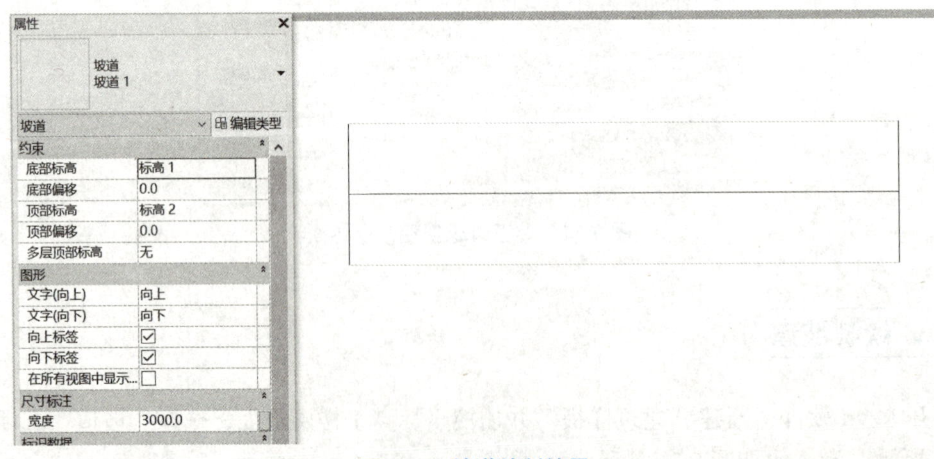

图 9.28　坡道绘制结果

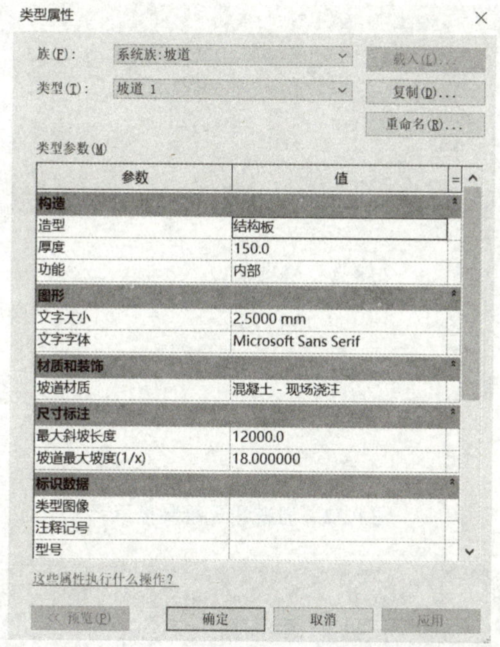

图 9.29　坡道“类型属性”界面

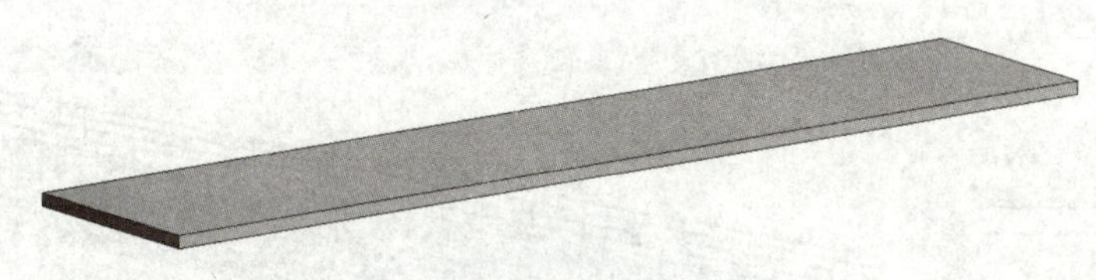

图 9.30　坡道三维视图

如果软件弹出警示框，则可以选中该坡道，在图 9.29 所示对话框中修改“坡道最大坡度”参数值，并查看最终的三维效果。

2. 用“边界”+“踢面”绘制坡道

在该方法中，先画边界，后画踢面，为了与“梯段”绘制坡道的方法对比，在此把栏杆扶手设置为默认形式。

使用“边界”命令绘制坡道边界，如图 9.31 所示。使用“踢面”命令绘制坡道两端踢面，如图 9.32 所示，并在“属性”面板设置坡道“底部标高”“顶部标高”“宽度”等参数，单击“编辑类型”，在“类型属性”对话框中可以完成坡道“厚度”“坡道材质”“最大斜坡长度”“坡道最大坡度”等参数设置，最后单击“完成编辑模式”按钮✔完成坡道绘制，三维视图如图 9.33 所示。

图 9.31　坡道边界绘制界面

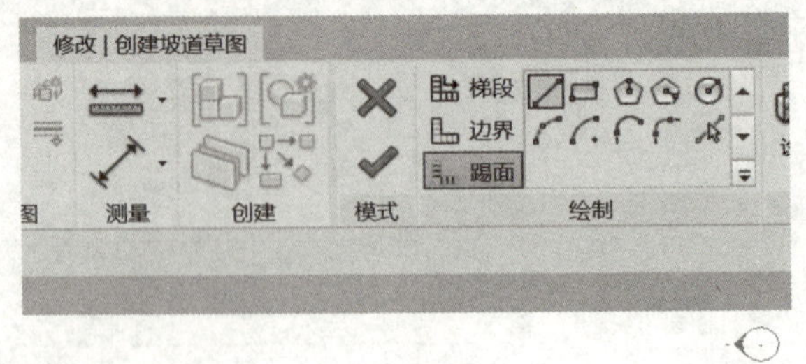

图 9.32　坡道边界绘制结果

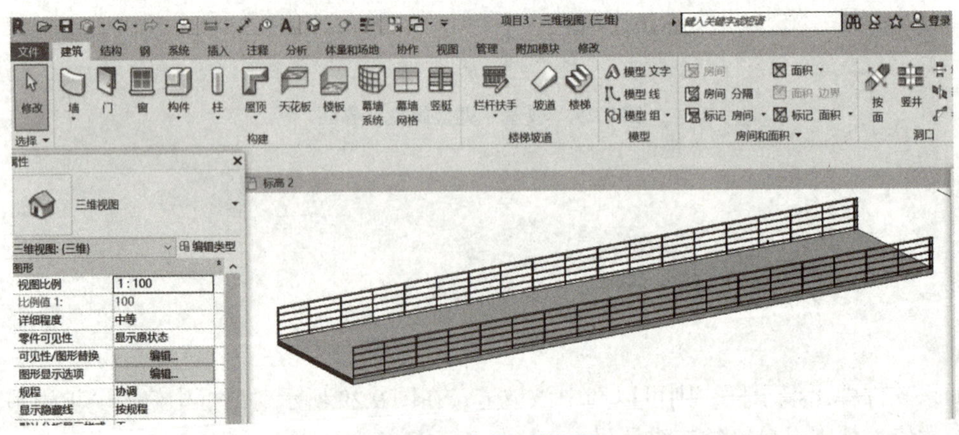

图 9.33　坡道三维视图

如果该坡道过长，可以在其中设置一个水平坡道进行过渡，具体设置方法为：切换到楼层平面视图，双击选中平面图中的坡道，切换到“修改 | 坡道＞编辑草图”上下文选项卡，选择“踢面”选项，在中间任意位置画两条踢面线，如图 9.34 所示。最后单击“完成编辑模式”按钮✔完成坡道绘制，三维视图如图 9.35 所示。

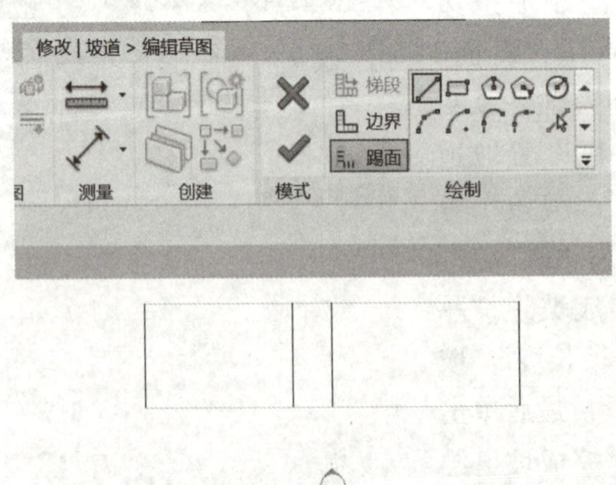

图 9.34　坡道编辑界面

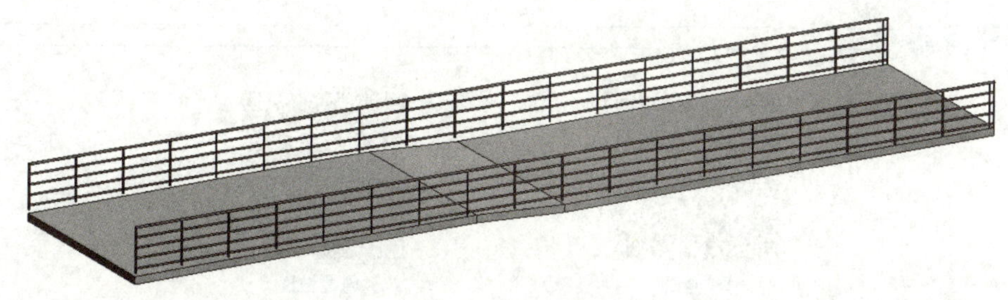

图 9.35　坡道三维视图

由于图 9.35 中栏杆扶手没有和坡道实时附着，用户可以做如下修改：切换到楼层平面，选择栏杆扶手并删除，单击“建筑”选项卡“楼梯坡道”面板中的“栏杆扶手”下拉按钮，选择“绘制路径”命令，在坡道上绘制栏杆，绘制时需要一段一段地画，不要直接拉通，如图 9.36 所示。全部绘制完后单击“完成编辑模式”按钮完成拉杆扶手的绘制。选择已绘制好的栏杆扶手，单击“拾取新主体”按钮，接着单击坡道，这时栏杆扶手会随着坡道的起伏而实时附着，如图 9.37 所示。在绘制楼梯时也可采用这种方法，使绘制的栏杆始终附着在楼梯上。

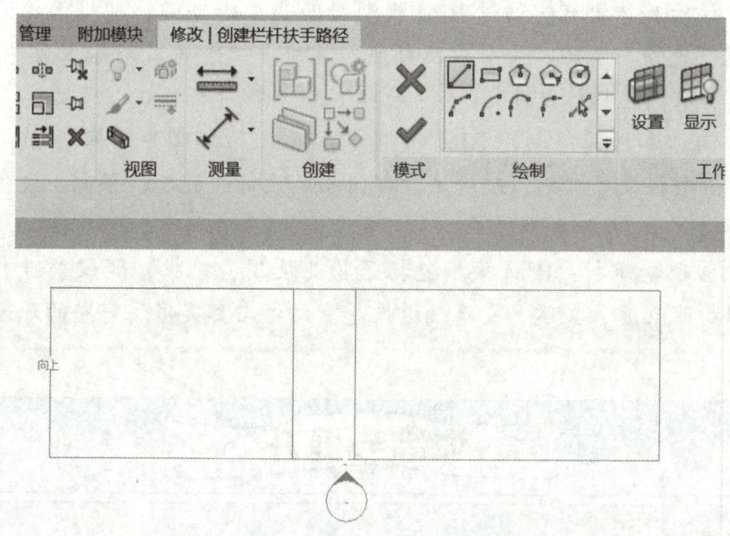

图 9.36　栏杆扶手编辑界面

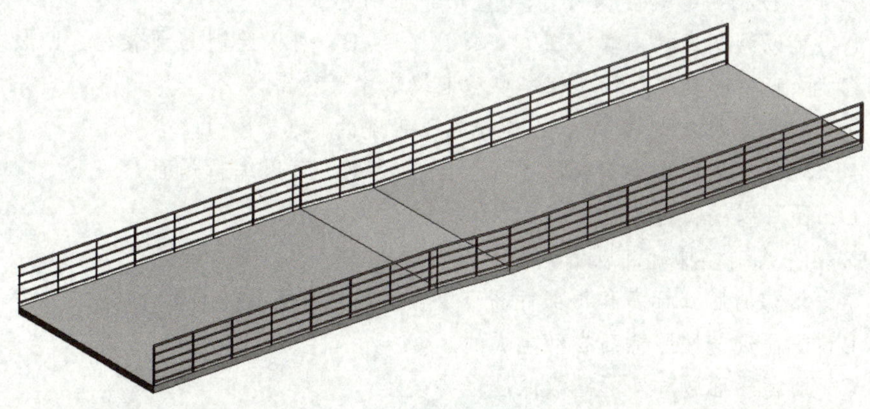

图 9.37　坡道三维图

知识链接

创建台阶

创建坡道

知识拓展

业主方 BIM 技术信息化应用主要体现在以下几个方面。

（1）记录和评估存量物业：用 BIM 模型记录和评估已有物业可帮助业主更好地管理物业全生命周期运营的成本。

（2）产品规划：通过 BIM 模型使设计方案和投资回报分析的财务工具集成，使业主可以实时了解设计方案变化对项目投资收益的影响。

（3）设计评估和招投标：通过 BIM 模型帮助业主检查设计院提供的设计方案在满足多专业协调、规划、消防、安全以及日照、节能、建造成本等各方面要求上的表现，保证提供正确和准确的招标文件。

（4）项目沟通和协同：利用 BIM 的 3D、4D（三维模型 + 时间）、5D（三维模型 + 时间 + 成本）模型和投资机构、政府主管部门以及设计、施工、预制、设备等项目方进行沟通和讨论。

（5）物业管理和维护：BIM 模型包括了物业使用、维护、调试手册中需要的所有信息，同时为物业改建、扩建、重建或退役等重大变化都提供了完整的原始信息。

训练与提升

一、单选题

1. 关于“按构件绘制楼梯”，以下说法不正确的是（　　）。

   A. 可以绘制直梯、螺旋梯　　B. 可以绘制 U 形楼梯、L 形楼梯

   C. 除直梯外其他形状楼梯需要后期编辑才可获得

2. 关于“按草图绘制楼梯”，以下说法不正确的是（　　）。

   A. 可以按照需要绘制梯段　　B. 可以编辑踢面

   C. 不可以编辑边界

3. 按构件绘制楼梯时，以下说法不正确的是（　　）。

   A. 楼梯的底部标高和顶部标高可以在“属性”面板中设置

   B. 踢面数是按照标高自动生成的

   C. 所需踢面数和实际踏板深度需要设定

4. 楼梯的踢面和踏板是如何设置的？(　　)

A. 在“属性”面板中直接选取

B. 在“类型属性”对话框中编辑

C. 无法生成踢面和踏板

二、判断题

1. 绘制楼梯时一定会生产栏杆扶手。 (　　)

2. 楼梯定位线用来确定梯段的位置。 (　　)

3. 楼梯类型可以在绘制之前选择，也可以在绘制好之后修改。 (　　)

4. 休息平台的尺寸可以在后期编辑修改。 (　　)

三、实训题

根据图 9.38 创建总长为 5 200 mm 的栏杆扶手，顶部扶手为直径 40 mm 的圆管，其余栏杆为直径 30 mm 的圆管，栏杆间距为 400 mm，栏杆扶手的标注均为中心间距。绘制结果以“姓名 + 栏杆扶手”为文件名保存。

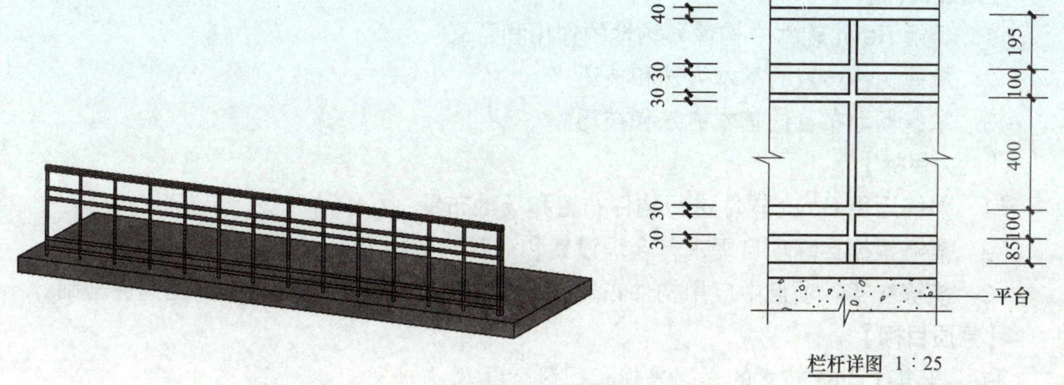

图 9.38　实训题图

项目十　构件和场地

项目描述

构件和场地是保证建筑物完整和使用功能的重要部分。本项目主要介绍家具、卫浴等构件的布置方法，同时介绍场地的布置方法，为后续内容的学习奠定基础。

学习目标

【知识目标】

1. 了解 Revit 软件中构件和场地的作用和意义；
2. 掌握构件布置的基本方法和技巧；
3. 掌握场地布置的基本方法和技巧。

【能力目标】

1. 熟练运用 Revit 软件进行构件布置和场地布置；
2. 能够根据实际项目需求，合理设置和调整构件和场地的参数；
3. 能够在实际项目中应用构件布置和场地布置方法，为建筑结构创建提供基础。

【素质目标】

1. 培养对 BIM 技术的学习兴趣和积极态度；
2. 提高创新意识和问题解决能力，以应对构件布置和场地布置在项目中的实际挑战；
3. 增强团队协作和沟通能力，以便增强在实际项目中构件布置和场地布置方法的应用能力；
4. 培养精益求精的工匠精神。

工作任务一 构件布置

工作任务

通过学习构件布置相关知识，完成图10.1所示的家具布置任务。其他建模参数可参照平面图自定义。

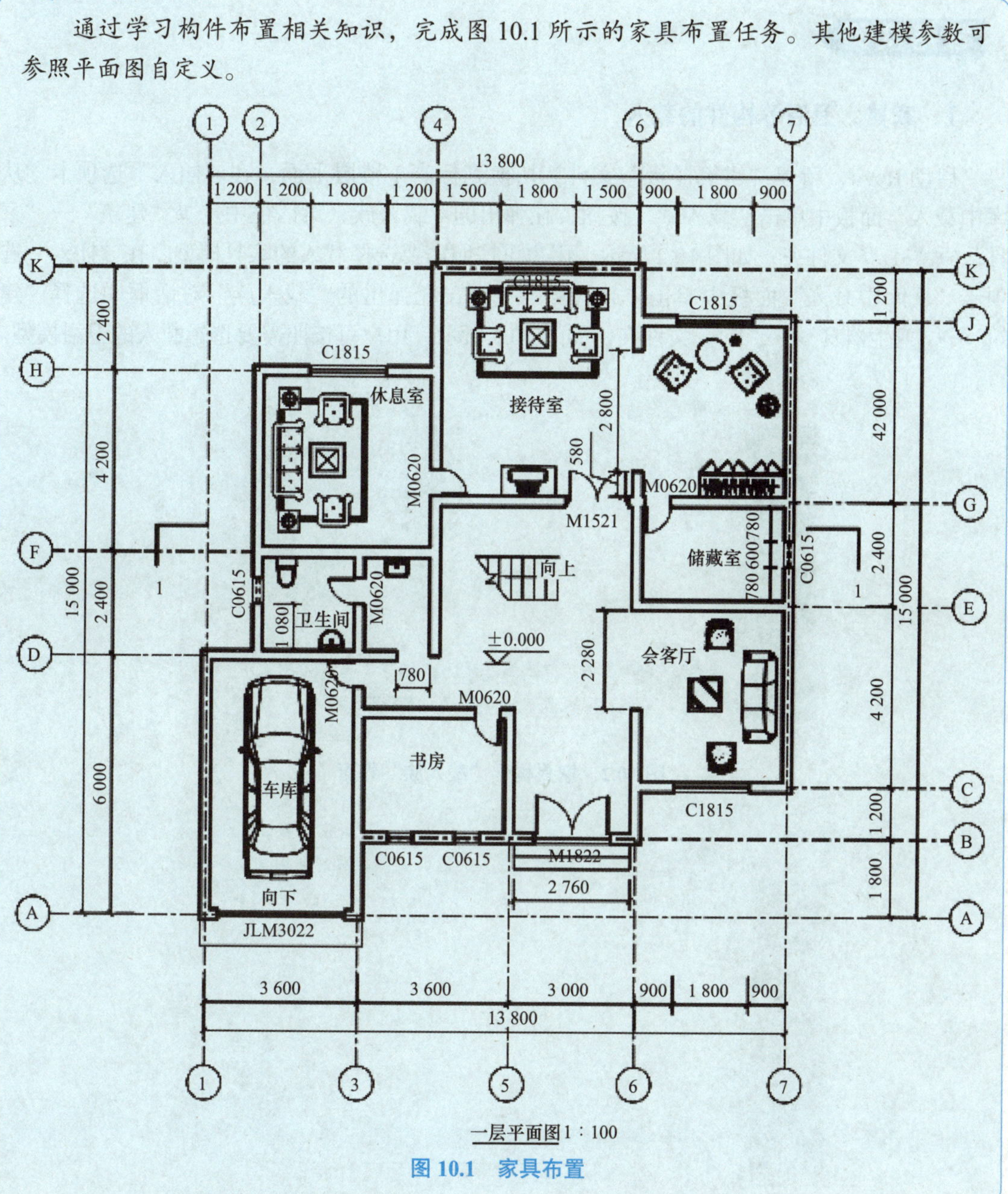

图10.1 家具布置

知识准备

1. 构件类型

常见的构件有家具、卫浴、橱柜等。

2. 构件布置方法

家具、卫浴等设备可以通过“载入族”的方法布置，也可以通过“放置构件”的方法布置。

任务实施

1. 家具、卫浴等构件的载入

启动 Revit，新建“建筑样板”文件，切换到标高 1 楼层平面，在“插入”选项卡“从库中载入”面板中单击“载入族”按钮，在弹出的“载入族”对话框中选择“建筑”→“家具”→“3D”文件夹，如图 10.2 所示，用户可按照需要选择载入的家具模型。在“插入”选项卡“从库中载入”面板中单击“载入族”按钮，在弹出的“载入族”对话框中选择“建筑”→“卫生器具”→“3D”文件夹，如图 10.3 所示，用户可按照需要选择载入的卫浴模型。

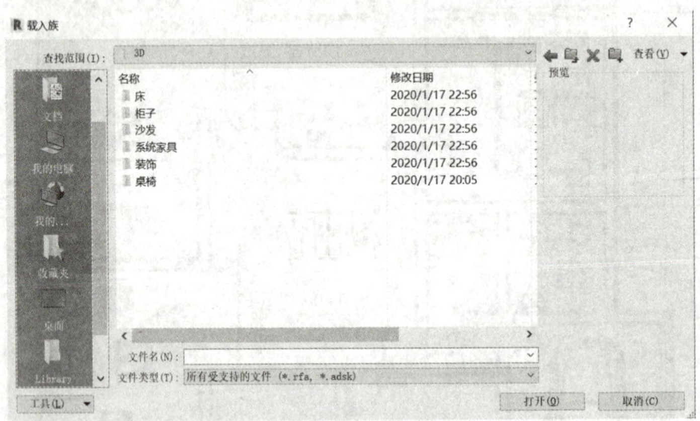

图 10.2　家具构件“载入族”界面

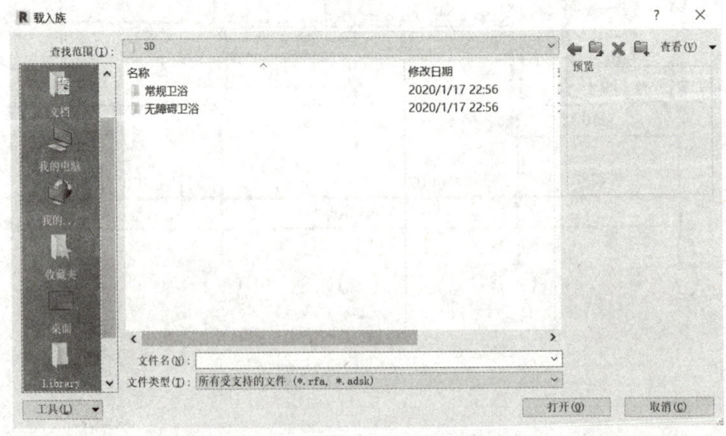

图 10.3　卫浴构件“载入族”界面

打开 Revit 软件，新建“建筑样板”文件，切换到标高 1 楼层平面，单击“建筑”选项卡“构建”面板“构件”下拉按钮，单击“放置构件”按钮，如图 10.4 所示。在“属性”面板中单击“编辑类型”按钮，弹出“类型属性”对话框，如图 10.5 所示，用户可以单击“载入”按钮实现家具、卫浴等设备的载入。

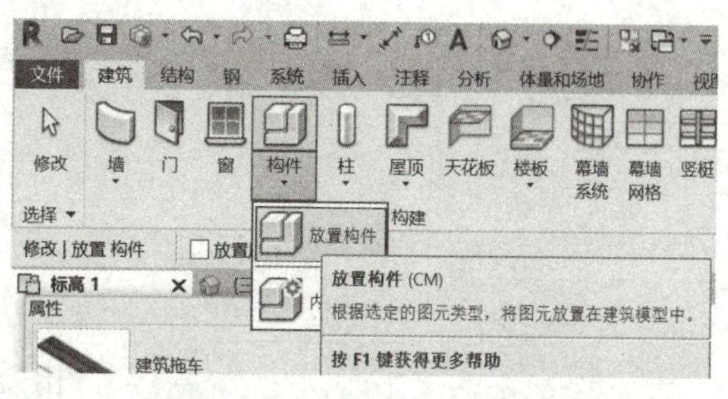

图 10.4 “构件”对话框

类型属性

族(F)：建筑拖车　　载入(L)...

类型(T)：9800 x 2400mm　　复制(D)...

重命名(R)...

类型参数(M)

参数	值
尺寸标注	
长度	9800.0
宽度	2400.0
标识数据	
部件代码	
注释记号	
型号	
制造商	
类型注释	
URL	
说明	
成本	
类型图像	
部件说明	
类型标记	
OmniClass 编号	

这些属性执行什么操作？

<< 预览(P)　确定　取消　应用

图 10.5 “类型属性”对话框

2. 家具、卫浴等构件的放置

打开项目切换到标高 1 楼层平面，单击“建筑”选项卡“构建”面板“构件”下拉按钮，单击“放置构件”按钮，如图 10.4 所示。单击“属性”面板的下拉按钮，可以查看系统包含的其他一些构件，如图 10.6 所示。用户也可以按照需要完成相应的属性设置。放置完成的双层床三维视图如图 10.7 所示。

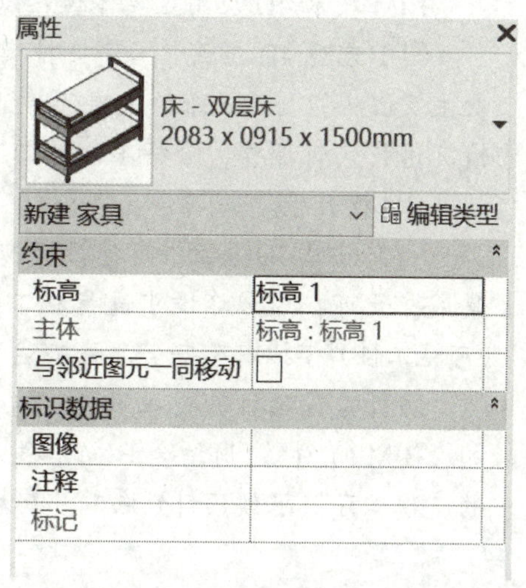

图 10.6 构件“属性”对话框

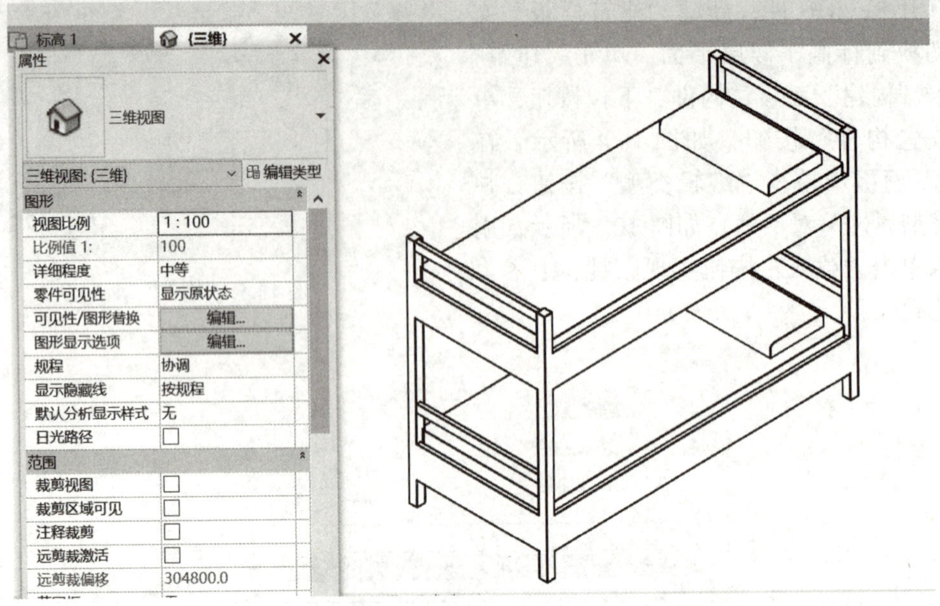

图 10.7　双层床三维视图

知识链接

场地构件的绘制

知识拓展

BIM 技术 4D 应用主要体现在以下两个方面。

（1）宏观 4D 层面（工序安排模拟）：把 BIM 模型和进度计划软件的数据集成，让业主及团队能利用三维的直观优势，按月、按周、按天看到项目的施工进度并根据现场情况进行实时调整，分析不同施工方案的优劣，从而得到最佳施工方案。换言之，4D 就是 3D 提升版。

（2）微观 4D 层面（可建性模拟）：把 BIM 模型和施工方案利用虚拟环境进行数据集成，便可在虚拟环境中进行施工仿真，对项目的重点或难点部分进行全面的可建性（可施工性）模拟以及安全、施工空间、对环境影响等分析，优化施工安装方案。

另外建设项目的投入不是一次性到位的，是根据项目建设的计划和进度逐步到位的，BIM 的 5D 应用结合 BIM 模型、施工计划和工程量造价于一体，可以实现建筑业的“零库存”（限额领料）施工，最大限度地发挥业主资金的效益。

工作任务二 场地布置

工作任务

通过学习场地布置相关知识，在图 10.8 的基础上完成场地布置任务，包括地形地表、道路等。其他未知的建模参数可自定义。

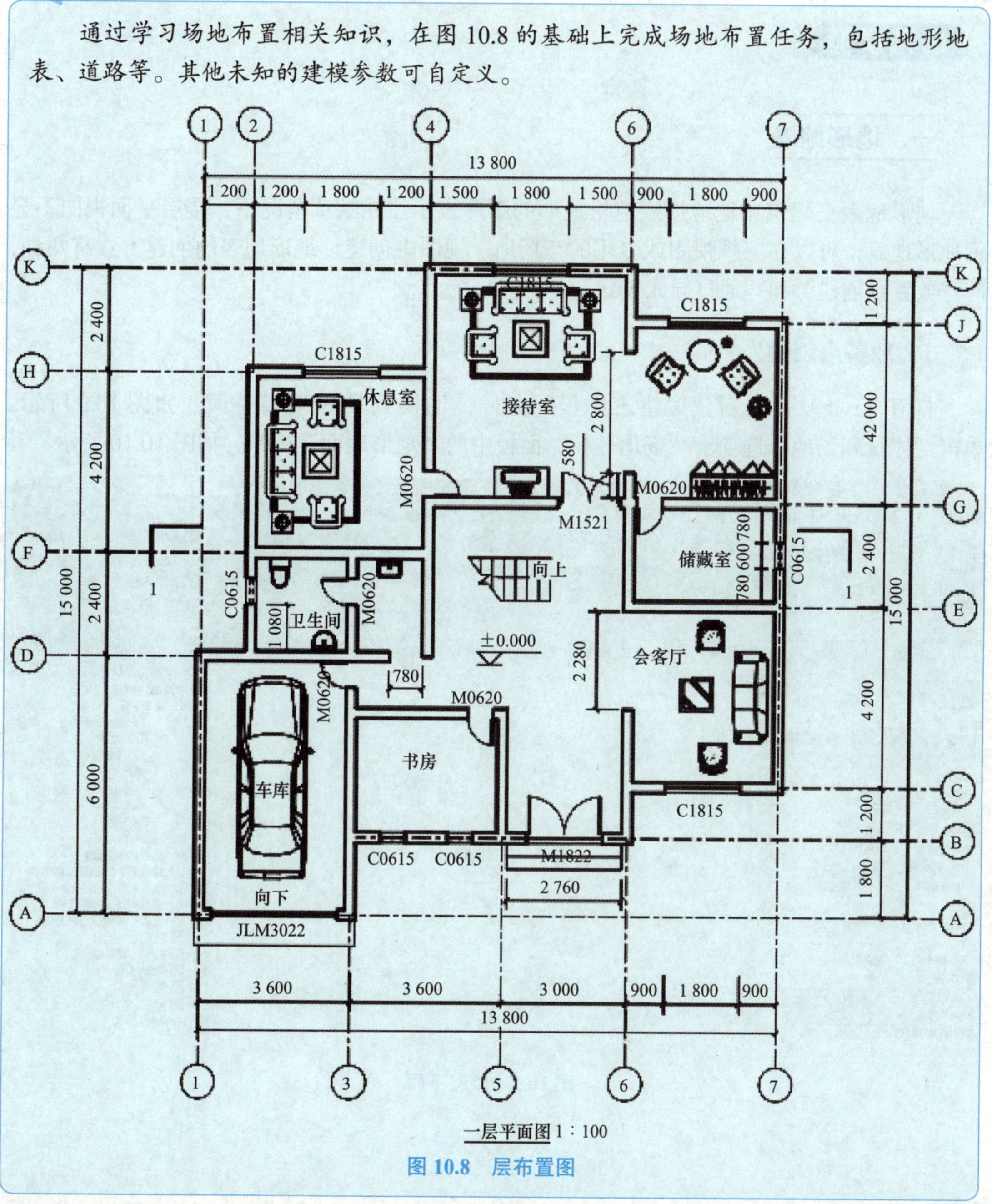

图 10.8 层布置图

知识准备

1. 场地类型

Revit 软件中场地模型建模按照场地图元的类型，分为场地地形地表、道路、广场、停车场地、绿化水体、建（构）筑物等类型。

2. 地形地表创建方法

地形地表的创建方式有两种，即“放置点创建”和“通过导入创建”。

任务实施

一、地形地表

地形地表是建筑场地地形或地块地形的图形表示。在默认情况下，楼层平面视图不显示地形地表，可以在三维视图或专用的“场地”视图中创建。地形地表的创建方式有两种，即“放置点创建”和“通过导入创建”。

1. 放置点创建

打开 Revit 软件，新建“建筑样板”文件，切换到场地楼层平面，如图 10.9 所示。单击“体量和场地”选项卡“场地建模”面板中的“地形表面”按钮，如图 10.10 所示。

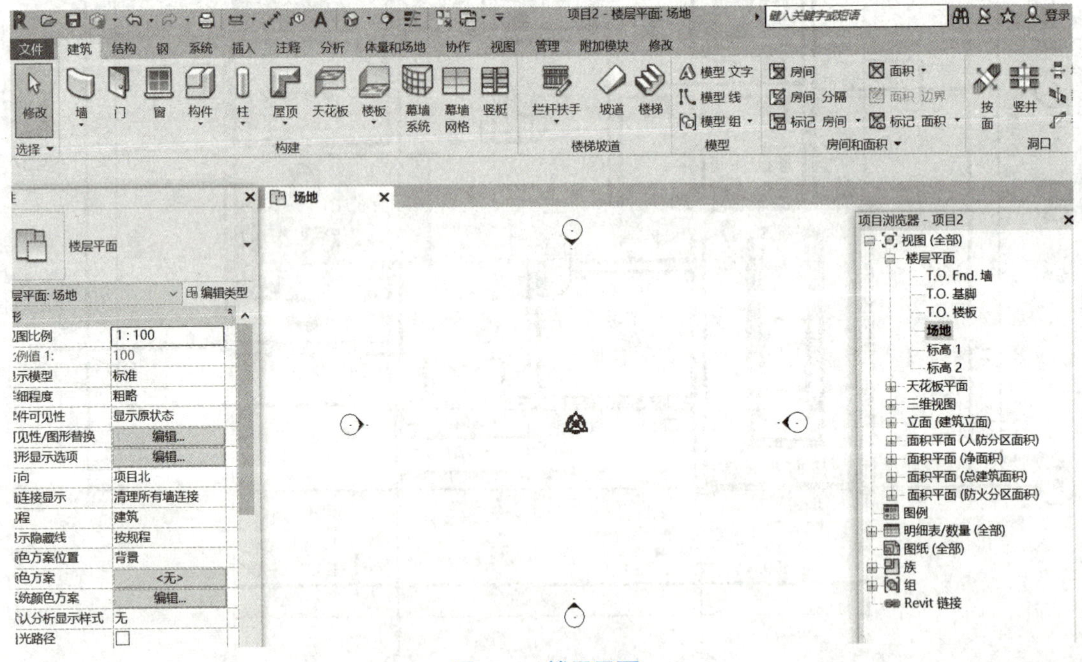

图 10.9　楼层平面

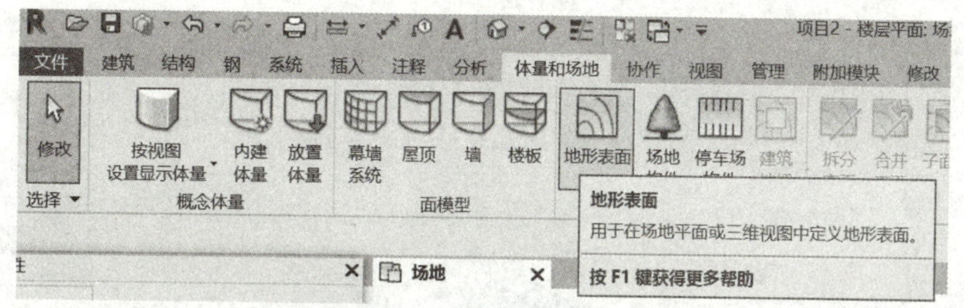

图 10.10 “地形表面”命令

在“修改 | 编辑表面”上下文选项卡“工具”面板中选择“放置点”选项（图 10.11），并通过图 10.12 所示设置该点的高程值，按照需要创建地形地表控制点，单击“完成表面”按钮✔完成场地创建。

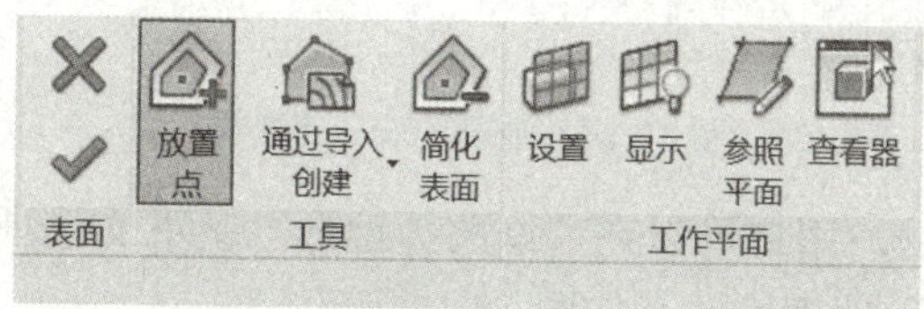

图 10.11 地形地表“放置点”命令

图 10.12 高程设置

选择创建好的地形地表，单击“属性”面板“材质”后的“浏览”按钮，弹出图 10.13 所示的“材质浏览器”对话框，用户可根据实际需要选择材质并设置颜色、填充图案等，单击“确定”按钮后查看三维视图即可，如图 10.14 所示。

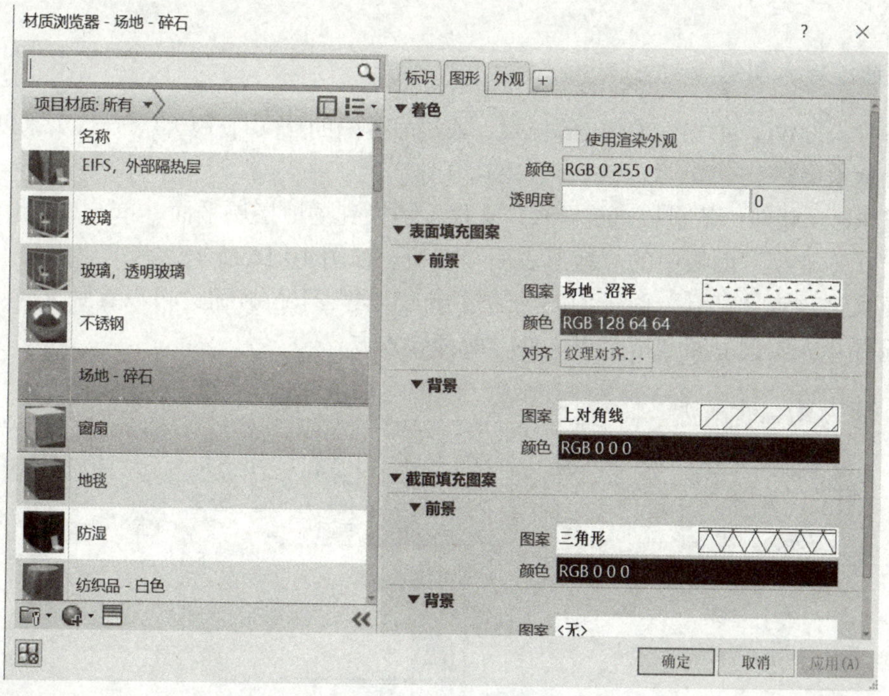

图 10.13 地形地表“材质浏览器”对话框

图 10.14　地形地表三维视图

当选择已建场地之后，用户可以在“修改 | 地形”上下文选项卡“表面”面板中选择“编辑表面”命令进行地形地表编辑，如图 10.15 所示。

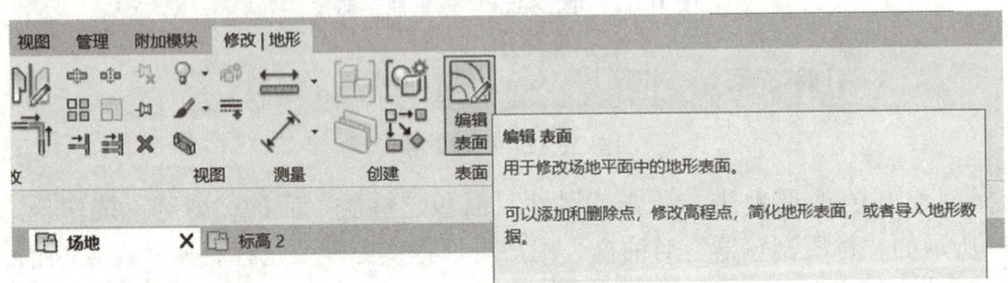

图 10.15　地形地表编辑

2．通过导入创建

通过导入 DWG、DXF、DGN 等格式，或逗号分隔的点文件（TXT、CSV）来创建比较复杂的场地地形。

打开 Revit 软件，新建“建筑样板”文件，切换到场地楼层平面，单击“体量与场地”选项卡“场地建模”面板中的“地形表面”按钮。如图 10.16 所示，单击“修改 | 编辑表面”上下文选项卡“工具”面板中的“通过导入创建”下拉按钮，可以看到 Revit 软件给出了“选择导入实例”和“指定点文件”两种导入方式。

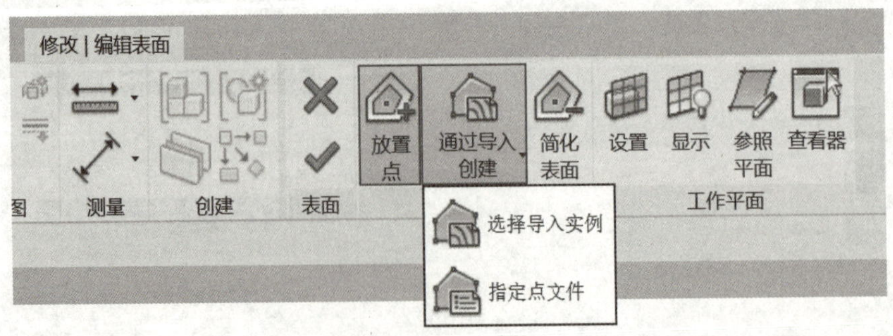

图 10.16　“修改 | 编辑表面”面板命令

当功能区上的“放置点”处于活动状态时，选择“通过导入创建”→“指定点文件”命令，选择需要导入的三维等高线数据或点文件。

二、建筑地坪

单击“体量和场地”选项卡“场地建模”面板中的“建筑地坪”按钮，如图 10.17 所示。使用绘制工具绘制闭合环形式的建筑地坪，在“属性”面板中，根据需要设置“自标高的高度偏移”和其他建筑地坪属性。

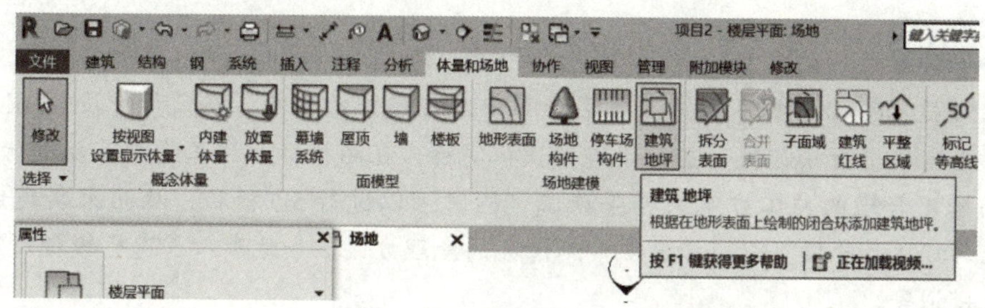

图 10.17 “建筑地坪”命令

三、道路广场

创建道路广场时，使用“拆分表面”工具从原始地形中切割分开，分别调整地形高程。

道路高程参照相应的总图的竖向布置图确定关键点的高程值，如果关键点之间相隔较远，可相应添加辅助点修改高程确保道路场地平滑过渡。

道路横断面坡度忽略不计，着重表达纵向断面高程值。

路缘石（路牙）采用墙体绘制，界面尺寸通常设置为 15 cm×15 cm，露出路面高度设置为 15 ～ 30 cm，可根据实际场地情况修改。

广场、露天场地或其他场地可用楼板绘制，并设置不同的材质。

四、停车场地

主要道路旁边设置的停车场地可同道路一起使用“拆分表面”工具切割开，并正确调整地形高程。

停车场地内如为小规模的停车位则简单放置停车场构件即可。

规模比较大、车位数较多的停车场地，通常会有相应的绿岛绿化，采用楼板工具绘制并添加相应的路缘石。

五、绿化水体

场地内的河流、水池等自然水体，同道路一样，采用“拆分表面”工具切割分开，赋予不同的材质即可。

知识链接

场地布置

知识拓展

BIM 技术可以模拟不能够在真实世界中进行操作的事物。在设计阶段，BIM 可以对设计上需要进行模拟的一些东西进行模拟实验，在招投标和施工阶段可以进行 4D 模拟从而确定合理的施工方案来指导施工。同时可以进行 5D 模拟，从而来实现成本控制。在后期运营阶段可以模拟日常紧急情况的处理方式，如地震人员逃生模拟及消防人员疏散模拟等。

训练与提升

一、单选题

1．在 Revit 中进行家具、卫浴等设备的布置时，可采用的方法为（　　）。

A．直接载入　　B．直接放置　　C．以上都不对

2．场地类型不包括（　　）。

A．场地地形地表　　B．道路、广场、停车场地

C．绿化水体　　D．床

3．地形地表的创建方式包括（　　）。

A．放置点创建　　B．通过导入创建　　C．以上都对

二、判断题

1．用户可以通过“载入”命令实现家具、卫浴等设备的载入。（　　）

2．创建道路广场时使用“拆分表面”工具从原始地形中切割分开。（　　）

3．使用绘制工具绘制的建筑地坪不要求为闭合环形式。（　　）

4．场地内的河流、水池等自然水体，采用“拆分表面”工具切割分开，赋予不同的材质即可。（　　）

项目十一　房间和面积

项目描述

本项目根据案例模型“别墅 .rvt”重点讲解如何通过房间、面积和颜色方案规划建筑的占用和使用情况，并执行基本的设计分析。

学习目标

【知识目标】

1. 了解房间和面积的概念和作用，以及它们在 BIM 项目中的应用场景和价值；
2. 掌握房间和面积的创建方法；
3. 掌握房间和面积的编辑方法，包括修改属性、调整边界、分割合并等；
4. 掌握房间和面积的标注方法，包括添加标签、生成表格、制作图例等。

【能力目标】

1. 能够进行房间和面积的创建、修改、删除、复制、移动、旋转、镜像、对齐、阵列等操作；
2. 能够进行房间和面积的属性设置，如设置名称、编号、类型、标签、颜色等；
3. 能够使用 BIM 软件进行房间和面积的统计和分析，如计算房间数量、面积、周长、体积等；
4. 能够根据实际项目需求，合理设置和调整房间和面积的参数。

【素质目标】

1. 培养对 BIM 技术的学习兴趣和积极态度；
2. 提高创新意识和问题解决能力，以应对房间和面积绘制与编辑在项目中的实际挑战；
3. 增强团队协作和沟通能力，以便在实际项目中应用房间和面积绘制与编辑方法；
4. 培养精益求精的工匠精神。

工作任务一　房间创建

工作任务

通过学习房间创建的相关知识，完成案例模型“别墅.rvt”房间的创建。

知识准备

1. 房间的基本概念

房间是基于图元（如墙、楼板、屋顶和天花板）对建筑模型中的空间进行细分的部分。这些图元定义为房间边界图元，Revit 在计算房间的周长、面积和体积时会参考这些房间的边界图元。

2. 房间编辑注意事项

在 Revit 中，可以启用/禁用很多图元“房间边界”参数。当空间中不存在房间边界图元时，可以使用房间分隔线对空间进行分割。当添加、移动或删除房间边界图元时，房间的尺寸将自动更新。

任务实施

1. 房间创建步骤

（1）打开楼层平面视图“1F”，单击“建筑”选项卡“房间和面积”面板中的下拉按钮，在下拉菜单中选择“面积和体积计算”选项，在这里可进行房间面积、体积的计算规则以及面积方案的设置。例如，设置房间面积计算规则为“在墙面面层”，则在计算房间面积时会将边界定为墙中心位置，如图 11.1 所示。

（2）单击“建筑”选项卡“房间和面积”面板中的“房间”按钮，在放置时单击“修改 | 放置 房间”上下文选项卡“标记”面板中的“在放置时进行标记”按钮，如图 11.2 所示。

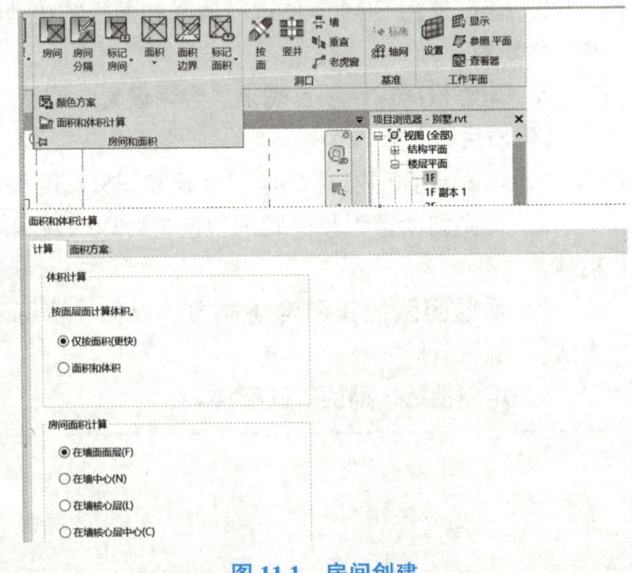

图 11.1　房间创建

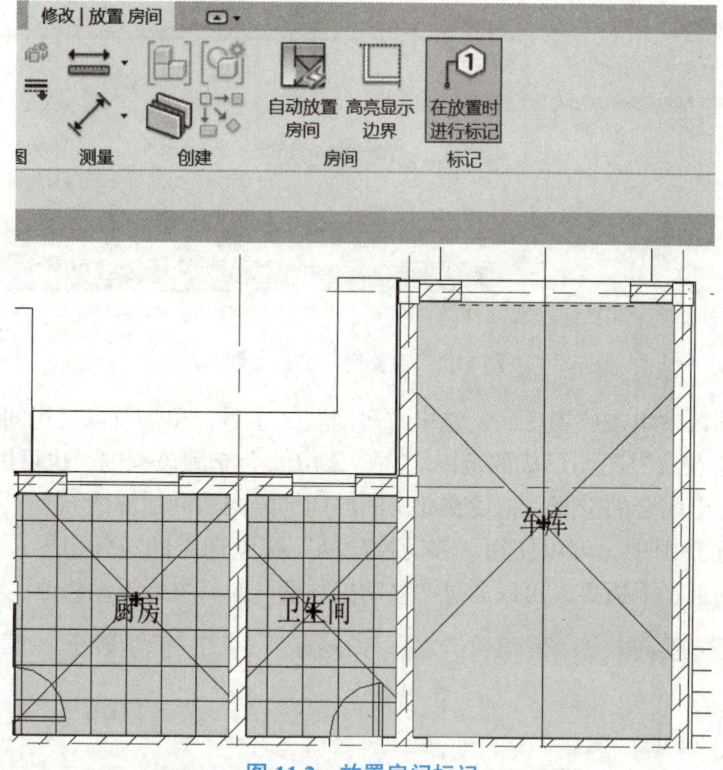

图 11.2　放置房间标记

（3）对“属性”面板进行如下操作。

1）查看“约束”选项卡中“标高”以及“上限”是否符合实际。例如，若要在标高 1F 楼层平面添加一个房间，且此房间的顶部为 2F 或 2F 上的某一点，则可将“上限”设为“2F”，如图 11.3 所示。

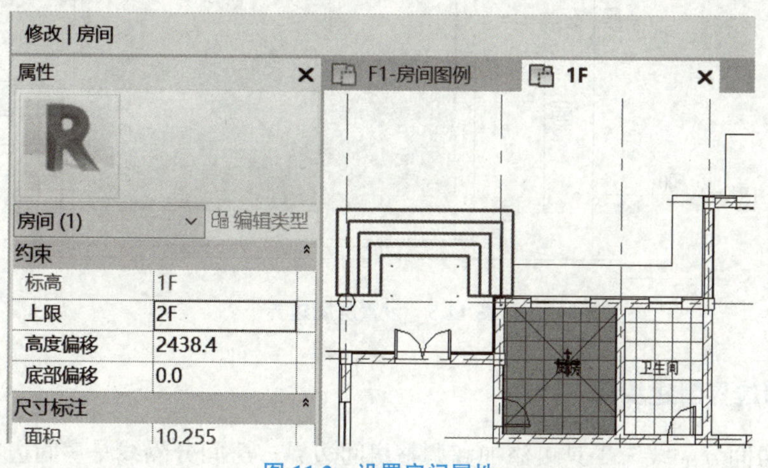

图 11.3　设置房间属性

2）对“偏移”的确定：输入正值表示向相应标高上方偏移，输入负值表示向相应标高下方偏移。

3）若需要选择或新建其他类型房间，可以单击“编辑类型”按钮，在“类型属性”中进行选择和新建，如图 11.4 所示。

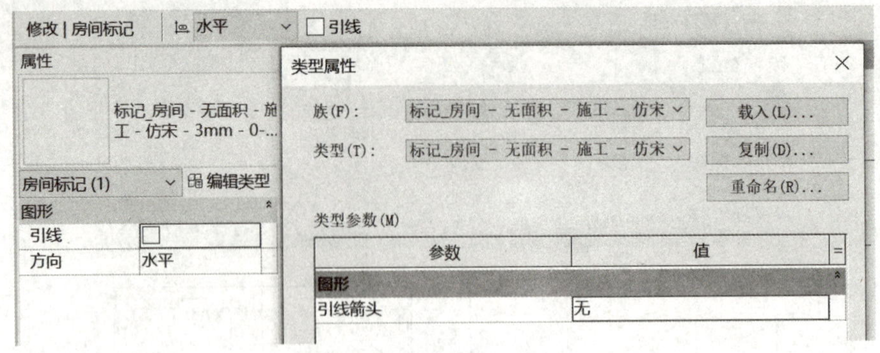

图 11.4　设置房间标记类型

（4）在绘图区中单击放置房间，选中“房间”文字后，单击可以对房间名称进行修改。如果将房间放置在边界图元形成的范围之内，该房间会充满该范围。也可以将房间放置到自由空间或未完全闭合的空间，稍后在此房间的周围绘制房间边界图元。

（5）在平面视图中，可以使用“移动控制柄”拖曳选定的房间边界；在剖面视图中，可以检查房间的上、下边界，可以通过“移动控制柄”对其进行拖动修改，如图 11.5 所示。

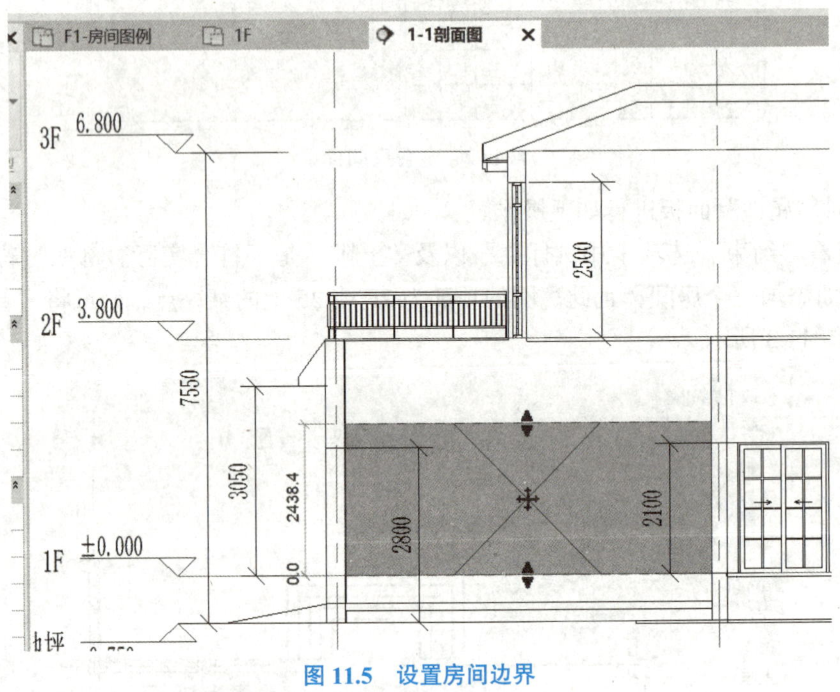

图 11.5　设置房间边界

2. 房间边界创建步骤

使用“房间分隔线”工具可添加和调整房间边界。房间分隔线是房间边界，在房间内指定另一个房间时，如起居室中的就餐区，此时房间之间没有墙，但要分隔开功能区，就需要绘制房间分隔线。房间分隔线在平面视图和三维视图中可见。如果创建了一个以墙作为边界的房间，则在默认情况下，房间面积是基于墙的内表面计算得出的。如果要在这些墙上添加洞口，并且仍然保持单独的房间计算面积，则必须绘制通过该洞口的房间分隔线，以保持最初计算得出的房间面积，这在统计工程量时非常重要。

步骤如下。

（1）添加房间分隔线：在“项目浏览器”中双击打开“1F”楼层平面视图；单击“建筑”选项卡“房间和面积”面板中的“房间 分隔”按钮，如图 11.6 所示；绘制房间分隔线，如果空间中已经含有一个房间，则房间边界将随新的房间分隔线进行调整。如果空间中没有房间，可以添加一个。

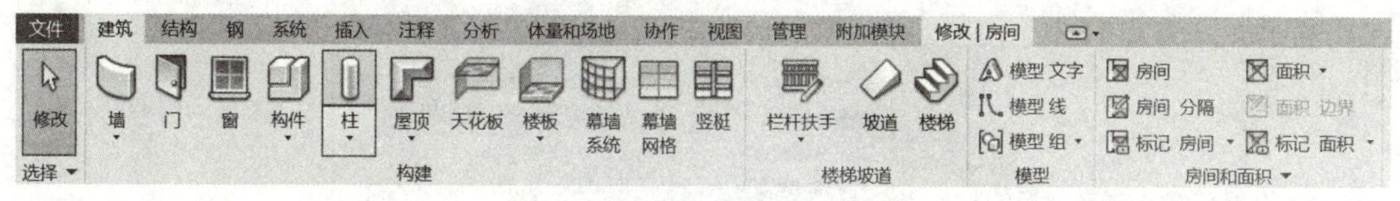

图 11.6　设置房间分隔

（2）显示或隐藏房间分隔线：打开平面视图或三维视图；选择“视图”选项卡，单击“图形”面板中的“可见性 / 图形”按钮；在弹出的对话框中选择“模型类别”选项卡；在“可见性”列表中，展开“线”组；选中或清除“房间分隔”；单击“确定”按钮，如图 11.7 所示。

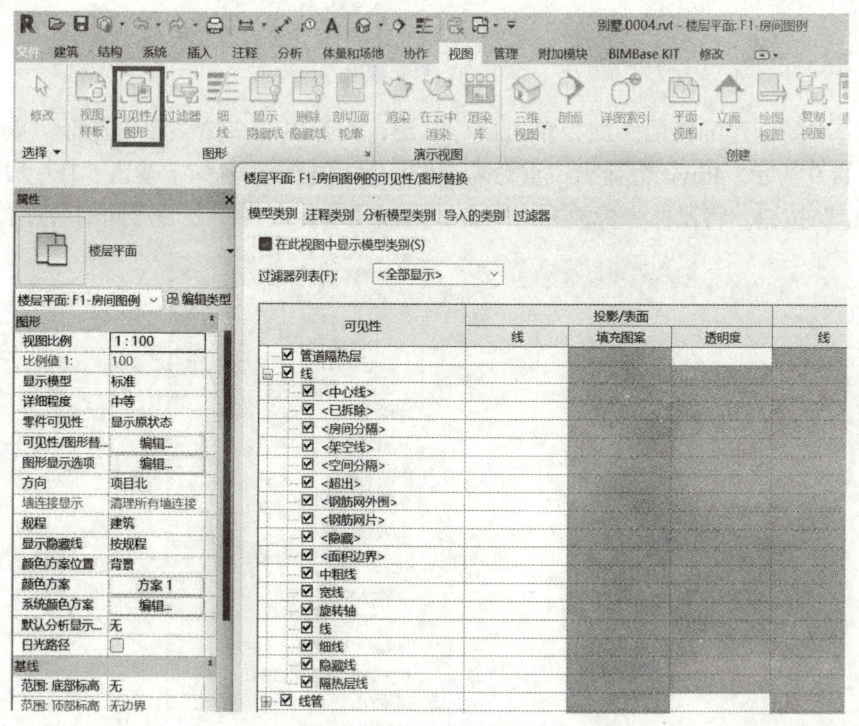

图 11.7　设置可见性

3. 房间图例创建步骤

添加房间后，可以在视图中添加房间图例，并采用颜色块等方式，更清晰地表现房间范围、分布等。步骤如下。

（1）在“项目浏览器”中双击“1F”切换到 1F 楼层平面视图，选中“1F”单击鼠标右键，在弹出的快捷菜单中选择“复制视图”→“复制”命令，Revit 将会复制创建新的楼层平面，如图 11.8 所示。

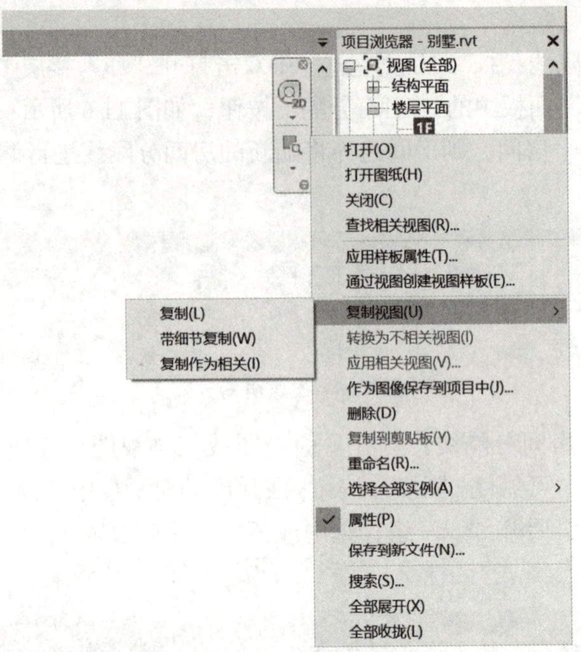

图 11.8 复制视图

（2）选中新创建的楼层平面，单击鼠标右键，在弹出的快捷菜单中选择“重命名”命令，如图 11.9 所示。Revit 将弹出“重命名视图”对话框，在名称中输入“1F– 房间图例”，单击“确定”按钮。将鼠标光标放在房间上，可以发现复制视图之后房间的名称会消失。

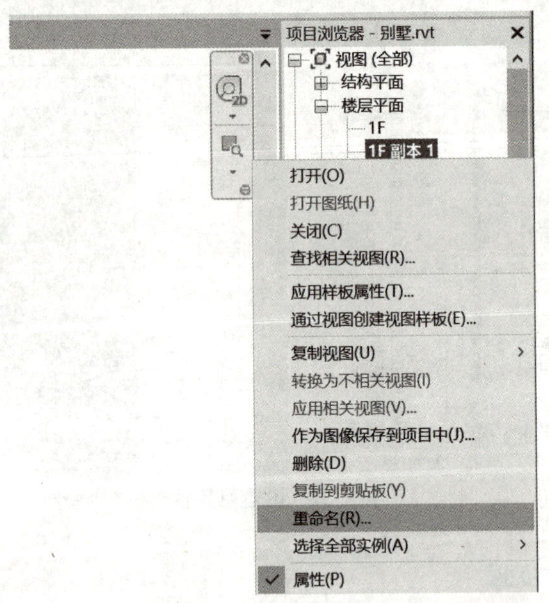

图 11.9 对复制视图重命名

（3）在“建筑”选项卡“房间和面积”面板的“标记 房间”下拉列表里选择“标记所有未标记的对象”命令，弹出“标记所有未标记的对象”对话框，在“类别”列表中选择要使用的房间标记的类型，如图 11.10 所示。单击“确定”按钮，一次性对视图内的全部房间进行标记。

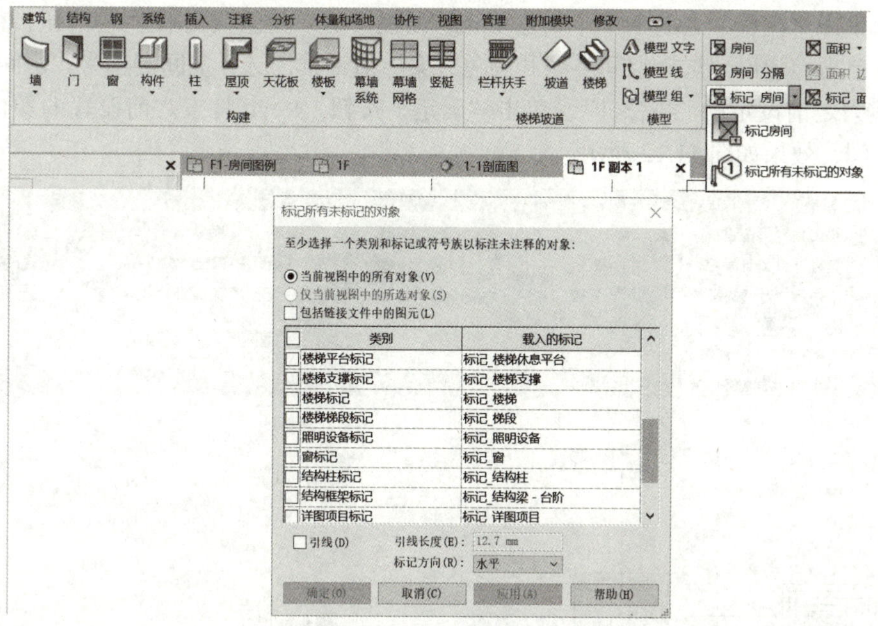

图 11.10　进行房间标记

（4）单击“建筑”选项卡“房间和面积”面板中的“标记 房间”下拉按钮，在下拉列表中选择“颜色方案”选项，在弹出的“编辑颜色方案”对话框中进行房间独立的方案设置。在该对话框的“方案”选项组中选择“房间”选项，在列表中选择“方案 1”。在“方案定义”组中，修改“标题”为“F1- 房间图例”。在“颜色”下拉列表中选择“名称”选项，即按房间名称来定义颜色，在“颜色”定义列表中自动为项目所有房间名称生成颜色定义，单击“确定”按钮，完成颜色方案设置，如图 11.11 所示。

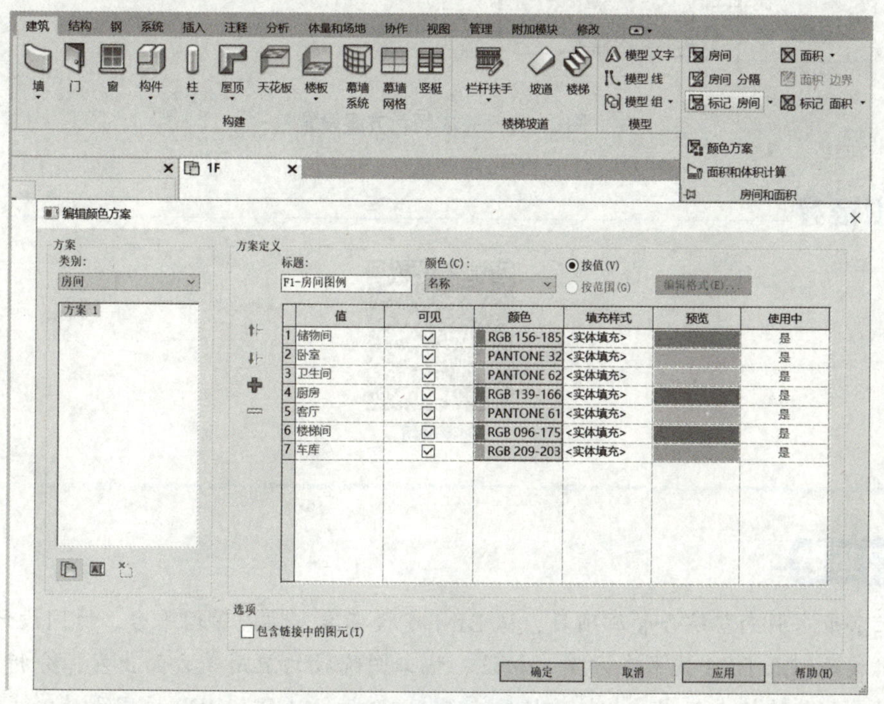

图 11.11　编辑房间颜色方案

（5）单击“注释”选项卡中“颜色填充”面板中的“颜色填充 图例”按钮，在绘图区空白位置单击，弹出“选择空间类型和颜色方案”对话框。选择空间类型为“房间”，选择颜色方案为之前设定的“方案 1”。单击“确定”按钮，Revit 将按之前设置的颜色方案填充各个房间，效果如图 11.12 所示。

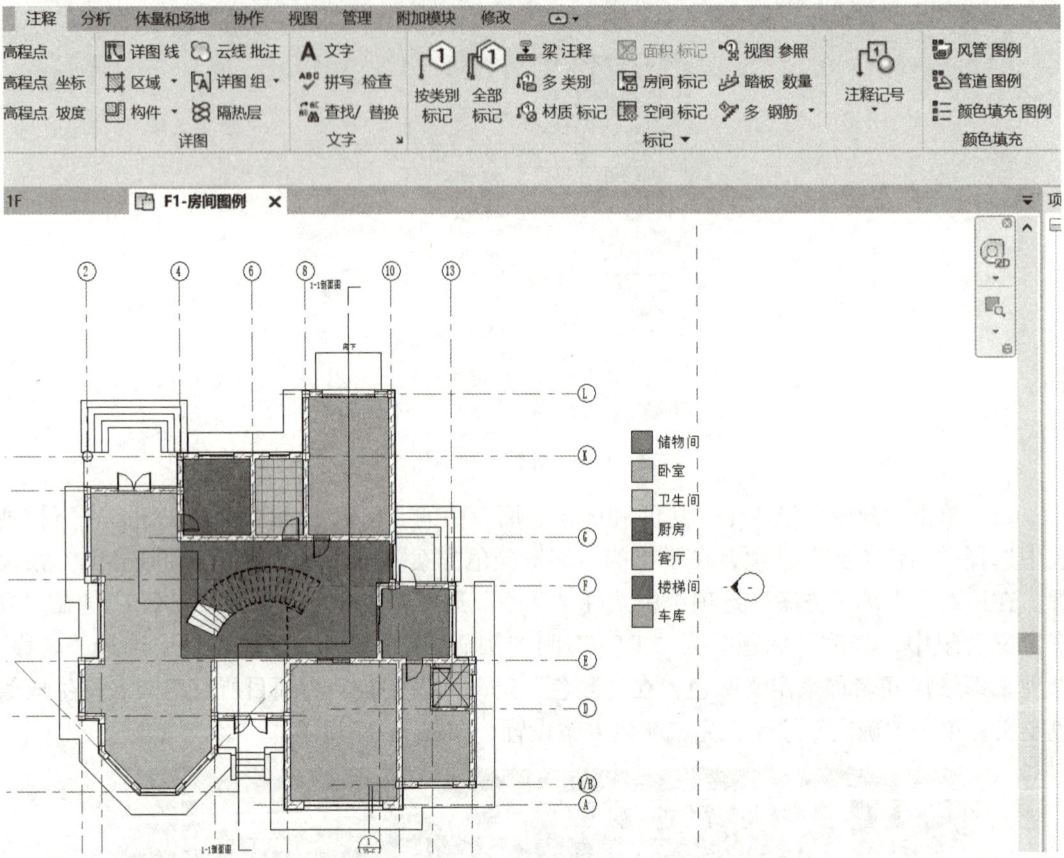

图 11.12　完成颜色方案设置

知识链接

创建房间

知识拓展

北京市永引南路综合管廊项目，从 BIM 建模标准，协同管理平台，协同设计流程，参数化族库以及 BIM 技术在方案、初设、施工图阶段的应用等方面出发，分析了协同设计模式及具体技术应用。相较于传统二维 CAD 设计流程，BIM 协同设计模式统一了设计平台、建模标准、设计流程，使各专业在同一平台协同工作，专业配合度更高，模型整合更便捷，设计周期更短。

工作任务二 房间面积创建

工作任务

通过学习房间面积创建的相关知识，完成案例模型“别墅.rvt”房间面积的创建。

知识准备

1. 房间面积的基本概念

在 Revit 中，建筑面积（Architectural Area）是指测量和计算某个房间或空间的总平面面积。计算房间面积可以帮助用户了解房间或空间的实际大小，从而更好地进行空间规划、设计和分析。要在 Revit 中计算房间面积，可以使用“房间”（Room）或“区域”（Area）这两个命令。这些命令可以测量空间的实际大小，并在模型中生成相应的标签和参数。

2. 房间面积编辑的注意事项

在使用 Revit 中的“房间”和“区域”命令时，务必确保房间边界正确、设置合适的计算标准、检查单位和精度、使用房间分隔线定义边界、及时更新和同步数据、创建调度进行汇总和整理、遵循空间规划和建筑法规要求，并注意多楼层和多建筑物项目的相关设置。

任务实施

在上一任务练习的基础上，进行房间面积的操作，在“建筑”选项卡“房间和面积”面板下拉列表中选择“面积和体积计算”选项，在弹出的“面积和体积计算”对话框中选择“面积方案”选项，单击“新建”按钮新建面积平面，单击“确定”按钮，如图 11.13 所示。

单击“建筑”选项卡“房间和面积”面板中的“面积”下拉按钮，在下拉列表中选择“面积平面”选项，弹出“新建面积平面”对话框。选择面积类型为“别墅一层面积”，在标高列表中选择面积平面视图为“2F”，单击“确定”按钮，如图 11.14 所示。Revit 弹出提示对话框，询问“是否要自动创建与所有外墙关联的面积边界线”，单击“是”按钮则开始创建整体平面，单击“否”按钮则需要手动绘制面积边界线。

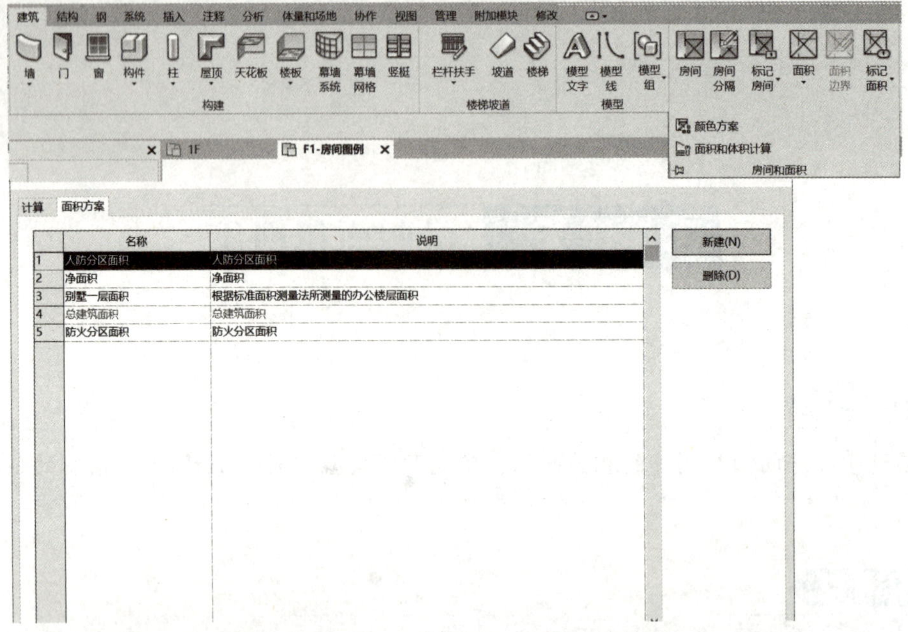

图 11.13　新建房间面积方案

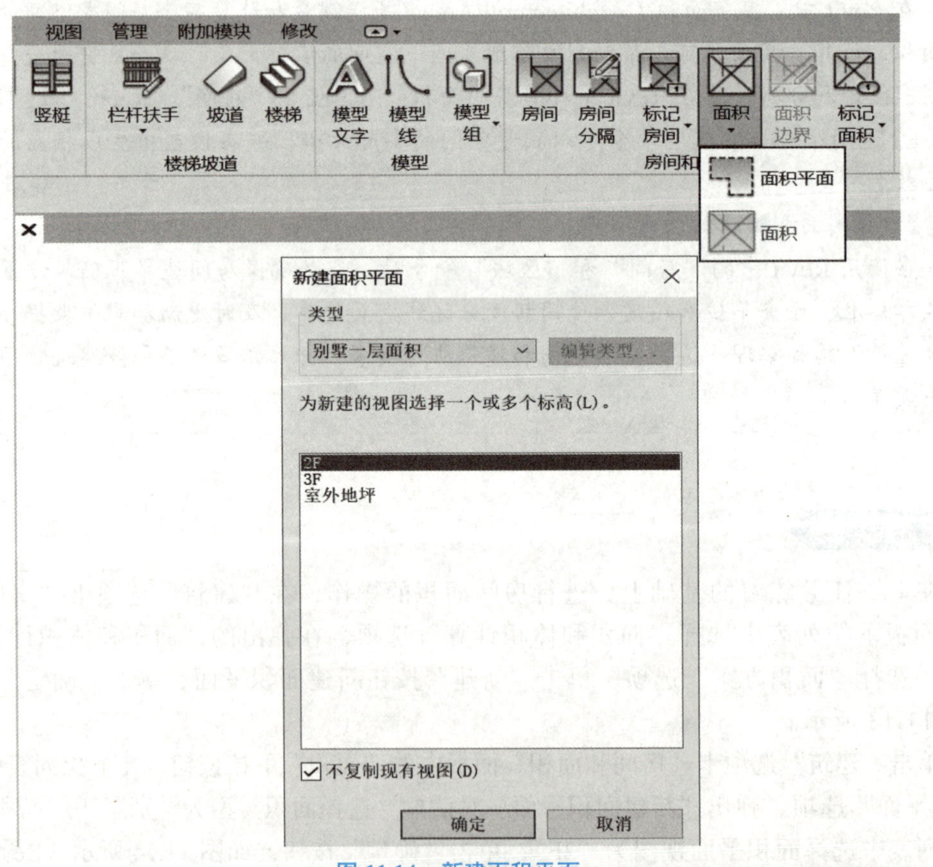

图 11.14　新建面积平面

单击“建筑”选项卡“房间和面积”面板中的“面积边界”按钮，进入绘制面积边界线状态。选择绘制方式为“直线”，不勾选选项栏中的“应用面积规则”复选框，沿墙的核心层绘制面积边界线。

单击“房间和面积”面板中的“面积”下拉按钮，在下拉列表中选择“面积”选项，确认“属性”面板类型选择器中的面积标记类型为“标记 – 面积”，其他不做任何修改，移动鼠标光标至上一步中绘制的面积边界线内部单击，在该面积边界线区域内生成面积。选中创建的面积修改“属性”面板的“名称”和“面积类型”，名称同房间图例名称，面积类型统一为“楼层面积”，如图 11.15 所示。

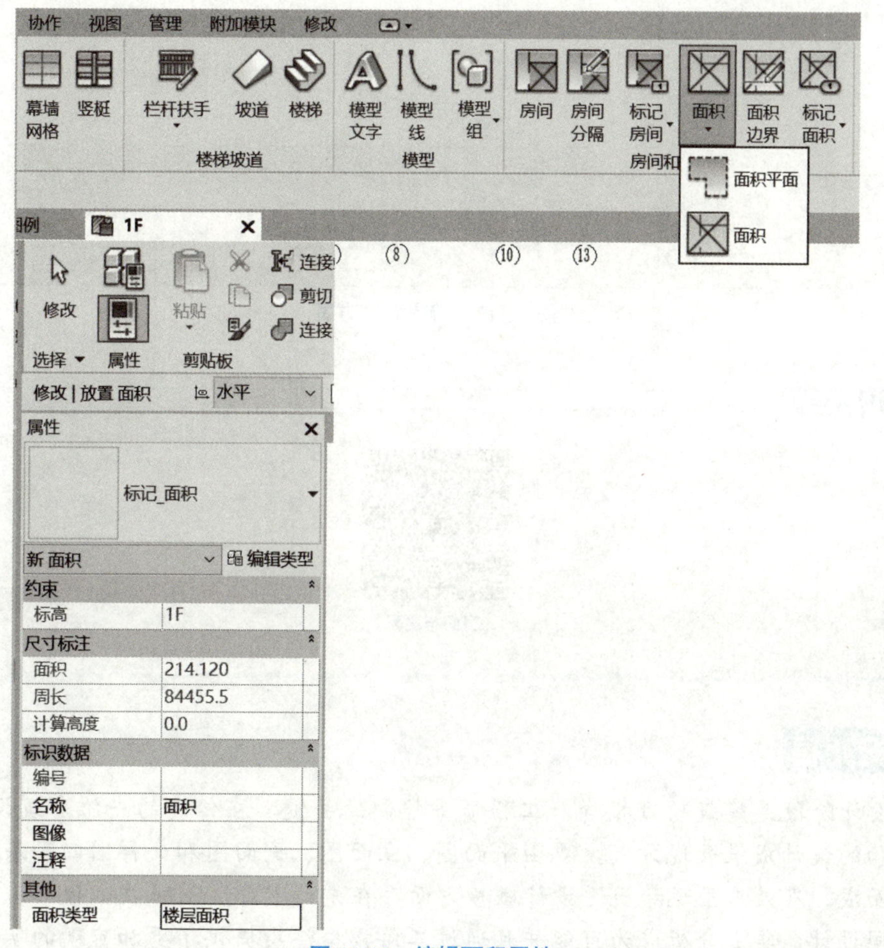

图 11.15　编辑面积属性

单击“属性”面板中的“颜色方案”按钮，弹出“编辑颜色方案”对话框。在方案列表中选择“方案 1”，修改方案标题为“洋房房间面积”，单击“颜色”按钮，在下拉列表中选择颜色排列方式为“名称”，完成后单击“确定”按钮，如图 11.16 所示。

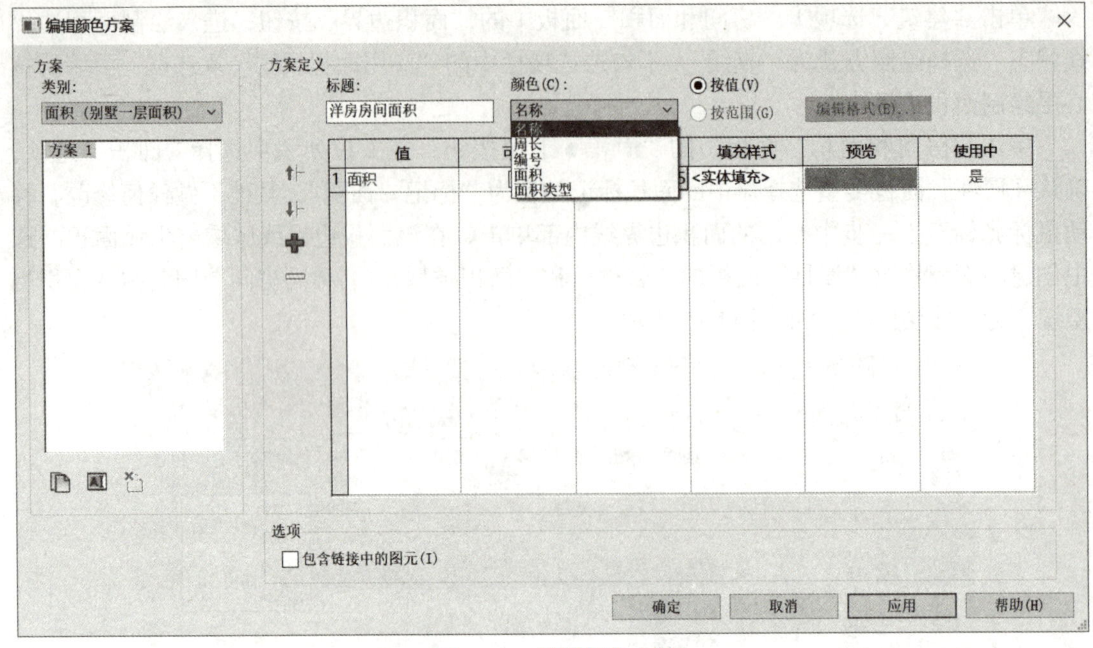

图 11.16　编辑颜色方案

知识链接

房间与面积

知识拓展

设计阶段是建筑项目投资和工程质量控制的关键。在传统的一维建筑设计中，建筑物的设计成果表现方式主要由平面图、立面图、剖面图和大样图四种基本图纸组合而成，在效果呈现和规避设计碰撞方面存在先天不足。BIM 技术使三维环境下的协同设计、集成分析成为可能并且通过二维模型渲染提供了更加直观的实时可交互效果图，从而提高了设计质量与沟通效率。在设计阶段利用 BIM 技术进行日照分析、冲突分析、合规性检查、多专业协同深化，从而积极探究 BIM 技术在设计阶段的应用价值。

训练与提升

一、选择题

1．在 Revit 中，(　　) 可以用于表示房间的净空高度。

A．限制偏移　　B．面积　　C．高度　　D．体积

2．在 Revit 中，(　　) 可以帮助用户在平面图中自动添加房间标签。

A．注释　　B．标签　　C．文字　　D．尺寸

3．在 Revit 中，(　　) 可以帮助用户在房间中统计模型元素数量。

A．类型参数　　B．实例参数

C．房间参数　　D．项目参数

4．在 Revit 中，(　　) 可以帮助用户计算房间的面积。

A．楼板　　B．墙　　C．房间　　D．区域

5．在 Revit 中，(　　) 可以帮助用户更改房间面积的计算方式。

A．房间设置　　B．视图模板

C．标签设置　　D．项目信息

6．在 Revit 中，创建 (　　) 以统计房间面积。

A．房间明细表　　B．墙明细表

C．楼板明细表　　D．结构明细表

二、判断题

1．在 Revit 中，创建房间后，房间的面积、周长和高度会根据墙体自动计算。(　　)

2．在 Revit 中，用户无法为房间添加自定义参数。(　　)

3．在 Revit 中，房间的面积会根据所在区域自动计算，无须手动输入。(　　)

4．在 Revit 中，房间的面积计算仅包括实际楼板区域，不包括墙体厚度。(　　)

三、思考题

1．简述在 Revit 中如何创建房间并为其添加标签。

2．简述在 Revit 中创建房间的基本步骤和注意事项。

3．简述在 Revit 中如何创建一个房间面积明细表。

4．简述在 Revit 中，如何调整房间面积计算方式以包括墙体厚度。

项目十二　洞口绘制

项目描述

“洞口”工具在“建筑”选项卡的“洞口”面板中一共有五个，分别是“面洞口”“竖井洞口”“墙洞口”“垂直洞口”“老虎窗洞口”。使用“洞口”工具可以在墙、楼板、天花板、屋顶、结构梁、支撑和结构柱上剪切洞口，通过洞口的创建与编辑学习，可以更加精确地按照图纸要求对建筑物构件进行开洞处理。

学习目标

【知识目标】

1. 了解 Revit 软件中洞口的作用和意义；
2. 掌握门窗洞口、屋顶洞口和老虎窗洞口的绘制方法和技巧。

【能力目标】

1. 熟练运用 Revit 软件进行门窗洞口、屋顶洞口和老虎窗洞口的绘制；
2. 能够根据实际项目需求，合理设置和调整洞口的参数；
3. 能够在实际项目中应用门窗洞口、屋顶洞口和老虎窗洞口的绘制方法，为建筑结构创建提供基础。

【素质目标】

1. 培养对 BIM 技术的学习兴趣和积极态度；
2. 提高创新意识和问题解决能力，以应对洞口绘制在项目中的实际挑战；
3. 增强团队协作和沟通能力，以便在实际项目中应用洞口绘制方法；
4. 培养精益求精的工匠精神。

工作任务 创建洞口

工作任务

通过学习洞口创建的相关知识，完成洞口创建任务。

知识准备

1. 洞口的基本概念

“按面”创建洞口是创建一个垂直于屋顶、楼板或天花板选定面的洞口，它垂直于视曲面的表面；“墙”洞口只能用于剪切墙，可以在直墙或弯曲墙中剪切一个矩形洞口，如果需要圆形洞口或其他形式的洞口，“墙”洞口无法完成；“垂直”洞口垂直于标高。

2. 洞口创建的注意事项

在 Revit 中创建洞口时，要关注洞口类型、墙体属性、洞口尺寸和位置、约束和对齐功能的使用、自定义洞口族的创建和使用，考虑实际构造细节，有效管理洞口信息并与团队协同工作。

任务实施

1. 面洞口创建

要创建一个垂直于标高（而不是垂直于面）的洞口，可使用“垂直洞口”工具。首先，搭建一个简单的环境，包括屋顶、楼板和天花板。

根据“别墅 . rvt”案例模型，单击“建筑”选项卡“洞口”面板中“按面”按钮，进入“修改 | 创建洞口边界”选项卡，此时左下角的“状态栏”中提示“选择屋顶、楼板、天花板、梁或柱的平面将垂直于选定的面剪切洞口”，选择屋顶的一个面，被选择的面会出现蓝色加粗的边框，这个面将是被开洞的面。

在“绘制”面板中单击“矩形”按钮，在选定的面上绘制一个矩形，单击“完成编辑模式”按钮✔完成绘制，可以看到洞口垂直于选择的面，如图 12.1 所示。同时，任选一面墙体，在“视图控制栏”中单击“临时隐藏 / 隔离”按钮，将墙体隐藏，单击“按面”按钮，选择楼板。同理，绘制一个矩形，单击“完成编辑模式”按钮✔，可以对楼板进行开洞。

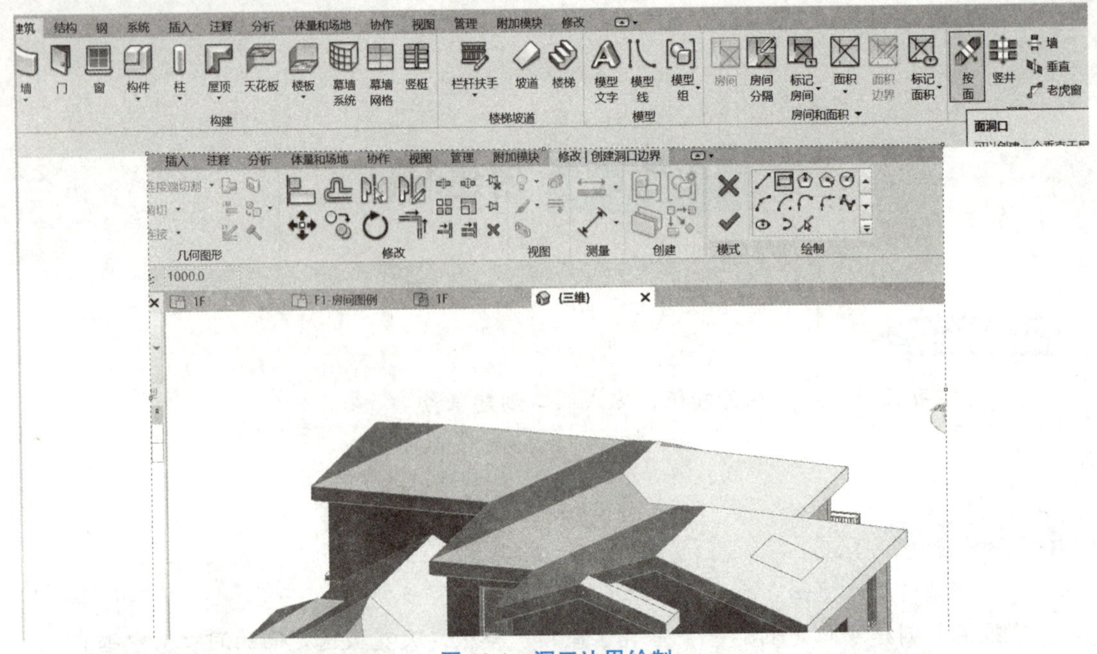

图 12.1　洞口边界绘制

2. 竖井洞口创建

基于模型，切换到“南”立面视图，选中一堵墙进行临时隐藏，如图 12.2 所示。

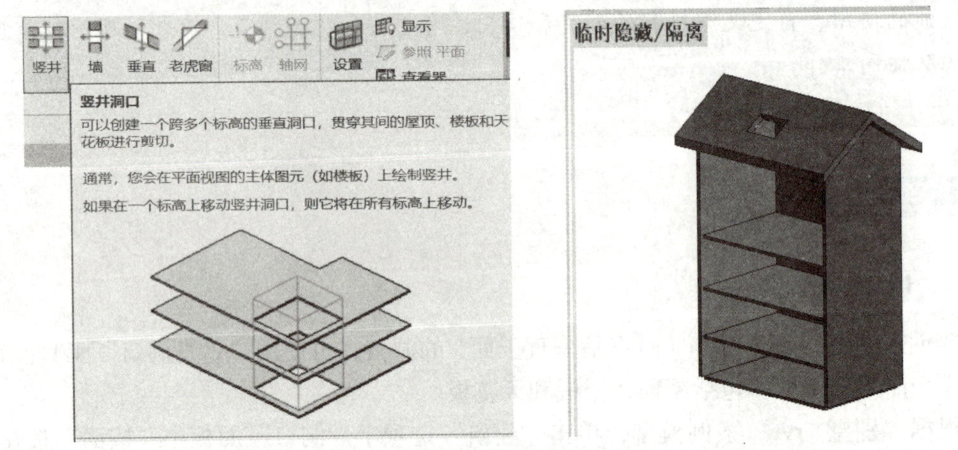

图 12.2　视图中隐藏构件处理

通过下面的步骤可以防止“竖井洞口”超出规定范围，洞口同时贯穿屋顶、楼板或天花板的表面。

（1）单击“竖井”按钮。

（2）通过绘制线或拾取墙来绘制竖井洞口。

（3）绘制完成后，单击“完成编辑模式”按钮✔完成绘制。

（4）调整洞口剪切的标高，选择洞口，然后在“属性”面板上进行下列调整。

1）为“底部约束”指定竖井起点的标高。

2）为“顶部约束”指定竖井终点的标高。

单击“竖井”按钮，进入草图绘制模式，绘制矩形竖井，与水平竖井接触的楼板都将被剪切，虽然屋顶部分与竖井仅有一小部分接触，竖井也会将自己本身投影正上方部分全部切掉。也可以修改竖井的高度，如图 12.3 所示。

图 12.3　创建竖井洞口

3．墙洞口创建

“墙”洞口只能用于剪切墙，可以在直墙或弯曲墙中剪切一个矩形洞口，而圆形洞口或其他形式的洞口，用该命令无法完成。单击“墙洞口”按钮，会出现提示，如图 12.4 所示。

墙洞口

可以在直墙或弯曲墙中剪切一个矩形洞口。

使用一个视图创建洞口，该视图显示要剪切的墙的表面（如立面或剖面）；或者使用平面视图创建洞口，然后通过墙洞口属性调整其“顶部偏移”和“底部偏移”。

对于墙，只能创建矩形洞口。要创建圆形或多边形洞口，请选择对应的墙并使用“编辑轮廓”工具。

图 12.4　“墙洞口”按钮提示

通过下面的步骤可以在直墙或弯曲墙上剪切矩形洞口。

（1）打开目标对象墙所在的立面或者剖面视图。

（2）选择要开洞的墙体。

（3）绘制一个矩形洞口；选择绘制的洞口，利用出现的拖曳操纵柄可以对洞口的尺寸和位置进行修改。

打开上述模型，将以上步骤应用在模型中，单击“墙”按钮，在状态栏上会提示“选择一墙以创建矩形洞口”，单击墙上的第一点作为洞口的起点，拖动鼠标光标，在墙上任意位置单击第二点，即可绘制完成矩形洞口，如图 12.5 所示。

注：在直墙和弧墙上创建洞口是一样的，对于圆弧以外的其他曲线墙体，“墙”洞口工具不能使用。

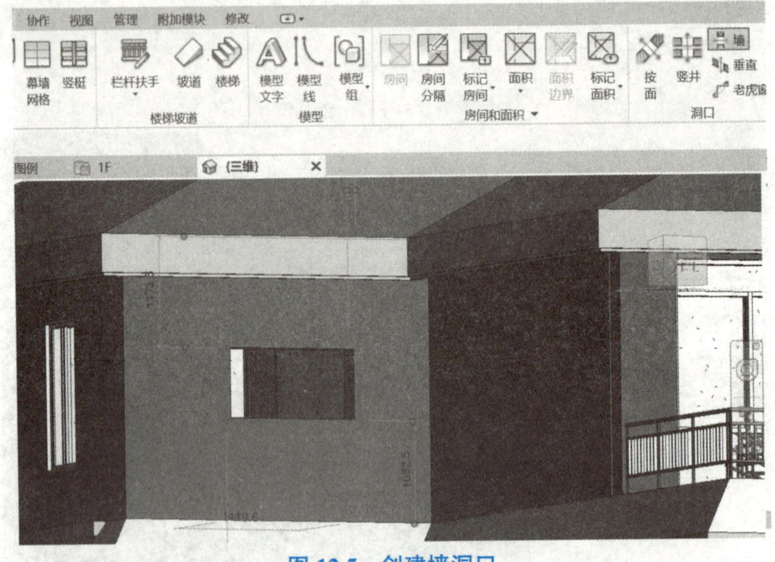

图 12.5 创建墙洞口

4．垂直洞口创建

垂直洞口是基于某个主体并垂直于某个标高的剪切洞口，如图 12.6 所示。

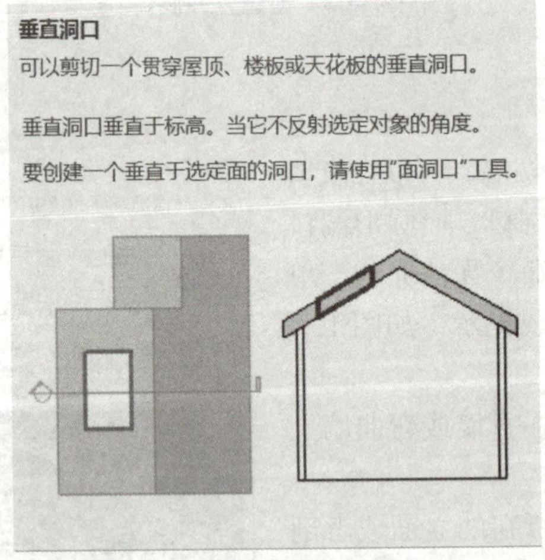

图 12.6 “垂直洞口”按钮提示

通过以下步骤可以创建垂直洞口。

（1）单击“垂直”按钮。

（2）选择需要开洞的图元，进入绘制草图模式，绘制洞口的轮廓。

（3）单击“确定”按钮，完成洞口绘制。

把以上步骤应用在模型上。单击“垂直”按钮，选择屋顶，选择绘制洞口的方式为“矩形”，如图 12.7 所示。单击“完成编辑模式”按钮✔，从图 12.8 中可以看出左侧“垂直”洞口的切口是垂直向下的，右侧“面”洞口的切口是垂直于屋面的。

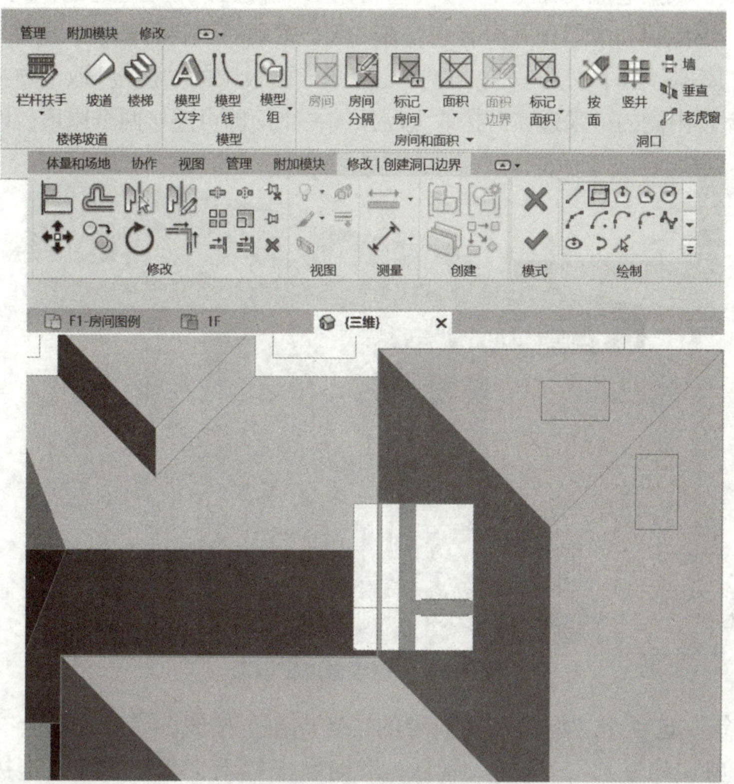

图 12.7 绘制垂直洞口

图 12.8 垂直洞口与面洞口

5．老虎窗洞口创建

选择“建筑”选项卡“构建”面板“屋顶”下拉列表中的“迹线屋顶”选项，在大屋顶上绘制一个小屋顶，根据老虎窗命令中的显示，小屋顶是插在大屋顶上方的，同时有一侧的屋角是漏在外侧的，小屋顶和大屋顶并没有连接在一起，需要将其进行连接。选择小屋顶，系统会切换到“修改 | 屋顶”上下文选项卡，选择几何图形面板中的“连接 | 取消连接屋顶”上下文命令，拾取小屋顶内侧的一条边，再拾取大屋顶的一个面即可连接两个屋顶，如图 12.9 所示。

图 12.9 创建老虎窗屋顶

单击“建筑”选项卡“洞口”面板中的“老虎窗”按钮，在状态栏上会提示“选择要被老虎窗洞口剪切的屋顶”，选择大屋顶，此时状态栏上会提示“拾取连接屋顶、墙的侧面或屋顶连接面以定义老虎窗边界”，首先拾取小屋顶，将光标放到屋脊处即可拾取小屋顶的两条边；然后一次拾取墙体的内侧边，将老虎窗洞口的边界定义出来，对草图进行修剪，单击“完成”按钮，老虎窗洞口即创建完成，如图 12.10、图 12.11 所示。

图 12.10 绘制老虎窗洞口

图 12.11　创建老虎窗

知识链接

创建洞口

知识拓展

3D 打印是三维数字化 BIM 设计的延伸应用，通过 3D 打印物理模型可以把二维施工图纸和三维 BIM 数字模型有效结合，可真正实现建筑物三维可视化设计的目标，具有较高的实用价值。随着 3D 打印技术的发展和深入应用，建筑设计越来越体现工程建设全生命周期理念。后期 3D 打印可作为一种新的三维可视化设计产品交付形式，对业主移交，在工程竣工投产后，模型还可在运行阶段（比如仿真培训、教学等方面）进一步发挥作用。

训练与提升

一、选择题

1．在 Revit 中，要同时在多个楼层的墙体上创建开口，可以（　　）。

A．使用阵列功能　　B．使用镜像功能

C．使用复制功能　　D．复制到剪贴板并粘贴在所选视图中

2．在 Revit 中，（　　）最适合用于创建和编辑开口。

A．平面图　　B．剖面图

C．3D 视图　　D．轴测图

3．在 Revit 中，要在楼板上创建一个矩形洞口，正确的方法是（　　）。

A．使用“建筑”选项卡中的“楼板”工具

B．使用“建筑”选项卡中的“开口”工具

C．使用“结构”选项卡中的“楼板”工具

D．使用“结构”选项卡中的“开口”工具

二、判断题

1．在 Revit 中，使用“开口”工具创建的洞口会自动根据相邻元素（如墙体、楼板等）进行更新。（　　）

2．在 Revit 中，“开口”工具仅适用于墙体，不能在楼板或其他元素上创建洞口。（　　）

三、思考题

1．如何保证竖井洞口开洞范围不超越相应高度？

2．洞口绘制有哪几种类型？其特点分别是什么？

项目十三　成果输出

项目描述

在 Revit 中，利用现有的三维模型可以创建施工图图纸，这可以实现“图模联动”的概念，即修改一个构件，其平面、剖面数据就可以自动更新。本项目通过案例模型“别墅 .rvt”重点介绍如何创建图纸、布图、导出符合国家制图要求的 DWG 文件以及打印图纸等。明细表是 Revit 的一大优势，通过明细表视图可以统计出项目的各类图元对象，如统计模型图元数量、图形柱明细表、材质数量、图纸列表、注释块和视图列表。最常用的统计表格是门窗统计表和图纸列表。本项目要求能够熟练使用 Revit 参数，将门窗相关参数通过表格的形式直接输出，并能够按要求进行修改。另外，本项目还介绍了设计表现内容，包括设置材质、给构件赋材质、创建室内外相机视图、进行室内外渲染场景设置，以及创建与编辑项目漫游的方法。

学习目标

【知识目标】

1. 了解明细表、图纸、模型渲染和模型漫游在 Revit 软件中的作用和意义；

2. 掌握在 BIM 软件中提取所需的数据，生成各种明细表，如材料清单、构件清单、门窗清单等；

3. 掌握 BIM 软件的图纸输出功能，能够将视图和明细表布置在图纸上，添加标题栏、图例、注释等，导出为 PDF 或 DWG 格式；

4. 掌握 BIM 软件的模型渲染功能，能够为建筑信息模型添加光照、材质、背景等效果，生成逼真的渲染图像；

5. 掌握 BIM 软件的模型漫游功能，能够在三维视图中自由地探索建筑信息模型，观察不同角度和位置的细节。

【能力目标】

1. 能够根据项目要求选择合适的视图类型、比例、范围和注释，创建出清晰、规范、完整的明细表；

2. 能够对明细表进行修改和优化，包括调整视图方向、裁剪区域、添加或删除注释、修改文字样式和尺寸等；

3. 能够将明细表组合成图纸集，设置图纸格式、标题栏、页码等，导出为 PDF 或打印出来；

4. 能够对模型进行材质、光照、背景等设置，生成高质量的渲染效果图；

5. 能够对模型进行不同角度和距离的观察，体验模型的空间感和细节，导出为视频或图片。

【素质目标】

1. 培养对 BIM 技术的学习兴趣和积极态度；
2. 提高创新意识和问题解决能力，以应对 BIM 建模成果输出在项目中的实际挑战；
3. 增强团队协作和沟通能力，以便在实际项目中应用 BIM 建模成果输出方法；
4. 培养精益求精的工匠精神。

工作任务一 创建明细表

工作任务

通过学习明细表创建相关知识，完成课程资料中“别墅 .rvt”模型案例中门窗明细表创建任务（图 13.1）。

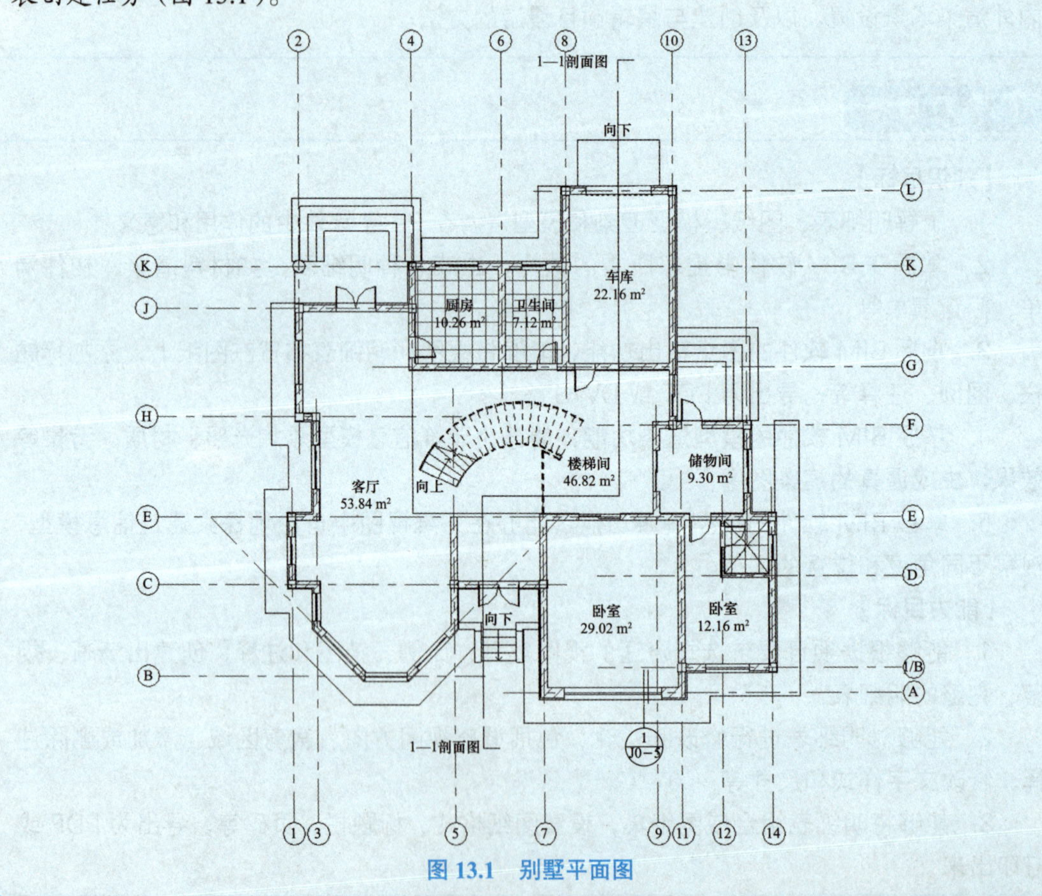

图 13.1 别墅平面图

知识准备

1. 明细表的基本概念

明细表通过表格的方式来展现模型图元的参数信息，对于项目的任何修改，明细表都将自动更新来反映这些修改，同时还可以将明细表添加到图纸中。

2. 明细表的分类

Revit 中的明细表共分为六种类型，分别是“明细表 / 数量”“图形柱明细表”“材质提取”“图纸列表”“注释块”和“视图列表”。本任务通过“门窗明细表”和“明细表 / 数量”来介绍明细表的使用方法。

任务实施

单击“视图”选项卡“创建”面板中的“明细表”下拉按钮，在下拉列表中选择“明细表 / 数量”选项，如图 13.2 所示。

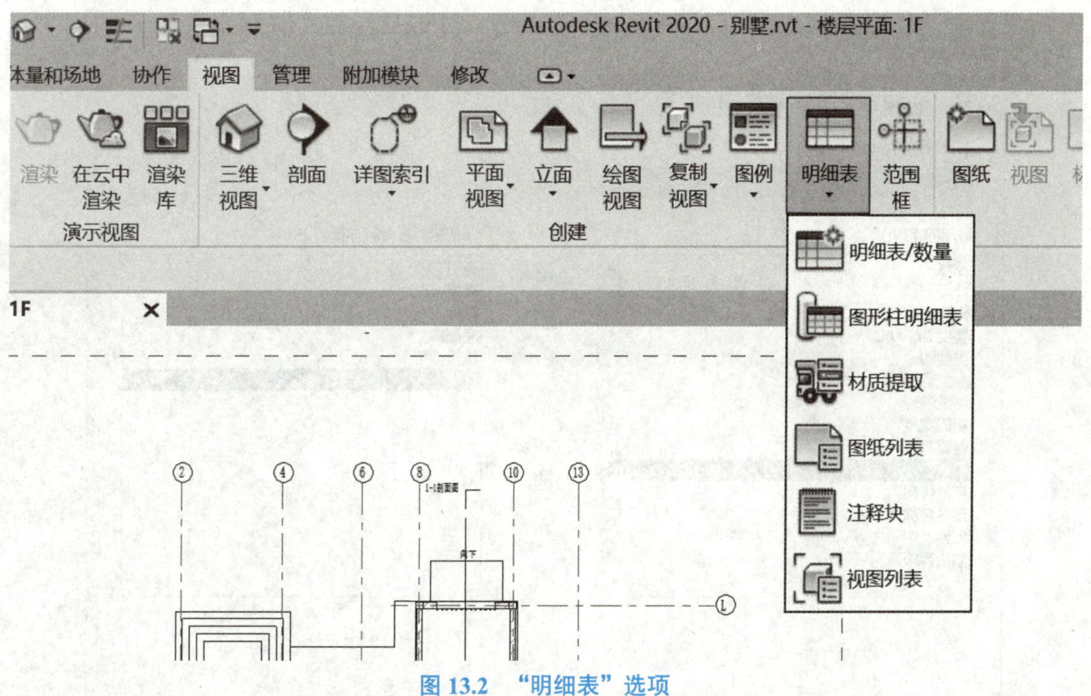

图 13.2 “明细表”选项

在弹出的“新建明细表”对话框中选择需要统计的构件类别，单击“建筑构件明细表”(以各个构件为单元进行统计）单选按钮，在“阶段”下拉列表中选择“新构造”选项（因为绘制构件时对应的构件“实例属性”栏中“阶段化 _ 创建的阶段”选择的是“新构造”)，单击“确定”按钮，如图 13.3 所示。“明细表关键字”就是为构件添加一个实例属性，可以在“建筑构件明细表”中被统计，具有相辅相成的作用。

在弹出的“明细表属性”对话框中，单击“字段”选项卡。选择要在明细表中列出的构件属性，并将其添加到右侧框中作为明细表中的列标题，如图 13.4 所示。

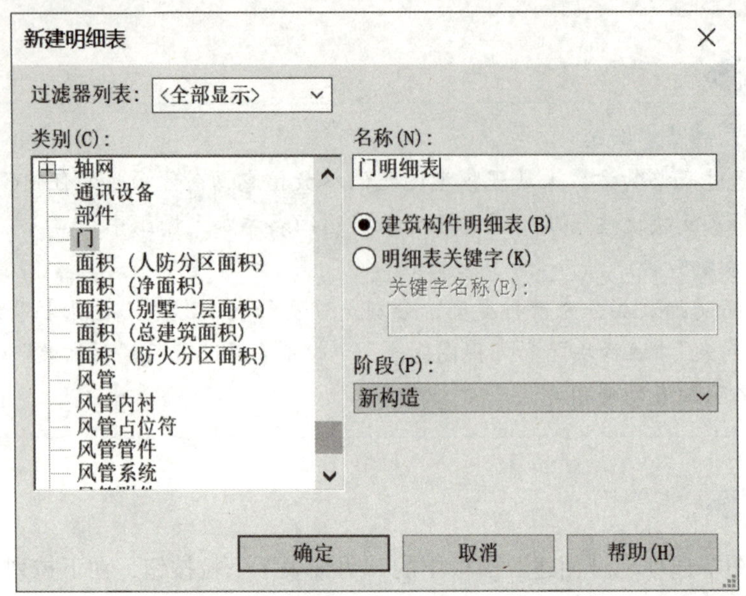

图 13.3　新建明细表

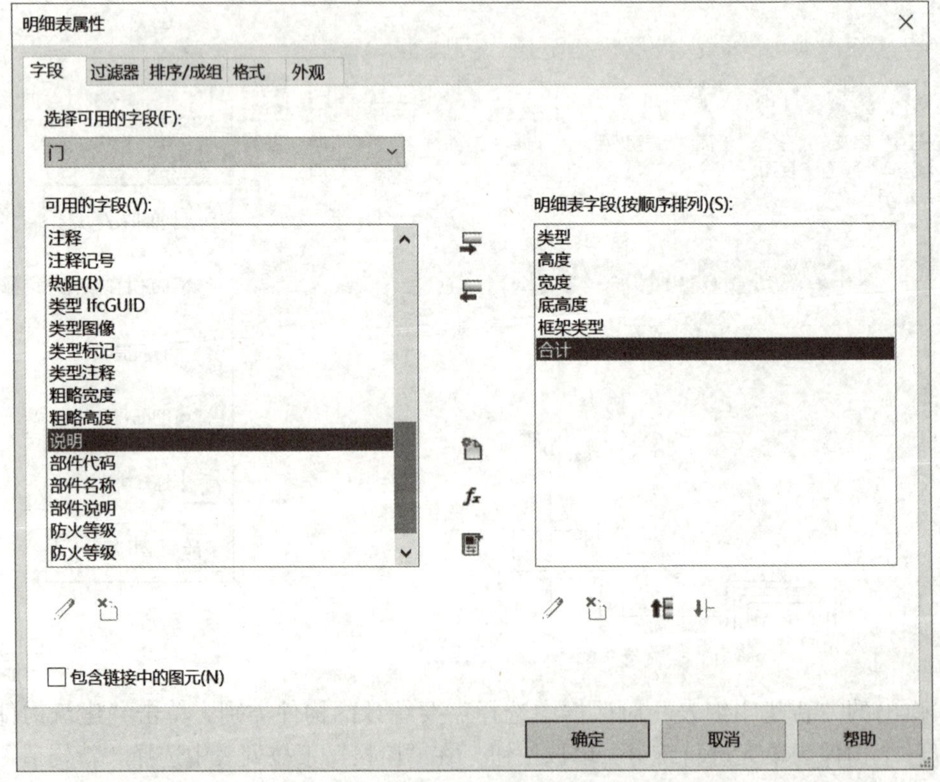

图 13.4　"明细表字段"设置

注意：如果没有想要的属性，可以通过单击"添加参数"按钮创建适当的项目参数或共享参数。在"计算值"对话框中，可以设置计算公式来进一步统计构件属性，如图 13.5 所示。请注意，编辑的公式计算的结果必须与"类型"下拉列表中选择的参数单位一致，且运算符号必须在英文状态下输入才有效。

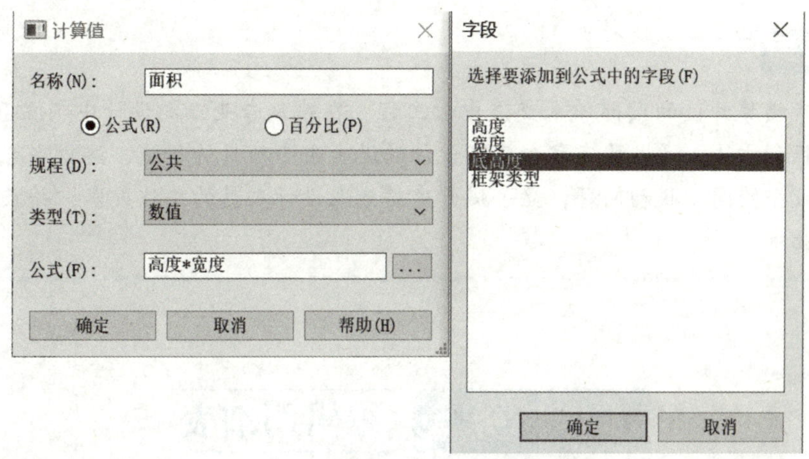

图 13.5　明细表中计算公式

设置好参数后，单击“确定”按钮，明细表创建完成，可以到“项目浏览器”中找到“明细表 / 数量”展开，即可打开相关的明细表，如图 13.6 所示。

F1-房间图例　1F　门明细表

<门明细表>

A	B	C	D	E	F	G
类型	高度	宽度	底高度	框架材质	合计	面积
750 x 2000mm	2000	750	0		1	1.50
750 x 2000mm	2000	750	0		1	1.50
750 x 2000mm	2000	750	0		1	1.50
750 x 2000mm	2000	750	0		1	1.50
750 x 2000mm	2000	750	0		1	1.50
750 x 2000mm	2000	750	0		1	1.50
2400 x 2500mm	2500	2400	-450		1	6.00
1500 x 2100mm	2100	1500	0		1	3.15
1500 x 2100mm	2100	1500	0		1	3.15
1500 x 2100 mm	2100	1500	0		1	3.15
900 x 2100mm	2100	900	0		1	1.89
900 x 2100mm	2100	900	0		1	1.89
900 x 2100mm	2100	900	0		1	1.89
750 x 2000mm	2000	750	0		1	1.50
750 x 2000mm	2000	750	0		1	1.50
750 x 2000mm	2000	750	0		1	1.50
750 x 2000mm	2000	750	0		1	1.50
750 x 2000mm	2000	750	0		1	1.50
750 x 2000mm	2000	750	0		1	1.50
750 x 2000mm	2000	750	0		1	1.50
750 x 2000mm	2000	750	0		1	1.50
1500 x 2100 mm	2100	1500	0		1	3.15
1500 x 2100 mm	2100	1500	0		1	3.15

项目浏览器 - 别墅.rvt
F1-房间图例
一层平面图
场地
室外地坪
天花板平面
三维视图
立面 (建筑立面)
东
北
南
南立面图
西
剖面 (建筑剖面)
详图视图 (详图)
漫游
漫游 1
面积平面 (人防分区面积
面积平面 (净面积)
面积平面 (别墅一层面积
1F
面积平面 (总建筑面积)
面积平面 (防火分区面积
图例
图例 1
明细表/数量 (全部)
门明细表
图纸 (全部)

图 13.6　明细表创建

知识链接

创建明细表

知识拓展

珠海市横琴片区的国际学术交流中心工程，在建筑专业正向设计中确立Revit明细表制作流程和方法。通过已完成和正在设计的近十余个项目的验证，该方法可以有效解决模型和数据的同步联动问题，显著提升建筑专业设计人员的工作效率，并且可以拓展至其他专业中。

工作任务二　编辑明细表

工作任务

通过完成工作任务一中所创建门明细表，对其进行过滤器、排序/成组、格式、外观等编辑任务。

知识准备

1. 明细表编辑的主要内容

完成明细表的生成后，如果要修改明细表各参数的顺序或表格的样式，还可继续编辑明细表。单击“项目浏览器”中的“门明细表”视图后，在“属性”面板中的“其他”分类中（图13.7）单击所需修改的明细表属性，可继续修改定义的属性。

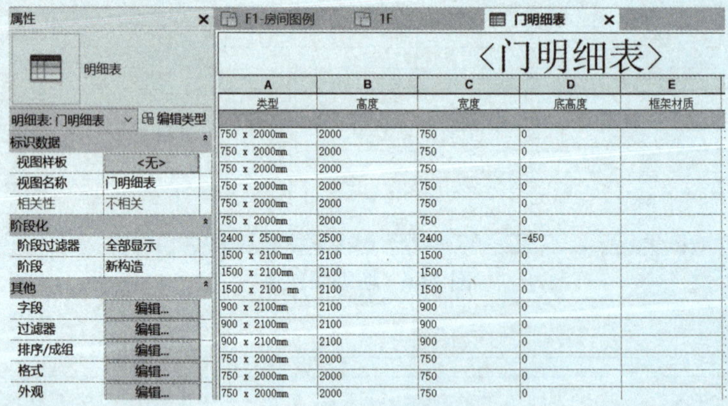

A	B	C	D	E
类型	高度	宽度	底高度	框架材质
750 x 2000mm	2000	750	0	
750 x 2000mm	2000	750	0	
750 x 2000mm	2000	750	0	
750 x 2000mm	2000	750	0	
750 x 2000mm	2000	750	0	
750 x 2000mm	2000	750	0	
2400 x 2500mm	2500	2400	-450	
1500 x 2100mm	2100	1500	0	
1500 x 2100mm	2100	1500	0	
1500 x 2100 mm	2100	1500	0	
900 x 2100mm	2100	900	0	
900 x 2100mm	2100	900	0	
900 x 2100mm	2100	900	0	
750 x 2000mm	2000	750	0	
750 x 2000mm	2000	750	0	
750 x 2000mm	2000	750	0	

图13.7　明细表属性

2. 明细表编辑的原则

因Revit软件具有交互性和实时修改等特点，在明细表中对构件参数的改动，会联动导致对应模型中构件发生变化，有别于一般Excel表格。因此，在非特殊的场合，通常不建议对明细表中各构件的参数值进行修正，除非确实有必要对模型进行修改，且熟练掌握明细表的编辑流程。

任务实施

1. 过滤器编辑

（1）打开工作任务一创建的门明细表，在“属性”面板的“其他”分类中有一个“过滤器”，单击其后的“编辑”按钮即可打开“明细表属性”对话框的“过滤器”选项卡，如图 13.8 所示。

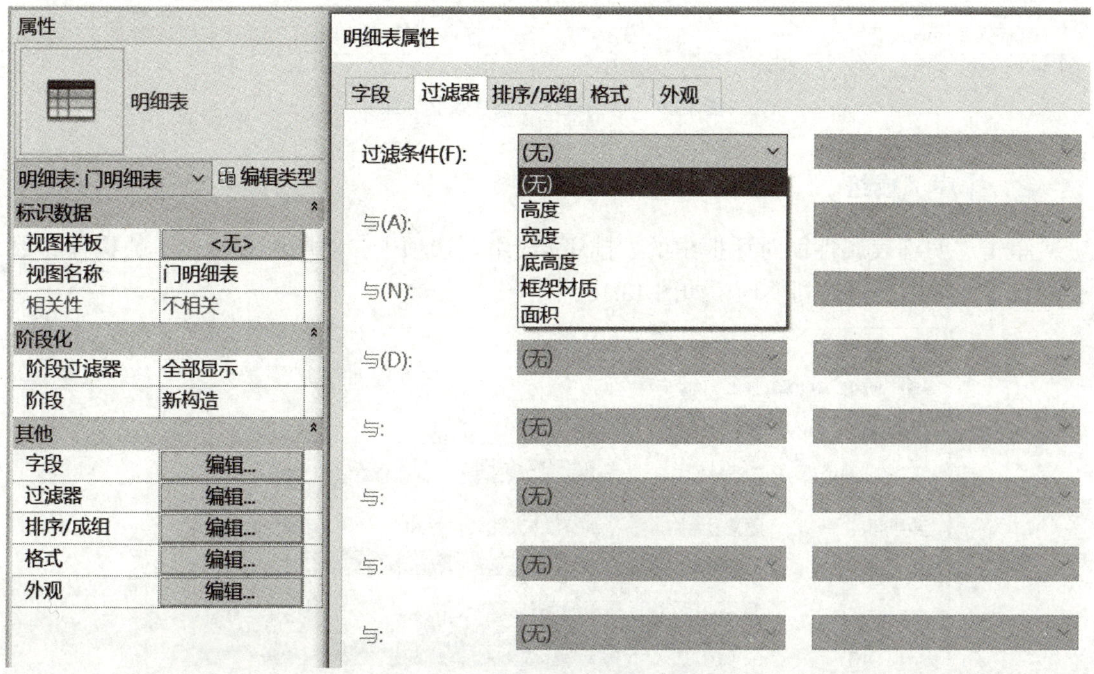

图 13.8　明细表“过滤器”设置

（2）可以使用明细表字段的许多类型来创建过滤器。

1）这些类型包括文字、编号、整数、长度、面积、体积、是 / 否、楼层和关键字明细表参数。

2）有一部分类型不能创建明细表过滤条件，包括族、类型、族和类型、面积类型（在面积明细表中）、从房间、到房间（在门明细表中）、材质参数。

（3）设置过滤条件。

1）在确保了能够选择需要的条件之后，在“过滤器”选项卡中将过滤条件切换到“高度”。

2）将过滤条件设置为“高度”“大于或等于”“2100”，如图 13.9 所示。

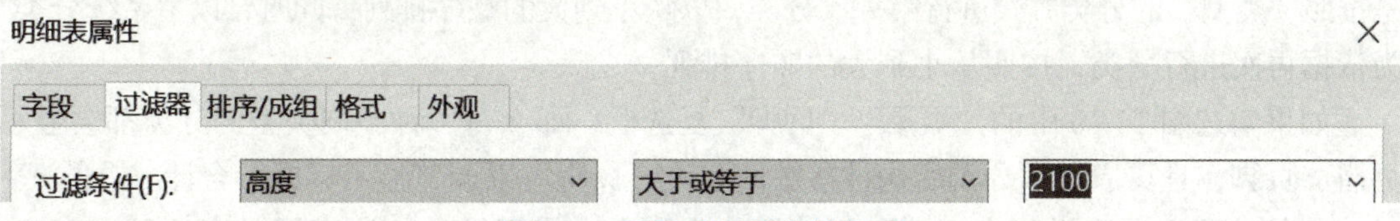

图 13.9　明细表过滤条件设置

〈门明细表〉

A	B	C	D	E	F	G
类型	高度	宽度	底高度	框架材质	合计	面积
400 x 2500mm	2500	2400	-450		1	6.00
500 x 2100mm	2100	1500	0		1	3.15
500 x 2100mm	2100	1500	0		1	3.15
500 x 2100 mm	2100	1500	0		1	3.15
00 x 2100mm	2100	900	0		1	1.89
00 x 2100mm	2100	900	0		1	1.89
00 x 2100mm	2100	900	0		1	1.89
500 x 2100 mm	2100	1500	0		1	3.15
500 x 2100 mm	2100	1500	0		1	3.15

图 13.9　明细表过滤条件设置（续）

2. 排序 / 成组

单击“明细表属性”对话框中的“排序 / 成组”选项卡，对明细表中显示的构件参数按照设置的规则进行排列整理，如图 13.10 所示。

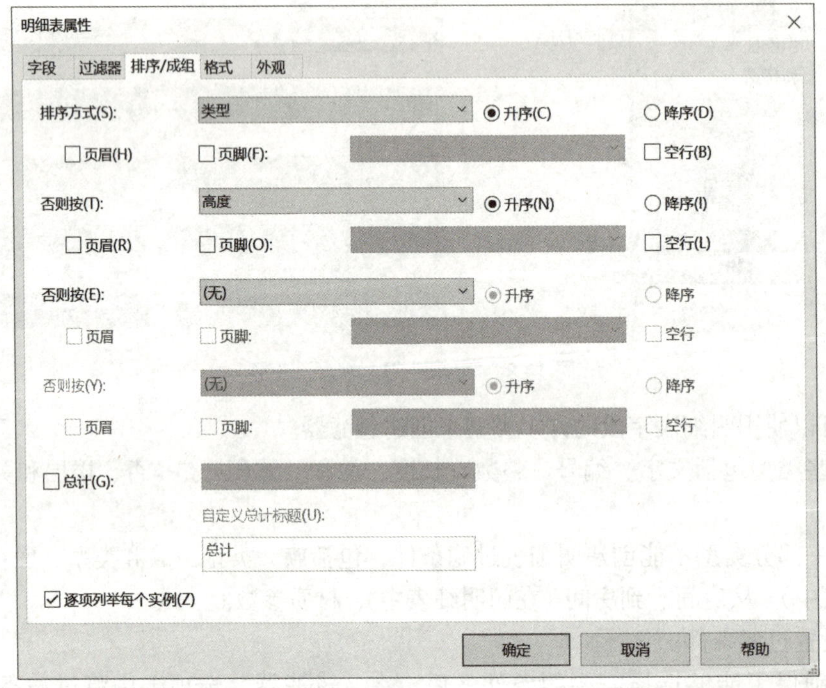

图 13.10　明细表“排序 / 成组”选项卡设置

如图 13.10 所示，设置排序方式为“类型”升序，否则按“系统分类”升序；意思就是按照“类型”的分类方式进行第一次分类，以从小到大的顺序排列；同时，以“系统分类”为依据再次进行分类，按照从小到大的顺序排列。

如果勾选图 13.10 中的“页眉”“页脚”复选框，那么每一种不同类型的分类都会显示页眉、页脚，且页眉显示分类后构件参数的名称，页脚可以调节显示标题、合计、总数。

若勾选“逐项列举每个实例”复选框，明细表中将把统计的所有图元实例显示出来；若取消勾选，相同的实例将只显示一项，不再重复显示。

3. 格式编辑

单击“格式”选项卡，可以对明细表字段格式进行设置；可以对字段名称重命名（只是命名在明细表中的显示名称，本身的项目参数名称不会被更改）；若选择了下方的“计算总数”选项，在明细表中该字段列最后将显示合计总数值，如图 13.11 所示。

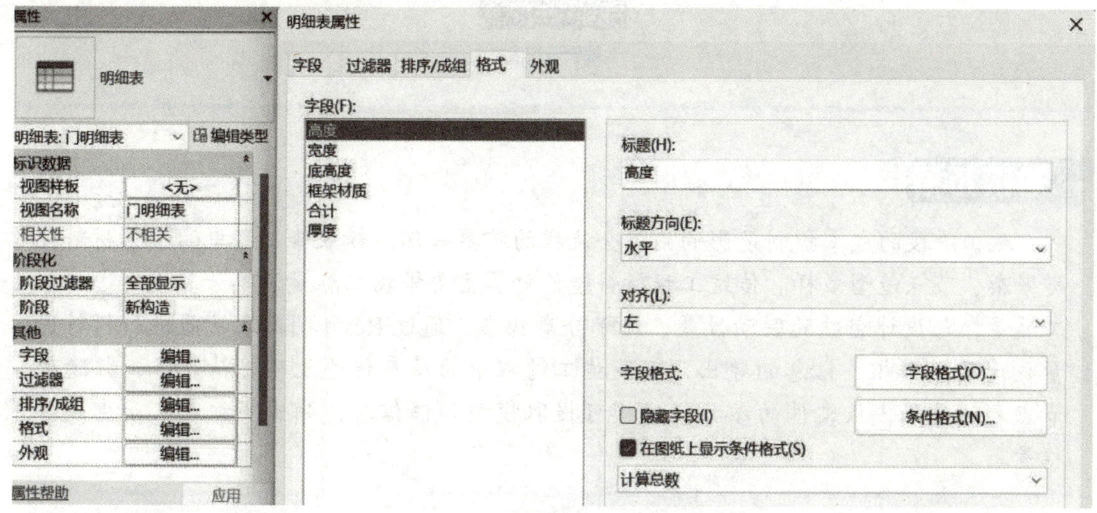

图 13.11　明细表格式设置

4. 外观编辑

单击“外观”选项卡，可以对明细表网格线及字体的大小、显示样式等属性进行修改，如图 13.12 所示。

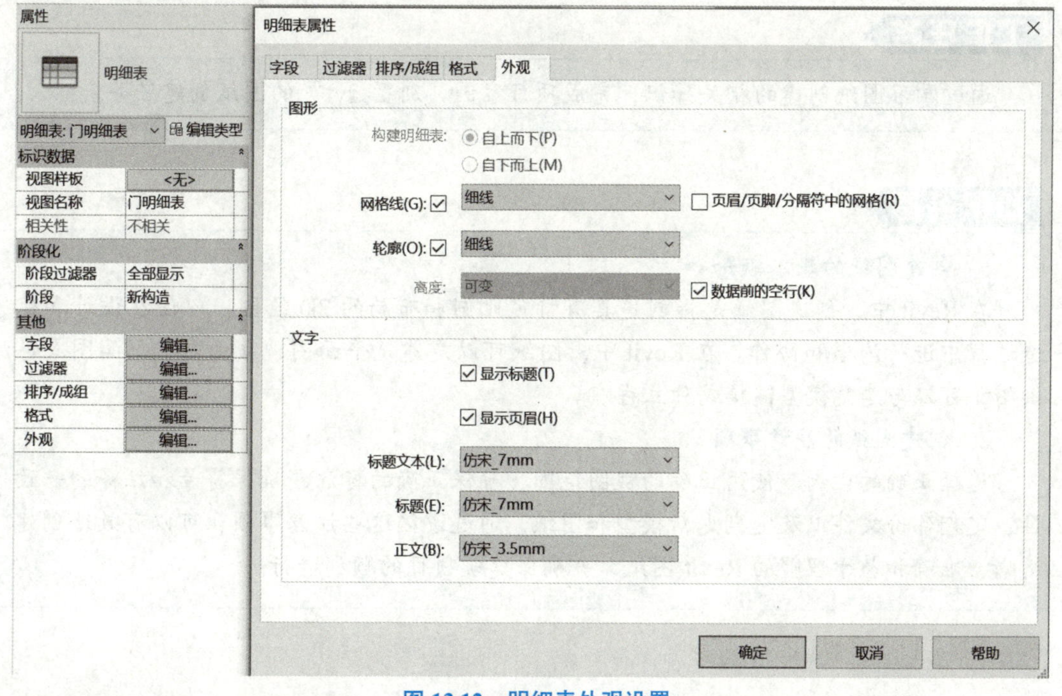

图 13.12　明细表外观设置

知识链接

编辑明细表

知识拓展

施工阶段的成本控制是影响施工全流程的重要一环。精装修工程中的常见材料种类繁杂、节点造型多样。传统工程材料造价计算主要根据工程量清单计算规则进行手工算量，与设计变更的联动性差，处于分离状态。通过 Revit 明细表功能进行材料用量统计及材料相关信息的导出，可使施工过程中的信息传达无碍。精装修工程隐蔽节点表达受限，族文件的参数化建模可提取模型构件信息，导出明细表从而生成工程量。

工作任务三 图纸创建

工作任务

通过学习图纸创建的相关知识，完成项目案例“别墅 .rvt”的图纸创建任务。

知识准备

1. 创建图纸的基本概念

在 Revit 中，创建图纸是指创建具有特定比例和布局的 2D 绘图，以便在设计和建造过程中进行沟通和协作。在 Revit 中，图纸可以是建筑平面图、立面图、剖面图或详细图，可以与建筑模型链接或独立存在。

2. 创建图纸的注意事项

选择正确的比例、使用正确的视图范围、确保正确的标注、确保符号和注释的一致性、定期备份文件以及定期更新模型和图纸，通过遵循这些注意事项，可以有效地创建清晰、准确和易于理解的 Revit 图纸，并确保建筑项目的顺利进行。

任务实施

一、创建图纸与设置项目信息

1. 创建图纸

单击“视图”选项卡“图纸组合”面板中的“图纸”按钮，在弹出的“新建图纸”对话框中通过“载入”按钮会得到相应的图纸。这里选择“载入”图签中的“A1 公制”，单击“确定”按钮，完成图纸的新建，如图 13.13 所示。

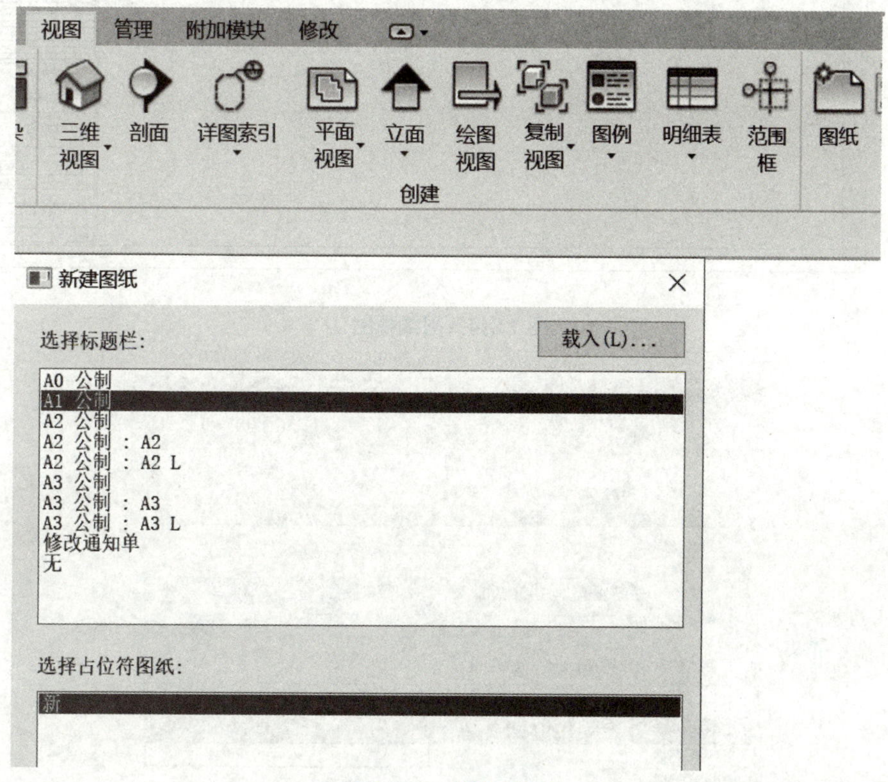

图 13.13　创建图纸

此时，创建了一张图纸视图（图 13.14）。创建图纸视图后，在“项目浏览器”中“图纸”选项下自动增加了图纸“J0-1- 未命名”。

2. 设置项目信息

单击“管理”选项卡“设置”面板中的“项目信息”按钮，如图 13.15 所示。在项目内容中录入项目信息，单击“确定”按钮，完成录入。

图纸中的审核者、设计者等内容可在图纸“属性”面板中进行修改，如图 13.16 所示。

至此，完成了图纸的创建和项目信息的设置。

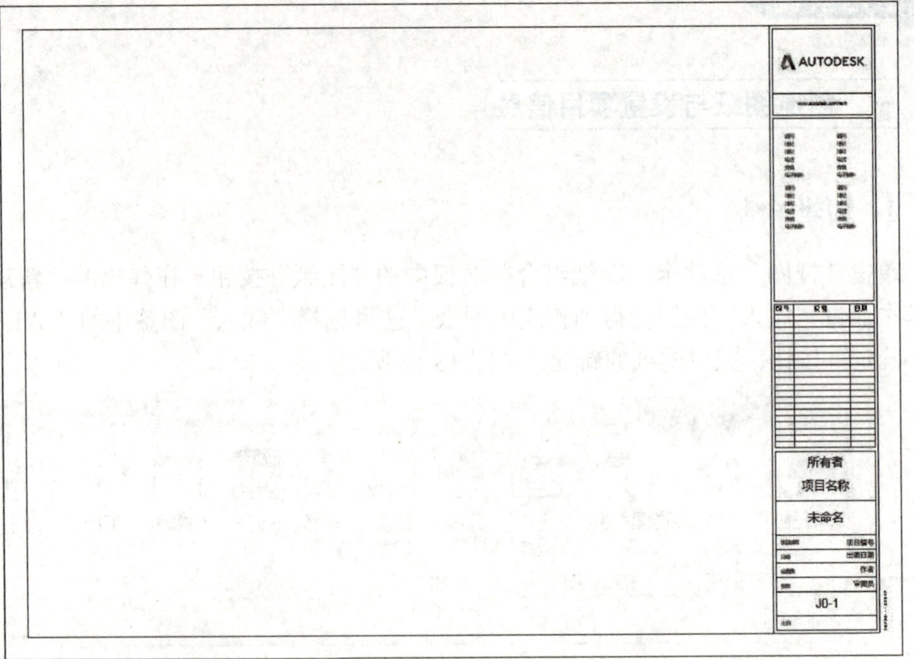

图 13.14　图纸视图

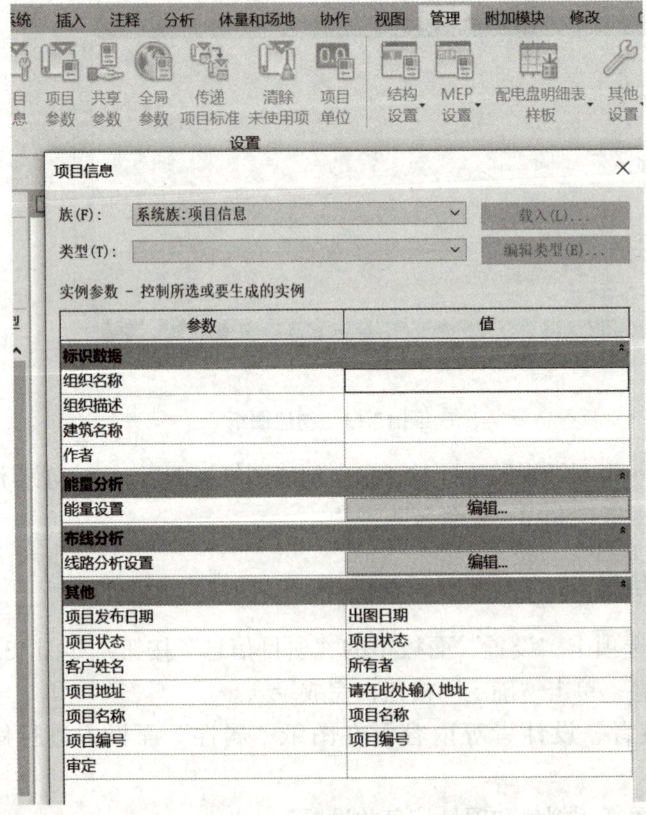

图 13.15　“项目信息”设置

标识数据	
相关性	不相关
参照图纸	
参照详图	
发布的当前修订	☐
当前修订发布者	
当前修订发布到	
当前修订日期	
当前修订说明	
当前修订	
审核者	审核者
设计者	设计者
审图员	审图员
绘图员	作者
图纸编号	J0-1
图纸名称	总平面图
图纸发布日期	08/30/18
显示在图纸列表...	☑
图纸上的修订	编辑...
其他	

审定	审定		
审核	审核者		
项目负责人	项目负责人		
专业负责人	专业负责人		
校核	审图员		
设计者	设计者		
绘图员	作者		
会签			
建筑		强电	
结构		弱电	
卫浴		HVAC	
项目编号	项目编号	方案	方案
专业	规程	项目状态	项目状态
图纸名称	总平面图		
出图日期	08/30/18		
图纸编号	J0-1		

图 13.16　图纸属性内容编辑

二、图例视图制作

1. 创建图例视图

单击“视图”选项卡“创建”面板中的“图例”下拉按钮，在弹出的下拉列表中选择“图例”选项，在弹出的“新图例视图”对话框中输入名称“图例 1”，单击“确定”按钮，完成图例视图的创建，如图 13.17 所示。

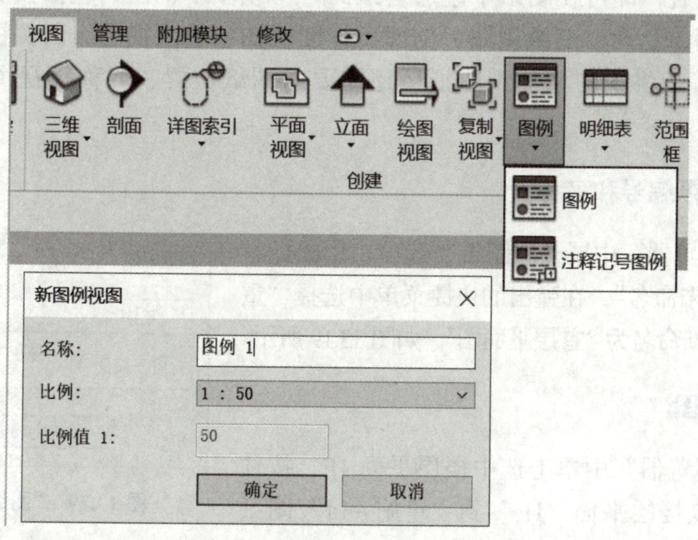

图 13.17　图例视图的创建

2. 选取图例构件

进入新建图例视图，单击“注释”选项卡“详图”面板中的“构件”下拉按钮，在弹出的下拉列表中选择“图例构件”选项，按图 13.18 所示内容进行选项栏设置，完成后在视图中放置图例。

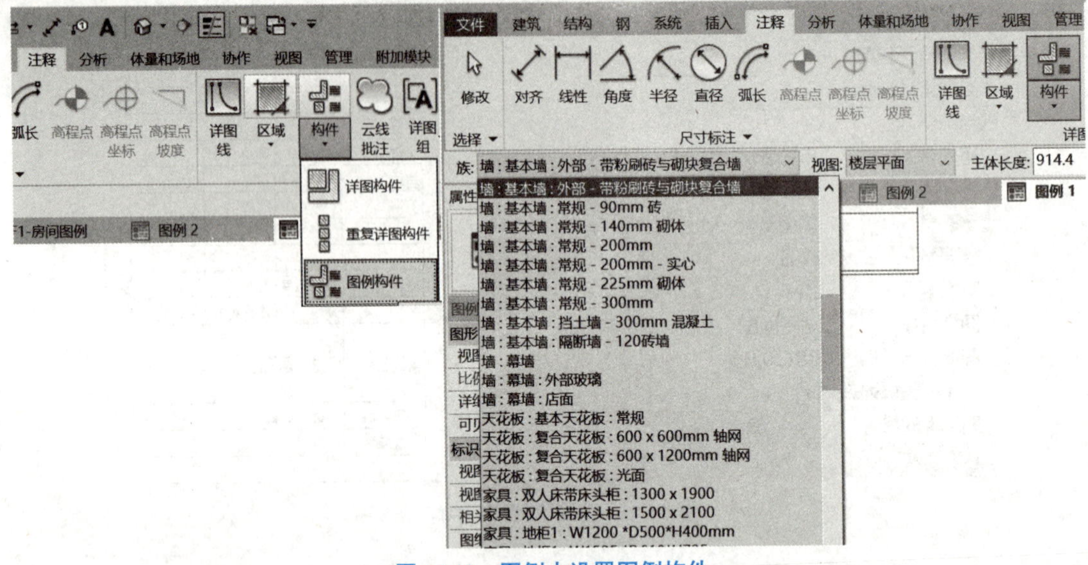

图 13.18　图例中设置图例构件

3. 添加图例注释

使用文字工具，按图示内容进行注释说明的添加。

三、布置视图

创建了图纸后，即可在图纸中添加建筑的一个或多个视图，包括楼层平面、场地平面、天花板平面、立面、三维视图、剖面、详图视图、绘图视图、图例视图、渲染视图及明细表视图等。将视图添加到图纸后还需要对图纸位置、名称等视图标题信息进行设置。

1. 定义图纸编号和名称

在“项目浏览器”中展开“图纸”选项，用鼠标右击图纸“J0-1- 未命名”，在弹出的快捷菜单中选择“重命名”命令，重新命名为“首层平面图”，如图 13.19 所示。

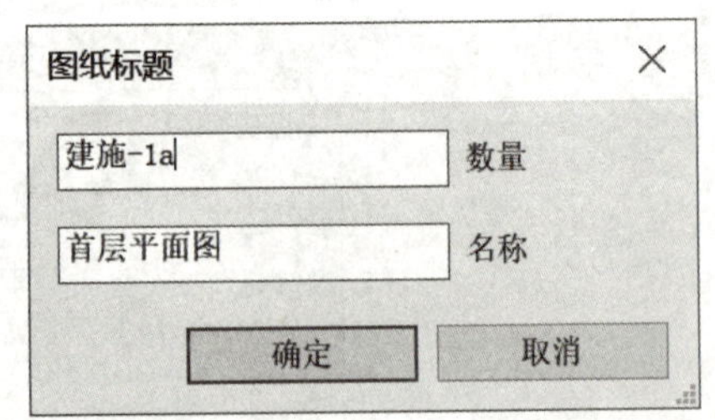

图 13.19　“图纸标题”设置

2. 放置视图

在“项目浏览器”中单击选中楼层平面 1F，按住鼠标左键，拖曳楼层平面“1F”到“建施 -1a”图纸视图，如图 13.20 所示。

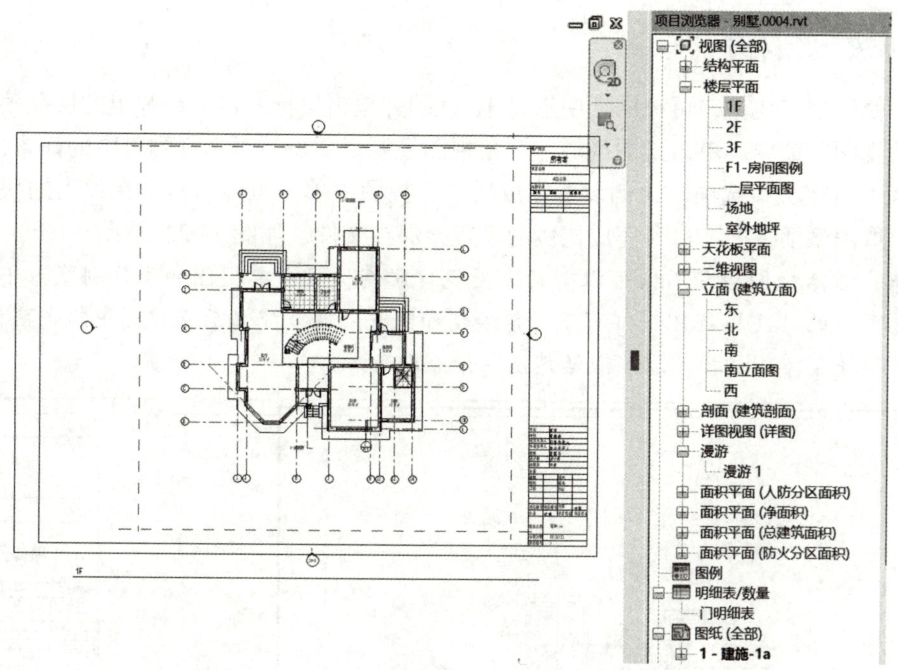

图 13.20　在图纸中放置视图

3. 添加图名

选择拖进来的平面视图 1F，在“属性”面板中把“图纸上的标题”修改为“首层平面图”。按相同的操作，修改平面视图 2F“属性”面板中的“图纸上的标题”为“二层平面图”。单击 1F 平面图显示调整外框，下方的标题文字底线有蓝色拖曳点，单击拖曳点将标题文字底线调整到适合标题的长度，如图 13.21 所示。

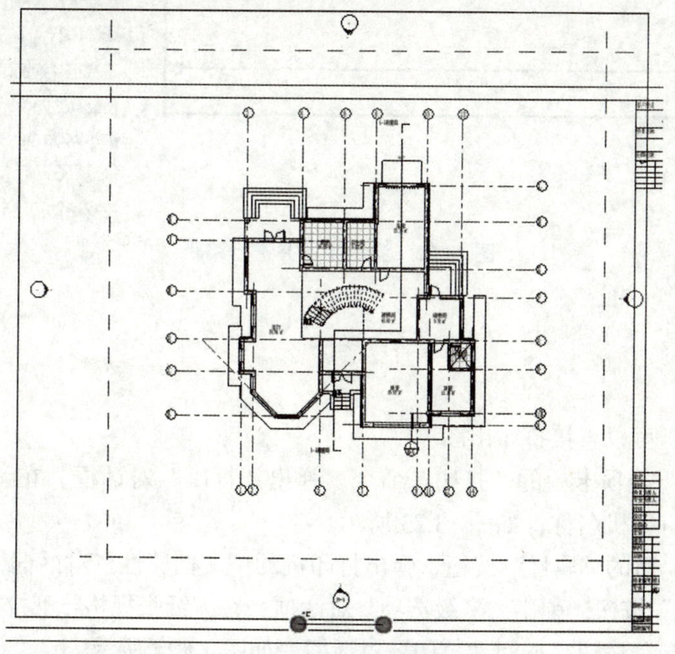

图 13.21　调整标题文字底线

4. 改变图纸比例

如需修改视口比例，可在图纸中选择 1F 视图并单击鼠标右键，在弹出的快捷菜单中选择“激活视图”命令，单击绘图区域左下角视图控制栏比例。可选择列表中的任意比例值，也可选择“自定义”选项。比例设置完成后，在视图中单击鼠标右键，在弹出的快捷菜单中选择“取消激活视图”命令完成比例的设置，保存文件，如图 13.22 所示。

注意：激活视图后，不仅可以重新设置视口比例，且当前视图和项目浏览器中“楼层平面”选项下的“1F”视图一样可以进行绘制和修改。修改完成后在视图中单击鼠标右键，在弹出的快捷菜单中选择“取消激活视图”命令即可。

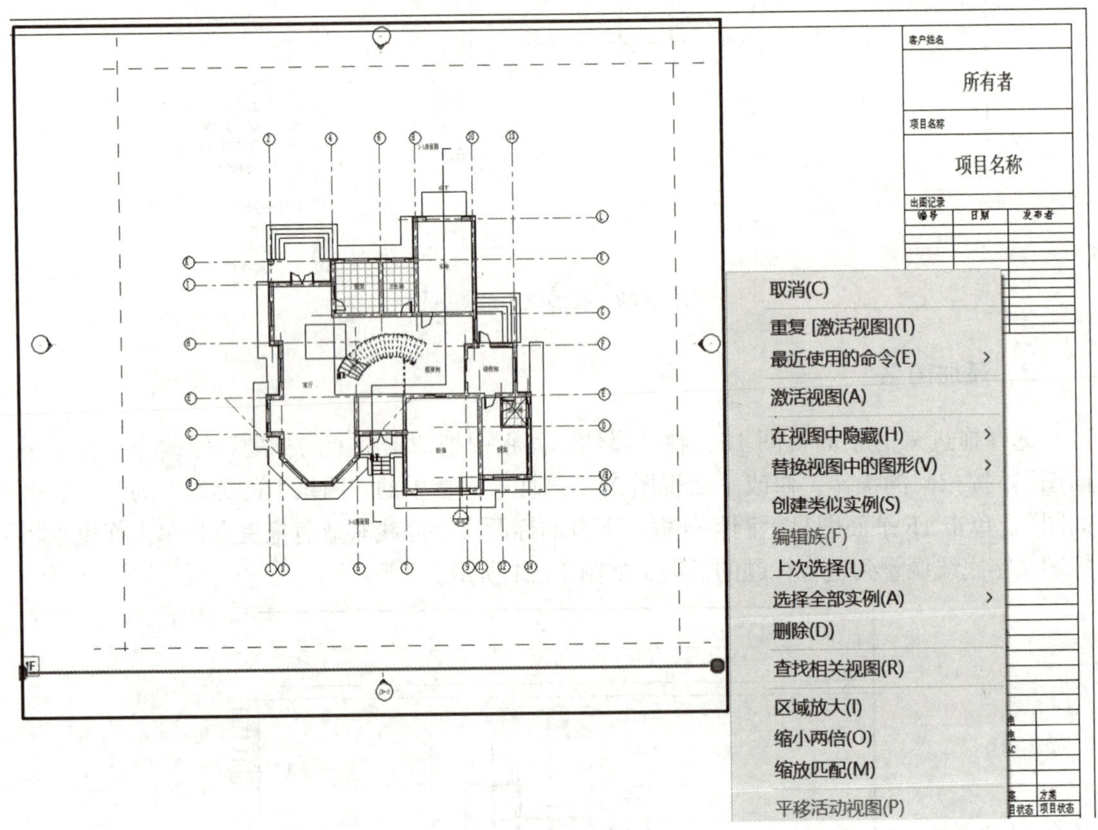

图 13.22　激活视图并进行编辑

四、打印

创建图纸后，可以直接打印出图。

执行“文件”选项卡中的“打印”命令，弹出“打印”对话框，在“名称”下拉列表框中选择可用的打印机名称，如图 13.23 所示。

单击“名称”后的“属性”按钮，弹出打印机的“文档属性”对话框，选择方向为“横向”。单击“高级”按钮，弹出“高级选项”对话框，在“纸张规格”下拉列表中选择“A3”选项，单击“确定”按钮，返回“打印”对话框，如图 13.24 所示。

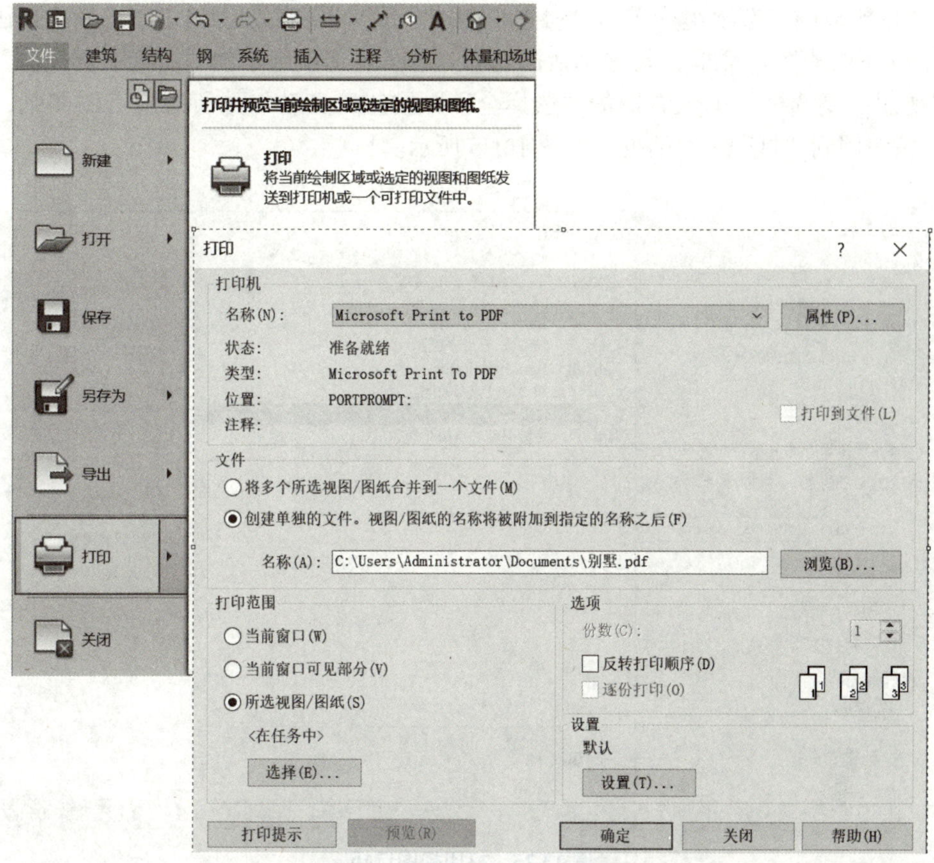

图 13.23　图纸“打印”属性框

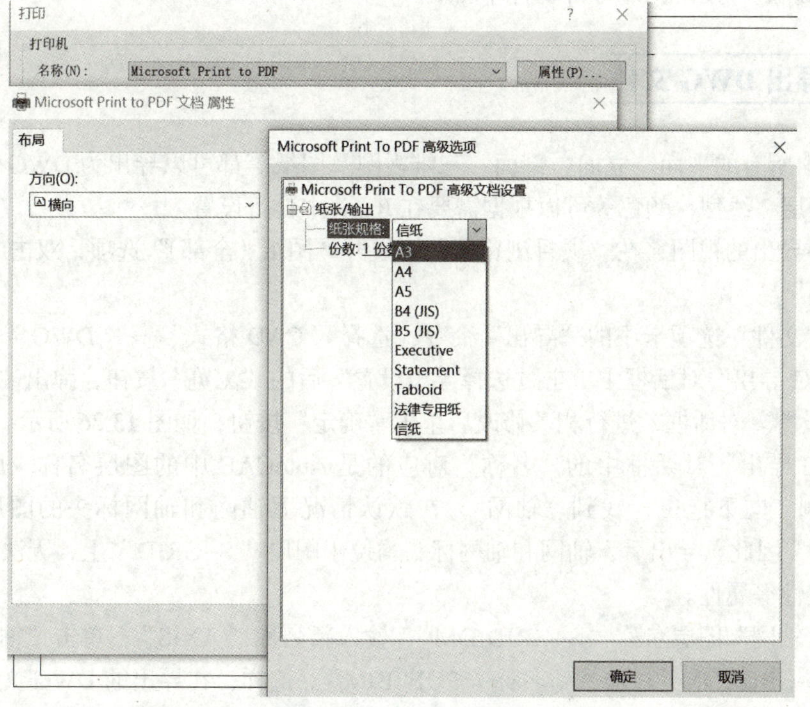

图 13.24　图纸打印设置

在“打印范围”选项组中单击“所选视图 / 图纸”单选按钮，单击“选择”按钮，弹出“视图 / 图纸集”对话框，勾选对话框底部“显示”选项组中的“图纸”复选框，取消勾选“视图”复选框。单击右侧的“选择全部”按钮，自动勾选所有施工图图纸，单击“确定”按钮回到“打印”对话框，如图 13.25 所示。

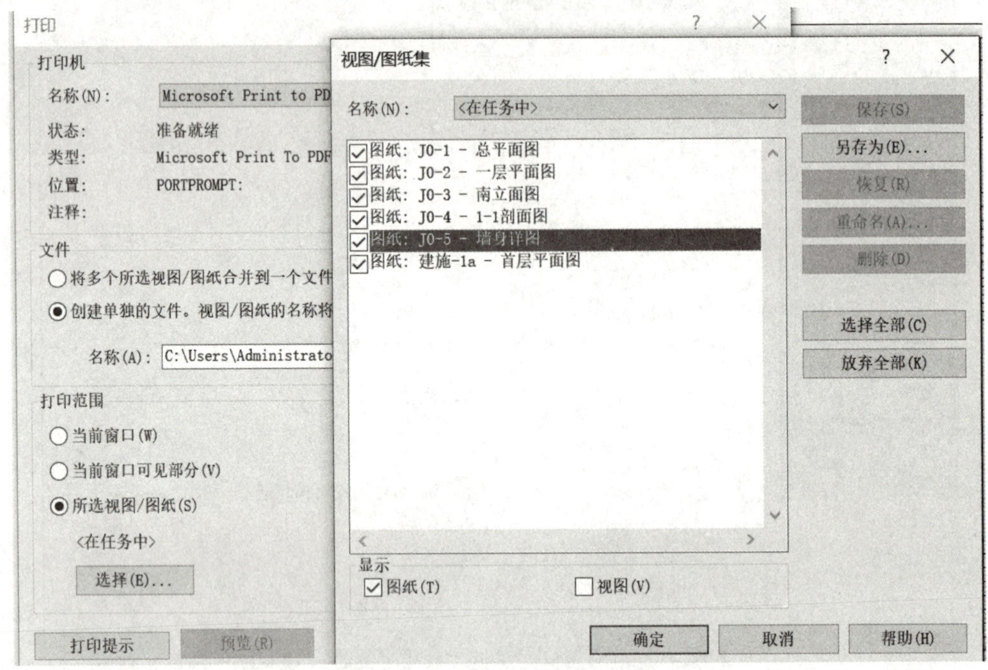

图 13.25 打印视图选择

单击“确定”按钮，即可自动打印图纸。

五、导出 DWG 文件

Revit 中所有的平面、立面、剖面、三维视图及图纸等都可以导出为 DWG 格式，而且导出后的图层、线型、颜色等可以根据需要在 Revit 中自行设置。

打开要导出的视图，在“项目浏览器”中展开“图纸（全部）”选项，双击“建施 -1a-首层平面图”。

执行“文件”选项卡中的“导出”命令，选择“CAD 格式”→“DWG”选项，在弹出的“DWG 导出”对话框中单击“选择导出设置”后的“浏览”按钮，弹出“修改 DWG/DXF 导出设置”对话框，进行相关修改后单击“确定”按钮，如图 13.26 所示。

“DWG 导出”对话框中的“名称”对应的是 AutoCAD 中的图层名称。以轴网的图层设置为例，向下拖曳，找到“轴网”，在默认情况下轴网和轴网标头的图层名称均为“S-GRID”，因此，导出后，轴网和轴网标头均位于图层“S-GRID”上，无法分别控制线线型和可见性等属性。

单击“轴网”图层名称“S-GRIDIDM”，输入新名称“AXIS”；单击“轴网标头”图层名称“S-GRIDIDM”；输入新名称“PUB_BIM”。这样，在导出的 DWG 文件中，轴网在“AXIS”图层上，而轴网标头在“PUB_BIM”图层上，如图 13.27 所示。

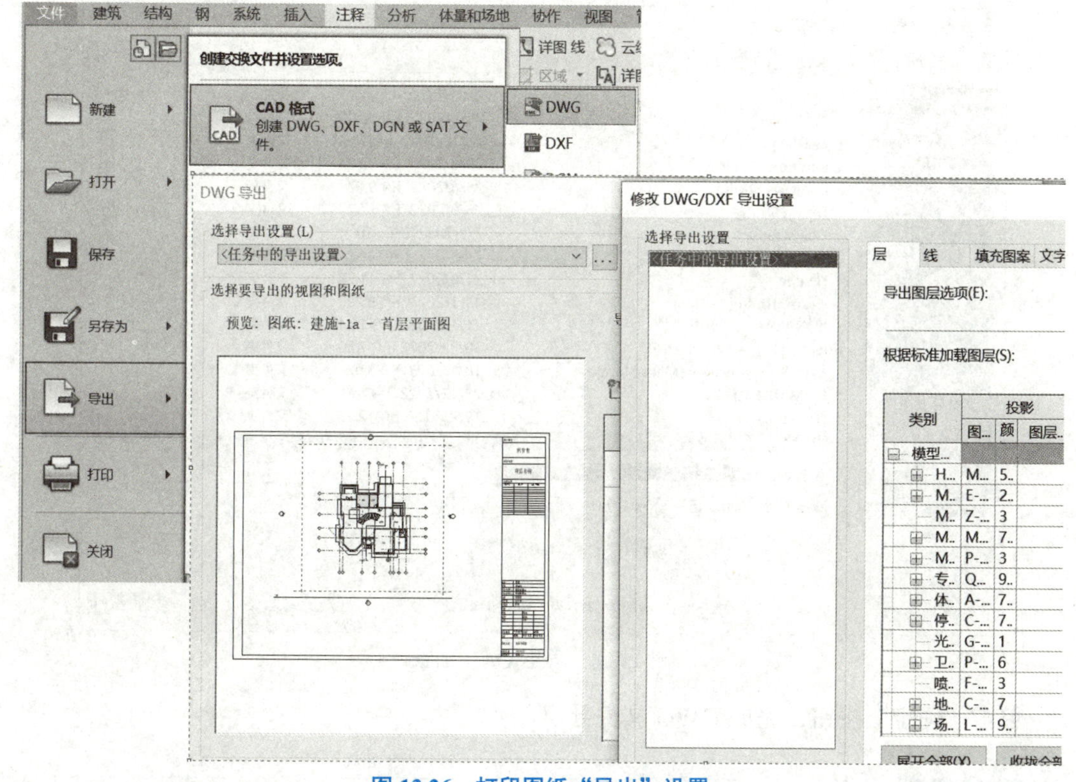

图 13.26　打印图纸“导出”设置

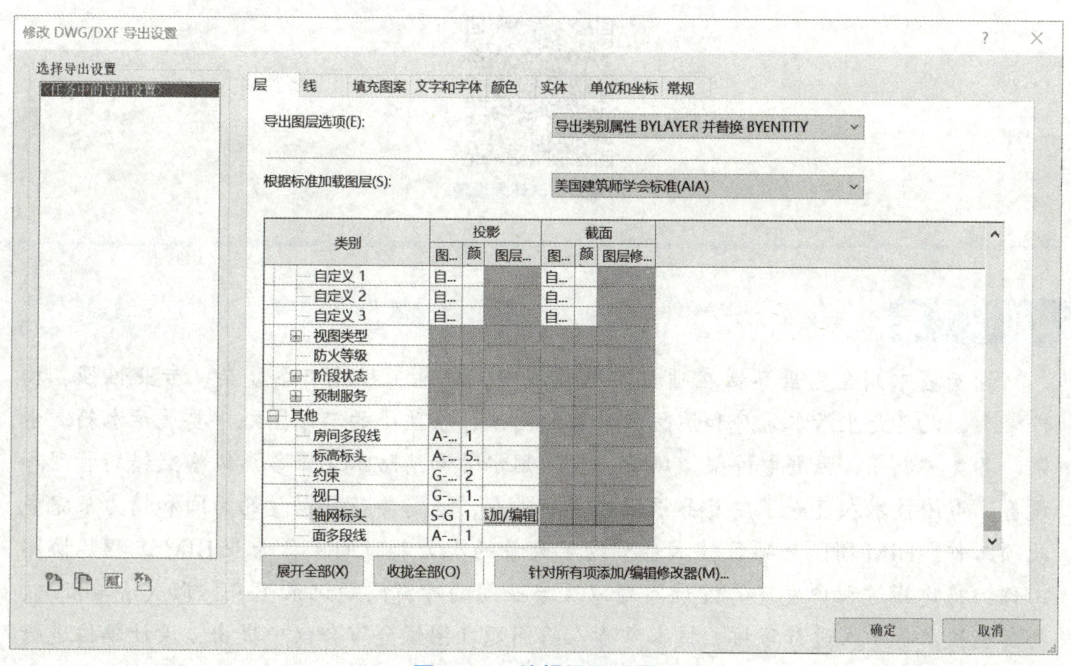

图 13.27　编辑图层设置

在“DWG 导出”对话框中单击“下一步”按钮，在弹出对话框的“保存于”下拉列表中设置保存路径，在“文件类型”下拉列表中选择相应 CAD 格式文件的版本，在“文件名 / 前缀”文本框中输入文件名称，如图 13.28 所示。

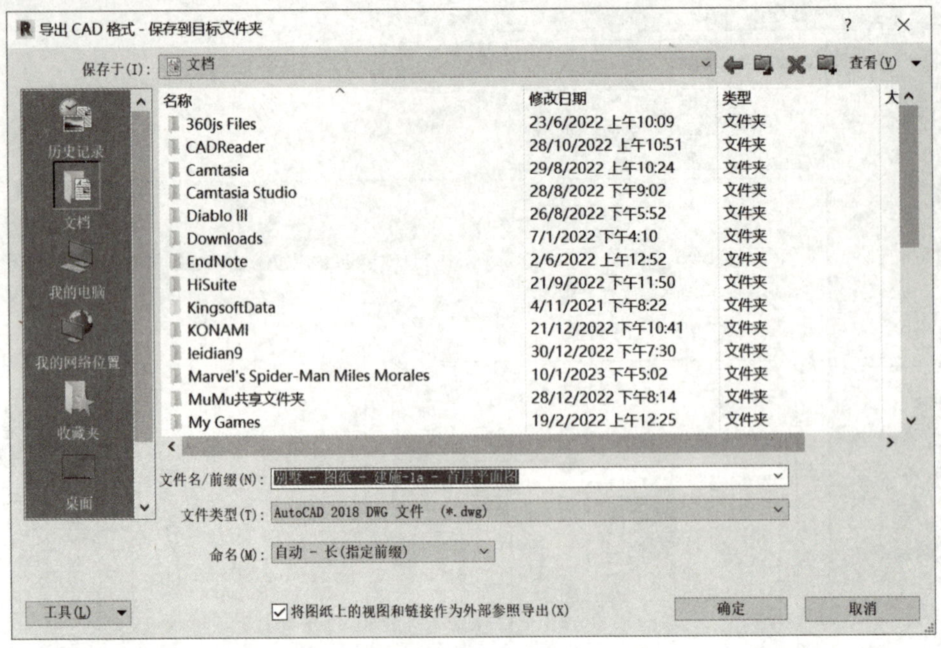

图 13.28 导出 CAD 图纸

单击“确定”按钮，完成 DWG 文件导出。

知识链接

创建图纸与环境设置

知识拓展

湖南省永州金盘世界城在项目实施过程中，机电工程施工图复杂、专业性强、构件繁杂，尤其是生活水泵房和消防水泵房的图纸，在狭小的二维图纸中要展示水箱、水泵、各类控制箱、强弱电桥架、风管、生活用水管和消防水管等各类纵横交错的管网和设备。审图技术人员除了要具备很强的专业素养，还需要花费大量的时间和精力来完成此项工作。BIM 团队为项目技术部节约了大量的人力和时间，各专业 BIM 工程师协同工作，将建模过程中发现的设计问题以及专业间的冲突问题记录下来，形成清单汇总，提交至技术负责人进行审核。技术负责人将问题在图纸会审会议中提出，设计单位进行答疑。在 BIM 模型预审过程中，机电专业发现的问题多达 135 条，通过技术负责人审核确认之后在图审会议上提出 92 条问题，设计单位现场答疑 73 条，补充设计变更 19 条，问题解决率达到 100%。

工作任务四 模型渲染

工作任务

通过学习模型渲染的相关知识，完成项目案例“别墅.rvt”的模型渲染创建任务。

知识准备

1. 渲染的基本概念

在 Revit 中，利用现有的三维模型，还可以创建效果图和漫游动画，全方位地展示建筑师的创意和设计成果。因此，在一个软件环境中既可完成从施工图设计到可视化设计的所有工作，又改善了以往在几个软件中操作所带来的重复劳动、数据流失等弊端，提高了设计效率。

2. 渲染注意事项

渲染之前，一般要先创建相机透视图，生成渲染场景。

任务实施

1. 相机透视图生成

打开一个平面视图、剖面视图或立面视图，并且平铺窗口（快捷键 WT）；在“视图”选项卡“创建”面板的“三维视图”下拉列表中选择“相机”选项，如图 13.29 所示。

在平面视图绘图区域单击放置相机并将光标拖曳到目的地，如果取消勾选选项栏中的“透视图”复选框，则创建的视图是正交三维视图，不是透视视图，如图 13.30 所示。

单击放置相机视点，光标向上移动超过建筑最上端。在三维视图中，4 边出现 4 个控制点，单击上边控制点向上拖曳，直至超过屋顶，单击拖曳左、右两边控制点，调整完毕后释放鼠标，完成正面相机透视图的创建，如图 13.31 所示。

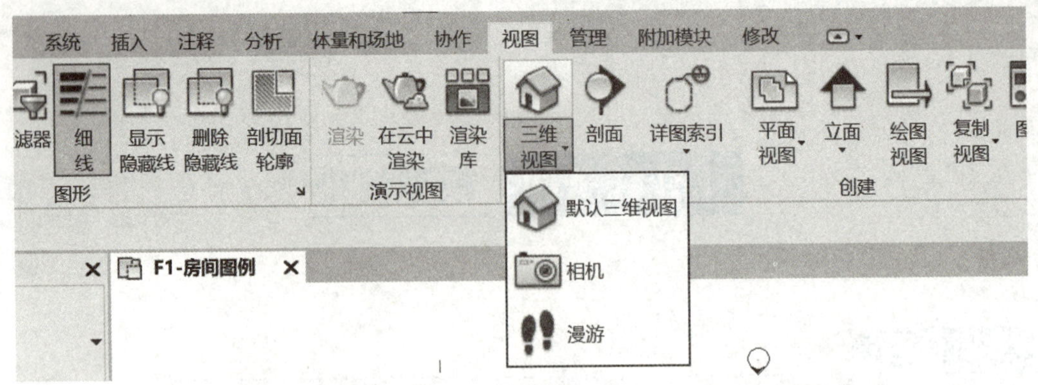

图 13.29　相机设置

图 13.30　相机视图创建

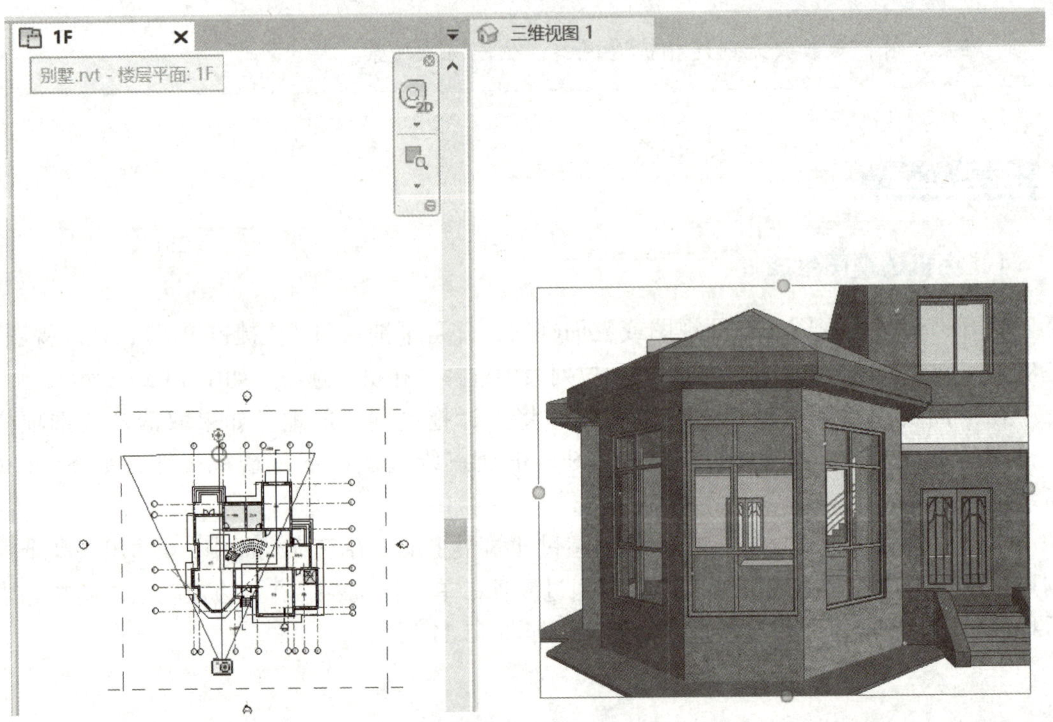

图 13.31　放置相机

在立面视图中控制相机上下移动，相机的视口会进行联动，可以创建鸟瞰透视图或者仰视透视图，如图 13.32 所示。

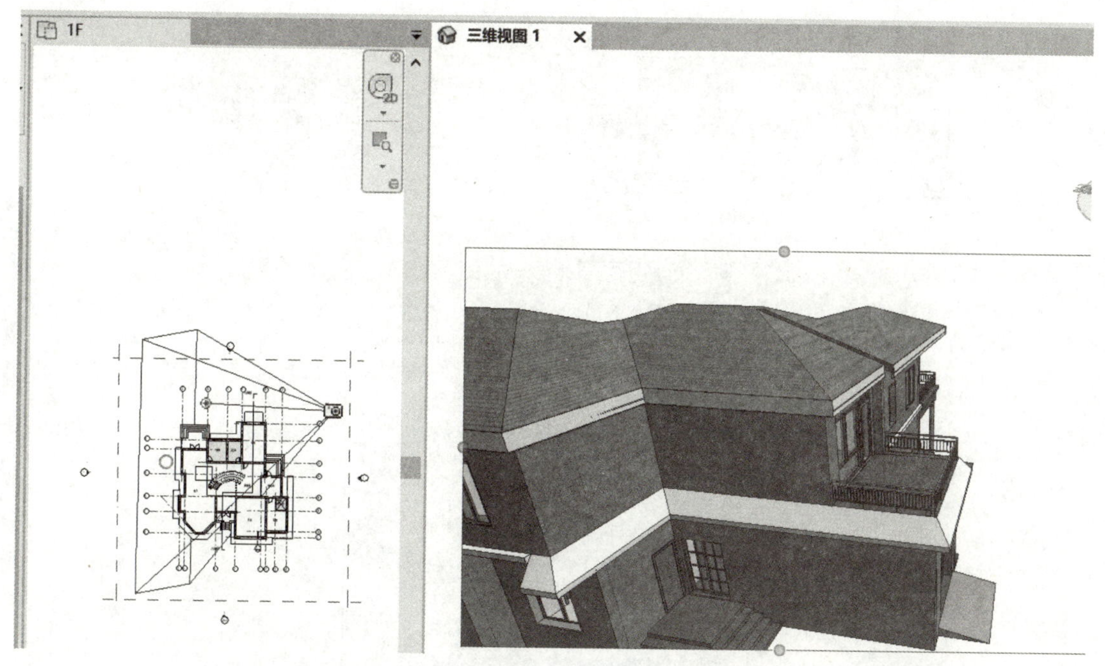

图 13.32　鸟瞰透视图

在室内放置相机就可以创建室内三维透视图，如图 13.33 所示。

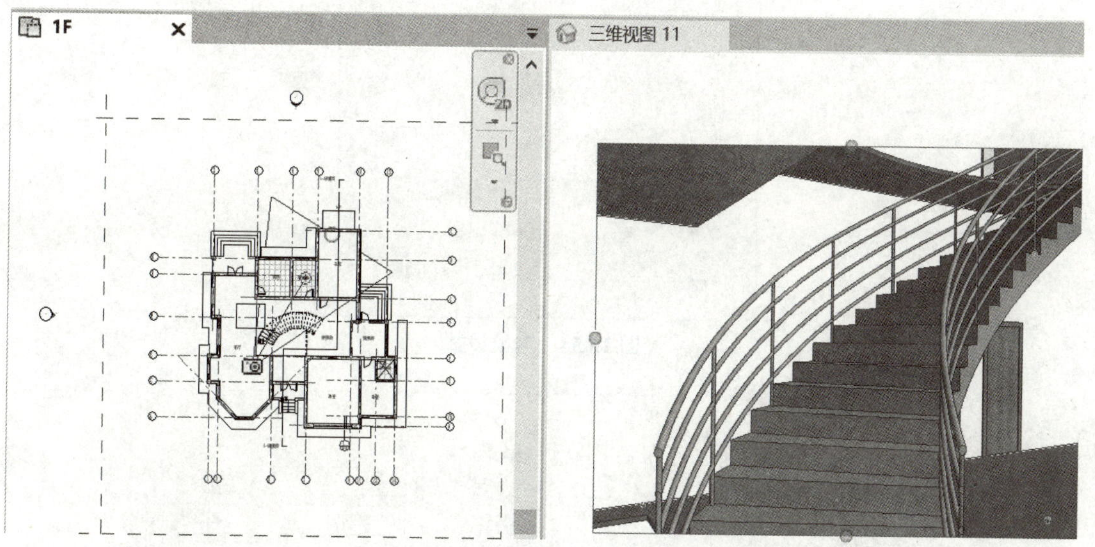

图 13.33　创建室内三维透视图

2. 渲染设置

单击“视图”选项卡“图形”面板中的“渲染”按钮，弹出“渲染”对话框，对话框中各选项的功能如图 13.34 所示。

在“渲染”对话框中“照明”选项组的“方案”下拉列表中选择“室外：仅日光”选项。

单击“日光设置”右侧的 ... 按钮，弹出“日光设置”对话框，“日光研究”选择“静止”，如图 13.35 所示。

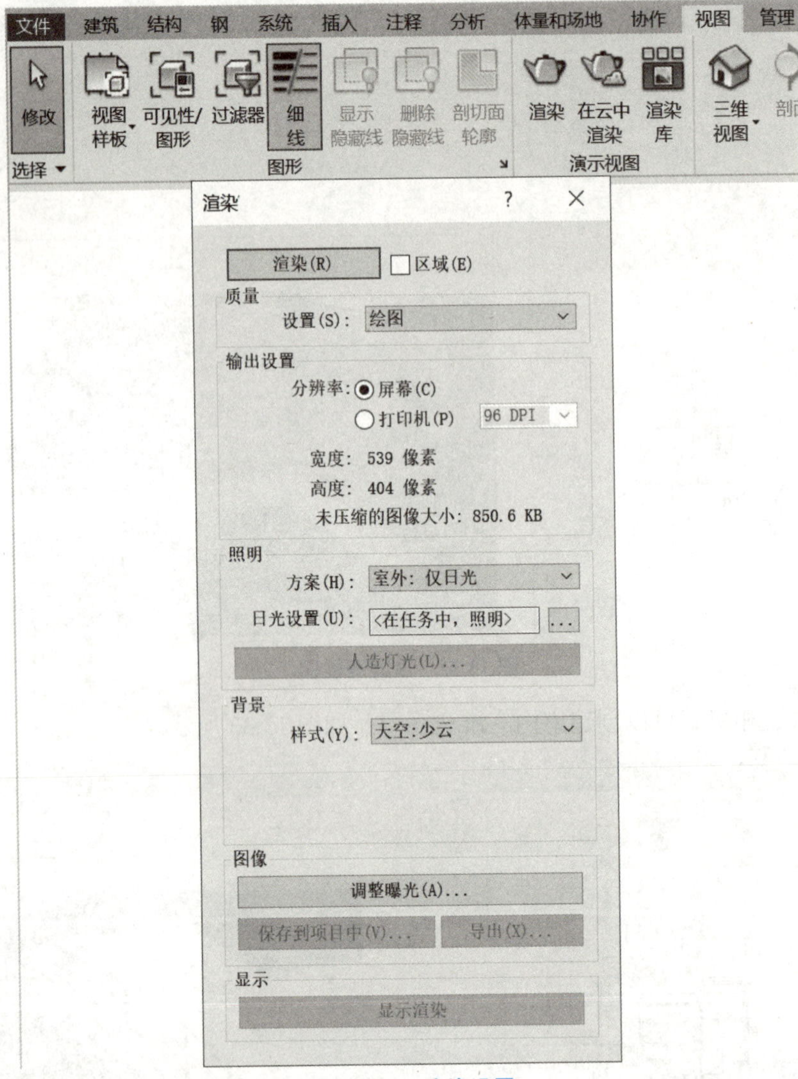

图 13.34　渲染设置

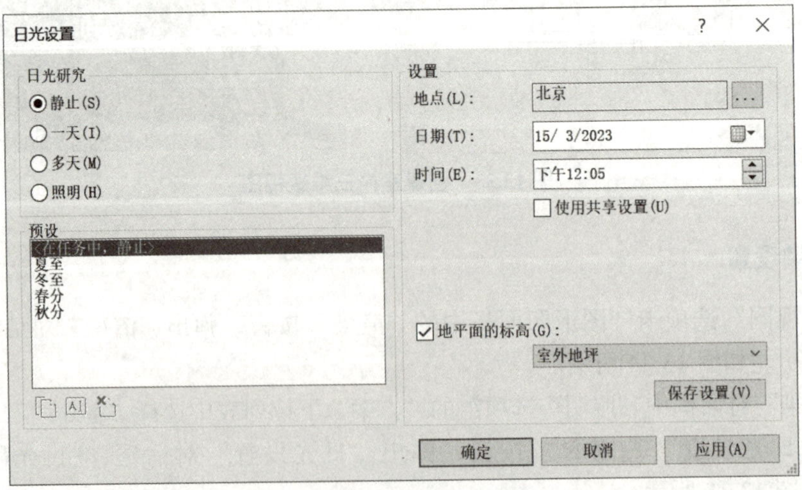

日光设置

日光研究

静止(S)

一天(I)

多天(M)

照明(H)

预设

<在任务中，静止>

夏至

冬至

春分

秋分

设置

地点(L)：北京

日期(T)：15/ 3/2023

时间(E)：下午12:05

使用共享设置(U)

地平面的标高(G)：室外地坪

保存设置(V)

确定　取消　应用(A)

图 13.35　渲染中日光设置

在“日光设置”对话框“设置”选项组中选择“地点”“日期”和“时间”，单击“地点”右侧的“浏览”按钮…，弹出“位置、气候和场地”对话框。在项目地址中可以搜索地点，如“中国北京”，单击“确定”按钮关闭对话框，回到“日光设置”对话框。

单击“日期”后的下拉按钮，可以进行日期设置，设置完成后单击“确定”按钮返回“日光设置”对话框。

在“质量”选项组的“设置”下拉列表中选择“高”选项，单击“渲染”按钮，开始渲染，并弹出“渲染进度”对话框，显示渲染进度，如图 13.36 所示（**注：**可随时单击“停止”按钮，或按 Esc 键结束渲染）。

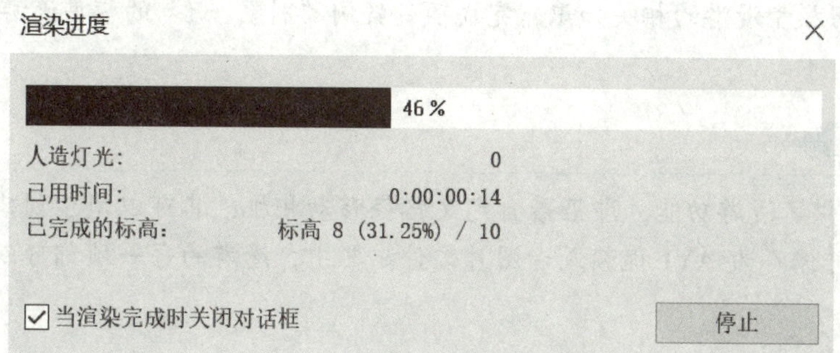

图 13.36　渲染进度

渲染效果如图 13.37 所示。

图 13.37　渲染效果

模型渲染

工作任务五 模型漫游

工作任务

通过学习模型漫游的相关知识，完成项目案例“别墅.rvt”的模型漫游创建任务。

知识准备

Revit 提供了漫游功能，即沿着自定义路径移动相机，其可以用于创建模型的三维漫游动画，并保存为 AVI 视频或者图片文件。其中，漫游的每一帧都可以保存为单独的文件。

任务实施

打开楼层平面图。

在“视图”选项卡“构建”面板的“三维视图”下拉列表中选择“漫游”选项，在选项栏中设置漫游路径高度，默认为“1 750.0”，如图 13.38 所示。

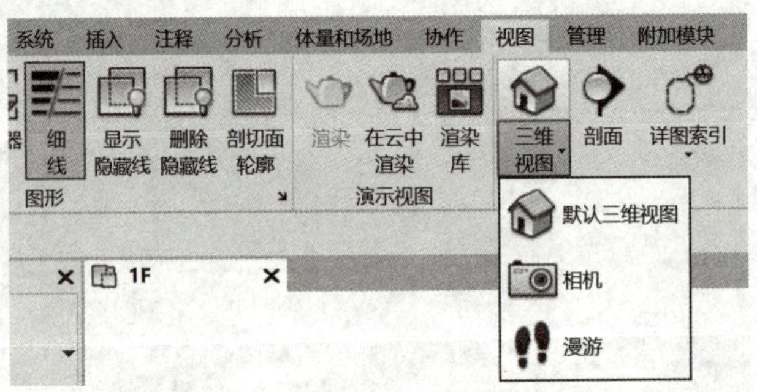

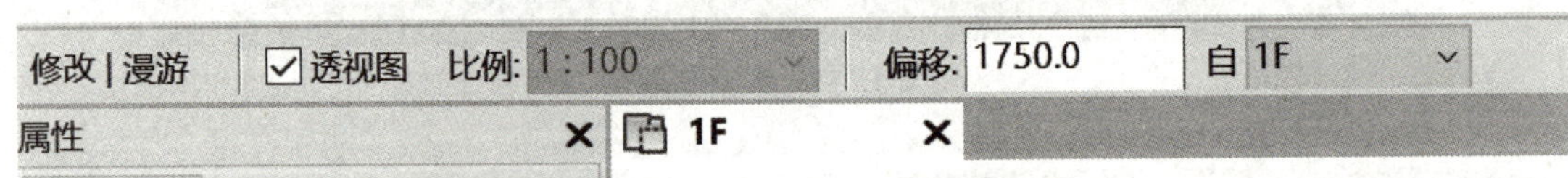

图 13.38 三维视图漫游设置

在“1F”平面图中南面中间位置开始，单击鼠标左键开始绘制路径，路径围绕别墅一周后，单击“完成漫游”按钮或按 Esc 键完成漫游路径绘制，同时在“项目浏览器”中出现“漫游”选项，如图 13.39 所示。

双击“项目浏览器”中的“漫游 1”选项，双击“楼层平面”中的“1F”，在“视图”选项卡单击“窗口”面板中的“平铺视图”按钮（或者按快捷键 WT），这时会同时显示楼层平面视图、漫游视图、三维视图，如图 13.40 所示。

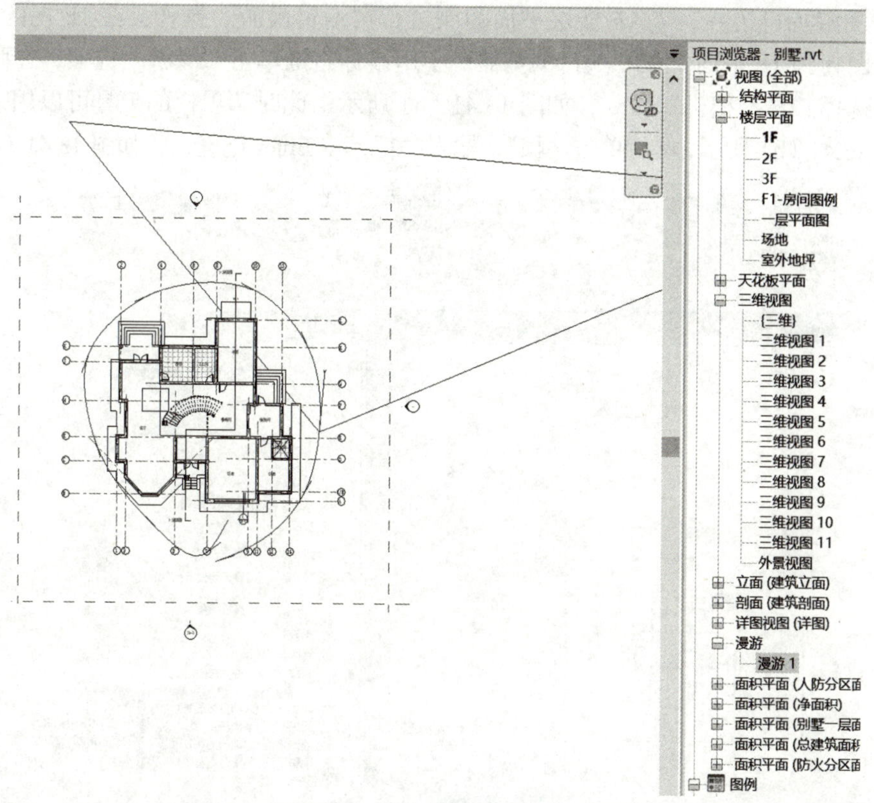

图 13.39　绘制漫游路径

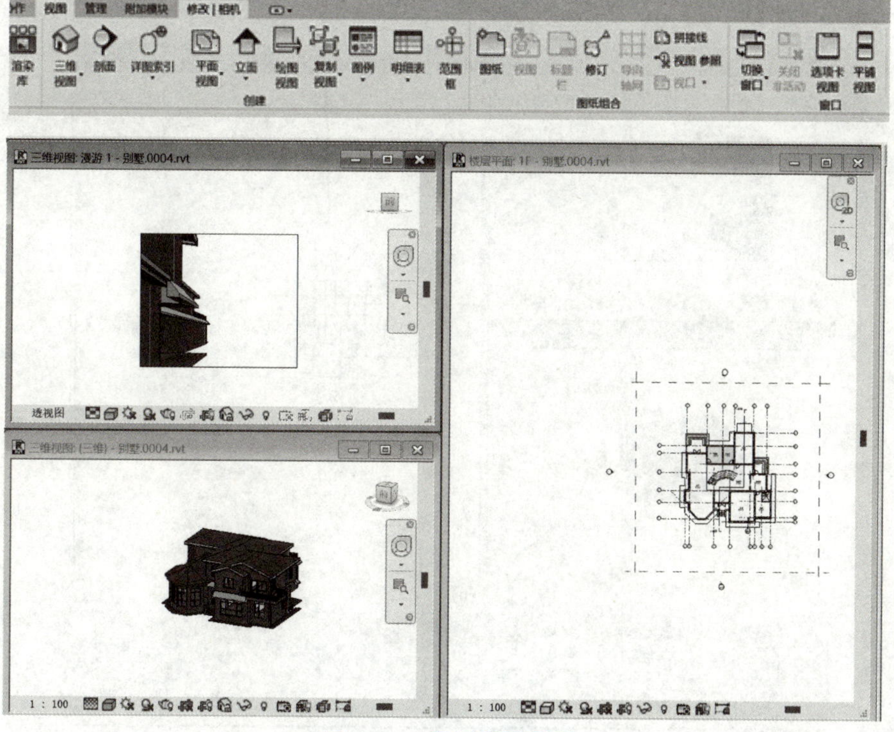

图 13.40　平铺视图设置

选择漫游视口边界，以 1F 楼层平面为例进行“编辑漫游”操作：在 1F 视图上单击，使当前视图转到 1F 平面，在“项目浏览器”中用鼠标右键单击“漫游”选项，在弹出的快捷菜单中选择“显示相机”命令，如图 13.41（a）所示；此时选项栏的工具可以用来设置漫游，如图 13.41（b）所示；然后单击“帧”，输入“1”，按 Enter 键确认，如图 13.41（c）所示。

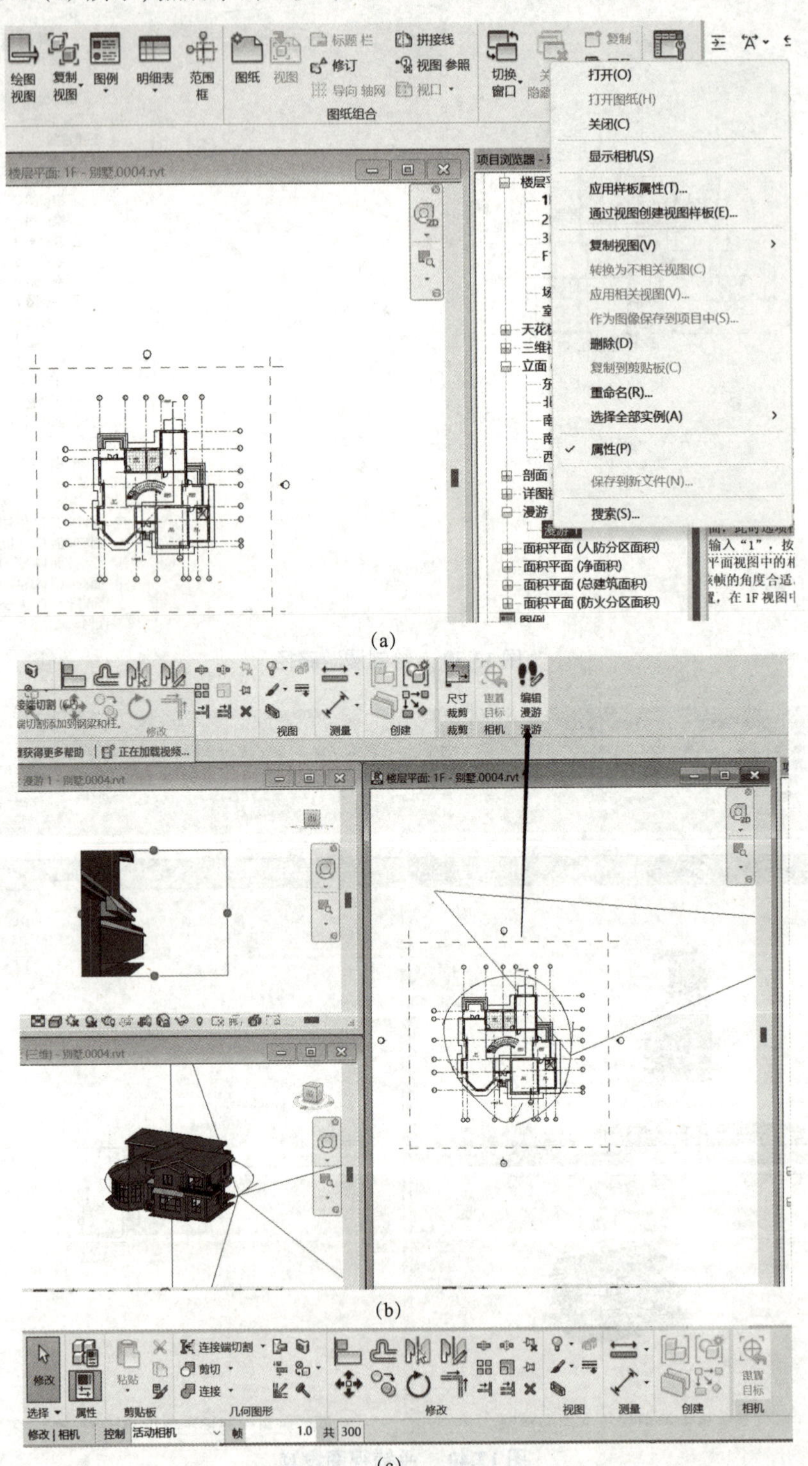

图 13.41　编辑漫游

在“控制”下拉列表中“活动相机”选项处于可选状态时，1F 平面视图中的相机为可编辑状态，此时可以改变相机视点方向，如图 13.42（a）所示，直至三维视图该帧的角度合适。在“控制”下拉列表中选择“路径”选项即可编辑每帧的位置，在 1F 视图中关键帧变为可编辑控制点，如图 13.42（b）所示。

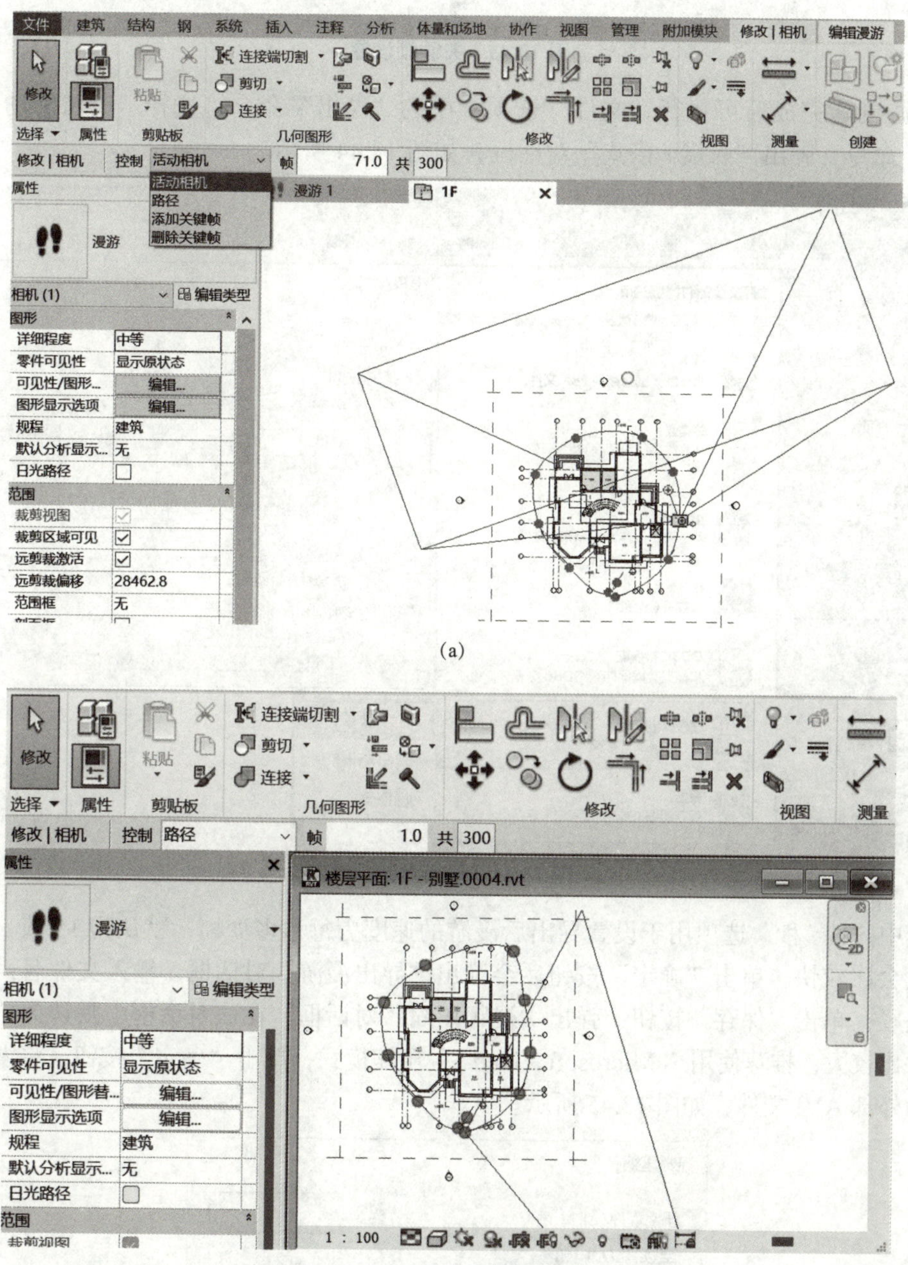

(b)

图 13.42　编辑视图

第一个关键帧编辑完毕后单击“漫游”面板中的“下一关键帧”按钮，借此工具可以逐帧编辑漫游，使每帧的视线方向和关键帧位置匹配。编辑完成后可单击“漫游”面板中的“播放”按钮，播放刚刚完成的漫游，如图 13.43 所示。

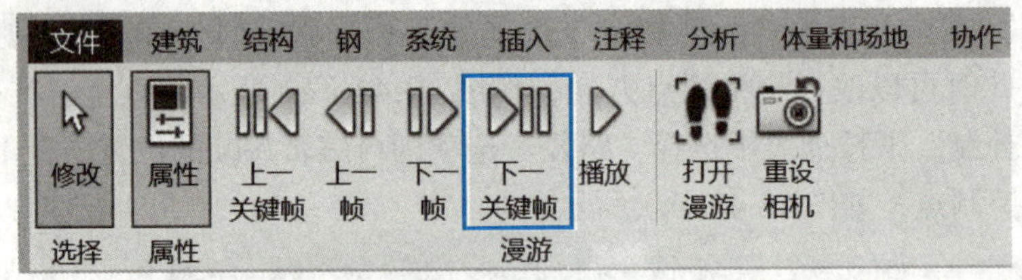

图 13.43 关键帧设置

漫游创建完成后可执行“文件”选项卡中的“导出”命令，选择“图像和动画”→“漫游”命令，弹出“长度 / 格式”对话框，如图 13.44 所示。

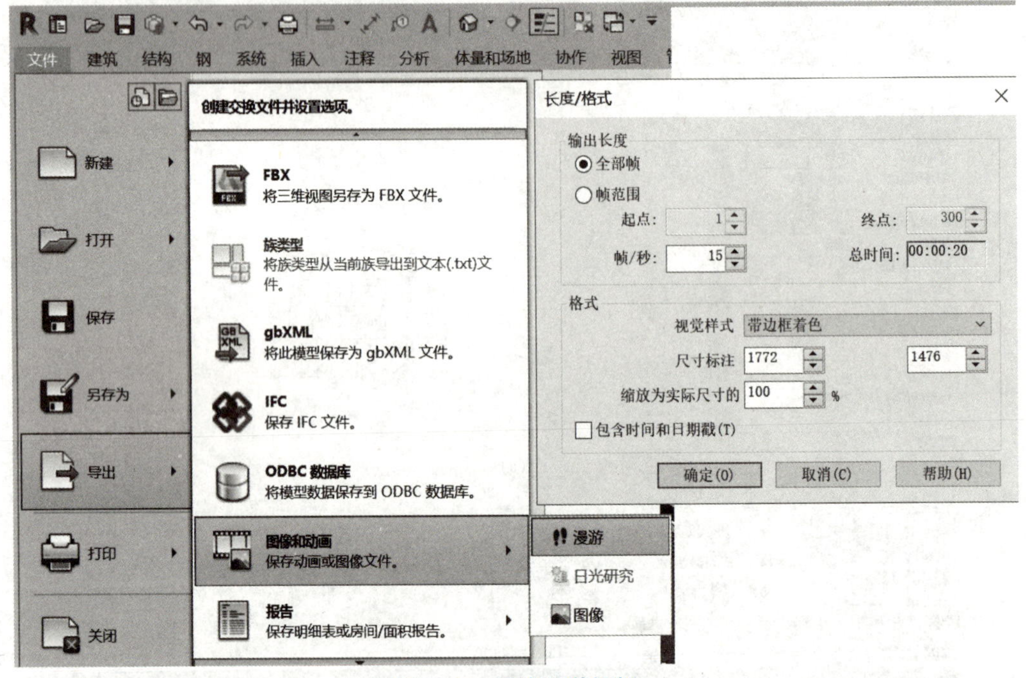

图 13.44 导出漫游视频

其中“帧 / 秒”选项用于设置导出后漫游的速度为每秒多少帧，默认为 15 帧，这样播放速度会比较快。单击“确定”按钮后会弹出“导出漫游”对话框，输入文件名，并选择导出路径，单击“保存”按钮，弹出“视频压缩”对话框。在该对话框中默认为“全帧”，若文件比较大，推荐使用“ Microsoft Video 1”压缩模式，单击“确定”按钮，将漫游文件导出为外部 AVI 文件，如图 13.45 所示。

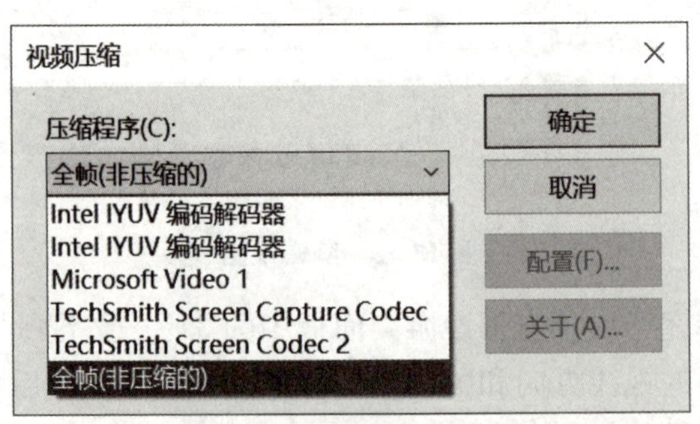

图 13.45 视频压缩设置

知识链接

模型漫游

知识拓展

景德镇御窑博物馆项目位于江西省景德镇市珠山区御窑厂遗址周边，由博物馆主体、历史街区修缮、市政道路改造等多个部分组成。其中，博物馆建筑总面积为 10 400 m^2，为双曲面异型拱体结构。基于BIM技术的施工智能化设备在景德镇御窑博物馆项目的应用，使BIM技术三维扫描对已有建筑测量及逆向建模的方法、变曲率拱形结构采用放线机器人进行的测量及放线方法，从曾经的锦上添花转变成了当下高效、精细化、信息化施工中不可缺少的技术手段。

训练与提升

一、选择题

1．在 Revit 中，（　　）最适合进行模型渲染。

A．平面图　　B．剖面图　　C．3D 视图　　D．详图视图

2．在 Revit 中，（　　）可以帮助用户更改模型渲染的环境和背景。

A．材质编辑器　　B．光源设置　　C．渲染设置　　D．视图模板

3．为了提高 Revit 模型渲染的质量，应该考虑优化（　　）。

A．材质和纹理　　B．项目单位设置　　C．参数公式　　D．视图范围

二、判断题

1．在 Revit 中，修改了一个材质的颜色和纹理后，所有使用该材质的元素在渲染时都会自动更新。（　　）

2．在 Revit 中，只有在项目完成时才能进行模型渲染。（　　）

三、思考题

1．简述在 Revit 中进行模型渲染时，设置正确的光源和环境参数的重要性。

2．在 Revit 中，如何调整渲染图像的分辨率和输出格式？

项目十四 族

项目描述

Revit 创建的模型均由墙体、门、窗、柱、梁、板等基本构件组装而成，这些基本构件都是利用族编辑器创建的，即 Revit 创建模型均由族组装而成。族作为组成模型的最小单元，创建时可载入建筑信息，其创建精度影响整个模型的精度。因此，熟练掌握族的创建、编辑与使用是有效运用 Revit 软件的关键。

学习目标

【知识目标】

1. 了解族的定义、分类、特点和作用，以及族与类型、实例、参数之间的关系；

2. 掌握如何使用 Revit 软件创建不同类型的族，以及如何设置族的参照平面、尺寸标注、参数等属性；

3. 掌握如何对已有的族进行修改和调整，更改族的形状、尺寸、材质等，以及如何添加或删除族中的元素。

【能力目标】

1. 能够掌握族编辑器的界面和工具，如参照平面、尺寸、参数、约束等；

2. 能够创建和修改不同类型的族，如基于草图的族、基于体积的族、基于面的族等；

3. 能够为族设置合理的参数和属性，如类型参数、实例参数、共享参数、材质参数等；

4. 能够在项目中加载和使用族。

【素质目标】

1. 培养对 BIM 技术的学习兴趣和积极态度；

2. 提高创新意识和问题解决能力，以应对 BIM 建模中族在项目中的实际挑战；

3. 增强团队协作和沟通能力，以便在实际项目中应用 BIM 建模中族创建与编辑方法。

4. 培养积极探索的精神。

工作任务一 族的概念

工作任务

Revit 使用的族是组成项目的基本构件，也是参数信息的载体。通过本工作任务的学习，读者可掌握族的几种类型。

知识准备

使用 Revit 软件进行建模时，所使用的最小图元，如轴网、楼板、墙体等均是族的一种类别。使用不同类别的族可以灵活创建多种模型。

任务实施

族是 Revit 项目的最小单元，也是 Revit 项目的基础，每个项目均是由大量族堆积而成的，Revit 创建的任一模型均是由特定族产生的，例如墙、门、柱、梁及注释等均是由族堆积而成的。一个族产生的各图元均具有相似的属性或参数，族根据参数和属性的共用、使用上的相同和图形表示的相似来对图元进行分组。一个族中不同图元的部分或全部属性可能有不同的值，但是属性的设置，即名称与含义是相同的。例如，对于一个窗族可以有高度、宽度等参数，但是每个窗的具体高度、宽度可以不同，这由该族的类型或参数具体确定。Revit 使用的族分为以下 3 种类型。

（1）可载入族，可载入多个项目，也可理解为外建族。图 14.1 所示界面为可载入族进入界面，通过该方式创建的族均可载入不同项目。根据族样板创建，是指单独以“.rfa”为格式保存的族文件可以确定族的属性设置和族的图形化表示方法。Revit 提供了族样板文件，用户可以自定义任意形式的族，如门窗、梁、装饰构件、结构柱等均为可载入族。

（2）内建族，是在项目内直接创建的族，如图 14.2 所示，其仅用于服务本项目，不能载入其他项目，用于定义在项目中创建的自定义图元。一般情况下，系统族中没有构件，本项目需要使用的构件在系统族中没有，或者需要重复使用的构件，可通过内建族创建。由于内建族是在项目内创建的，不同于公制常规模型的可载入族，故不能保存为“.rfa”格式，也不能用于其他项目。每个内建族都只包含一种类型，可以在项目中创建多个内建族。

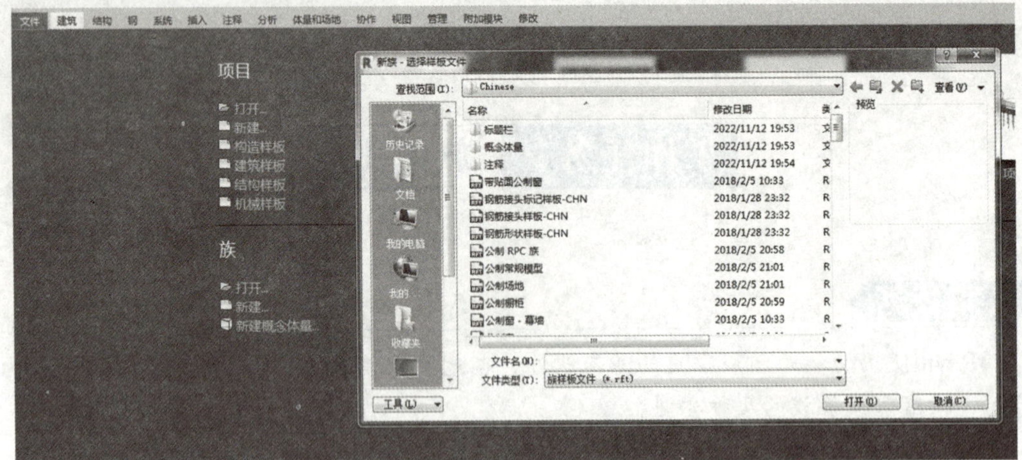

图 14.1　可载入族进入界面

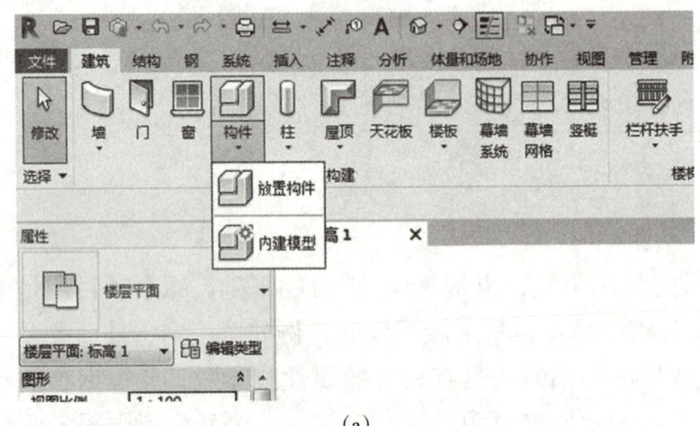

(a)

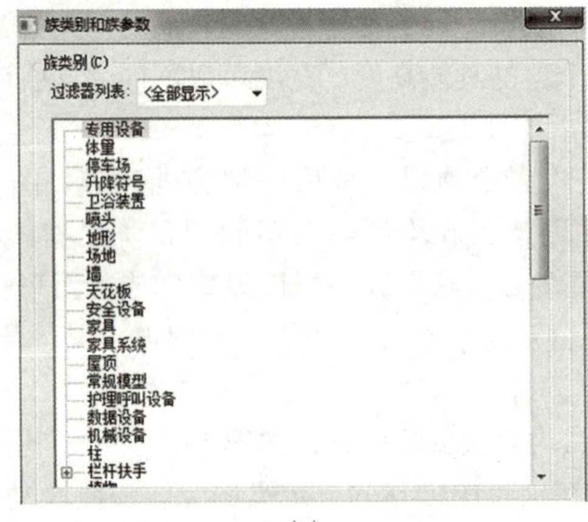

(b)

图 14.2　内建族进入界面

（3）系统族。系统族是利用系统提供的默认参数进行定义的，不能作为单个文件载入或创建，即系统自带族不可载入其他项目，如图 14.3 所示。Revit 预定义了系统族的属性设置及图形表示，可以在项目内使用预定义类型生成属于此族的新类型。例如，标高的行为在系统中已经预定义，但可以使用不同的组合来创建其他类型的标高。系统中包括墙体、楼板、屋顶、天花板和尺寸标注等，系统族可以在项目之间传递。

族的分类及概念见表 14.1。

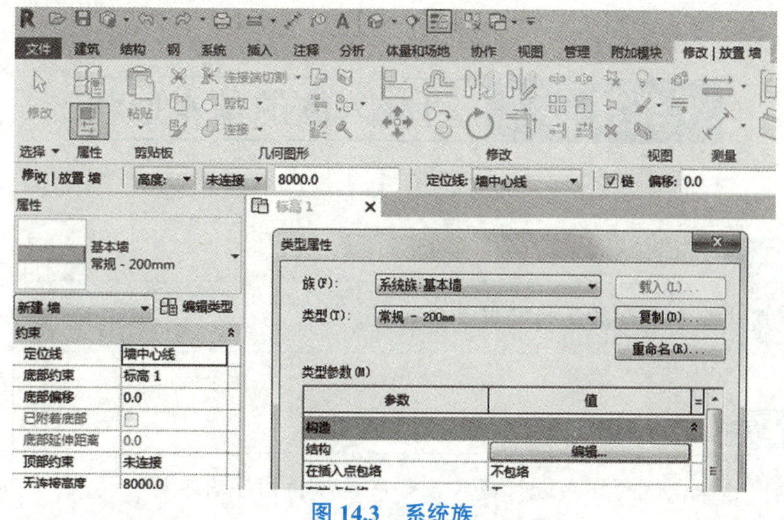

图 14.3　系统族

表 14.1　族的分类及概念

族的分类	可载入族	内建族	系统族
概念	可载入不同项目，可通过参数化进行属性定义，运用族样板创建于项目外的扩展名为 .rfa 的文件	在项目内创建的族，仅服务于本项目，不可传递、载入其他项目	系统自带，可修改参数，不能为外部载入、创建，可在项目中进行复制

知识链接

族的基本命令（放样、放样融合）

族的基本命令（拉伸、融合、旋转）

族的基本命令（族的分类、特点、族样板）

族的概念

知识拓展

虹桥商务核心区以原设计为基础，采用 Revit 软件进行三维建模，即将项目所具有的真实信息通过数字化技术，在计算机中建立一座虚拟建筑，形成一个唯一、完全一致的建筑信息库。该项目利用 Revit 平台分别创建了全专业的 BIM 模型，通过 BIM 技术的运用，实现了在施工单位进场前完成综合调整、所需管段提前加工完毕、方案预演等前期准备，在精确施工、精确计划、提升效益方面发挥了巨大的作用。该项目通过运用 BIM 技术减少了 50% ～ 70% 的信息请求，缩短了 5% ～ 10% 的施工工期，减少了 20% ～ 25% 的各专业协调时间。

工作任务二 可载入族的基本形状

工作任务

掌握创建族基本命令的运用及其参数设置。

知识准备

在族库中选择合适的样式进行载入，如果族库的构件均不符合要求，可通过基本形状组合创建族以扩大族库容量，满足使用。

任务实施

族样板“创建”选项卡的“形状”面板提供了“拉伸”“融合”“旋转”“放样”“放样融合”“空心形状”等基本建模命令，如图 14.4 所示，使用这些命令时都是基于参照平面，以参照平面交点为原点进行绘制较为方便。下面介绍建模命令的使用方法。

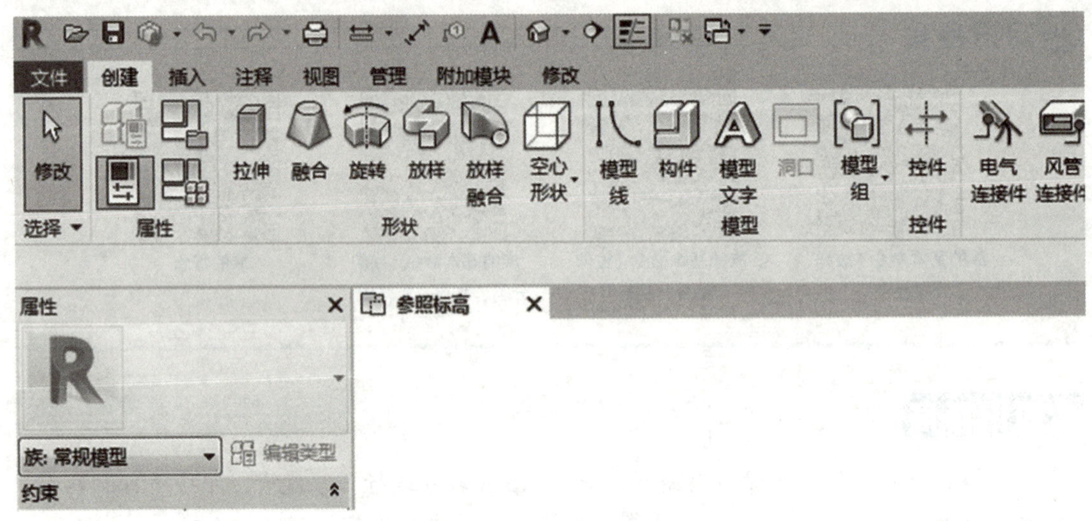

图 14.4　族基本命令操作界面

1. 拉伸

在绘图界面以参照标高对应平面为基准面，即 ±0.00 平面，绘制一个封闭轮廓，拉伸起点和终点将以该基准面为分界，向上为正，向下为负。例如，在拉伸起点输入“0”，在拉伸终点输入“250”，完成编辑模式，拉伸后三维模型高度为 250，如图 14.5 所示。

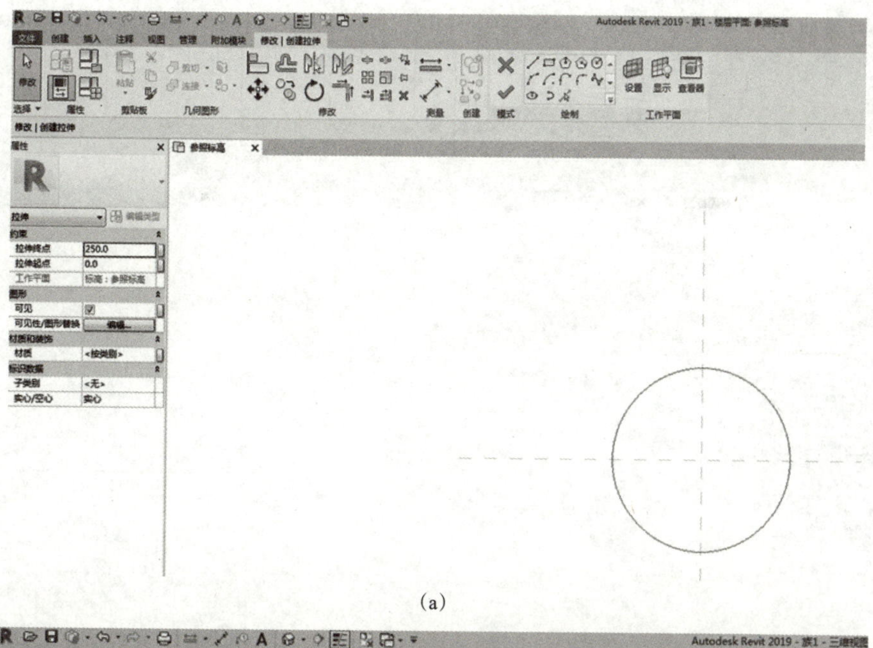

(a)

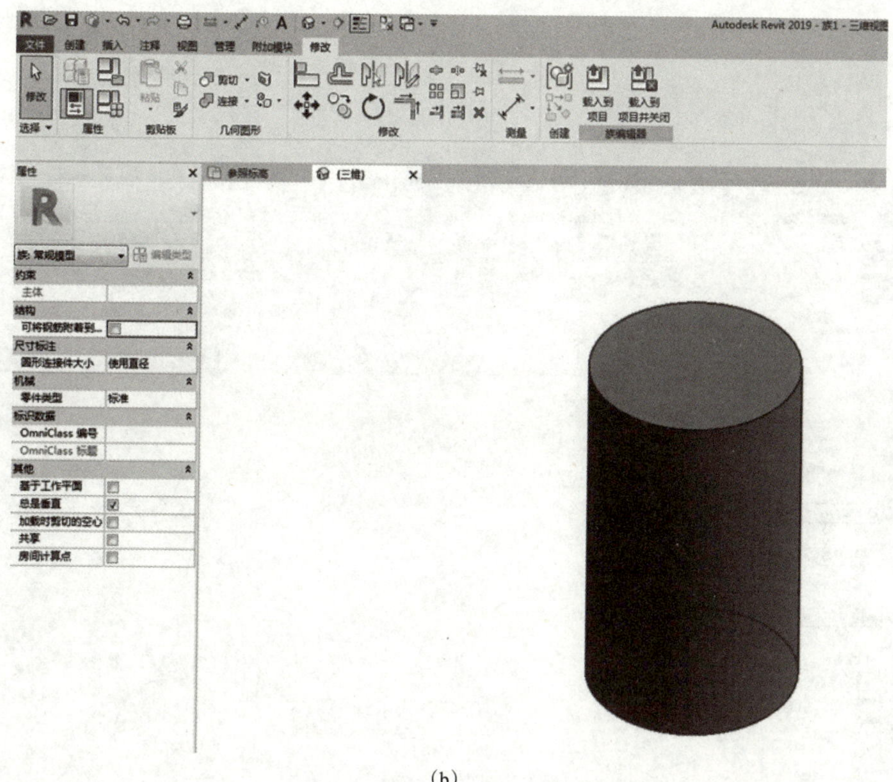

(b)

图 14.5　拉伸操作步骤示意图

2．融合

在相互平行的两个平面内绘制不同形状的封闭轮廓，进行融合建模。第一端点和第二端点为上、下两面，其间距即融合后模型的高度，通过单击“编辑顶部”和“编辑底部”按钮可编辑上、下两面的轮廓，单击“编辑顶点”按钮可确定融合逻辑关系，如图 14.6 所示。

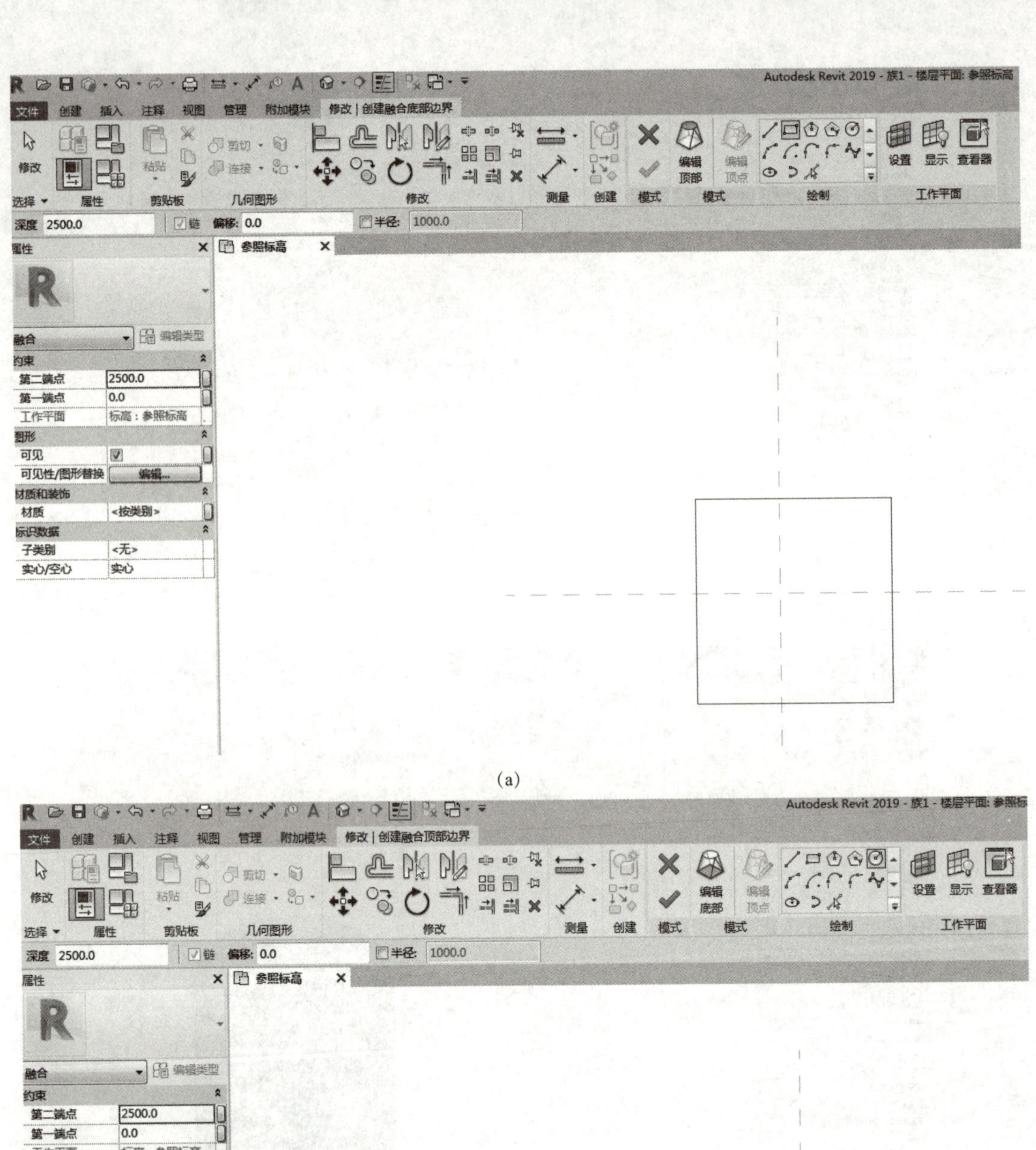

(a)

(b)

图 14.6　融合操作步骤示意

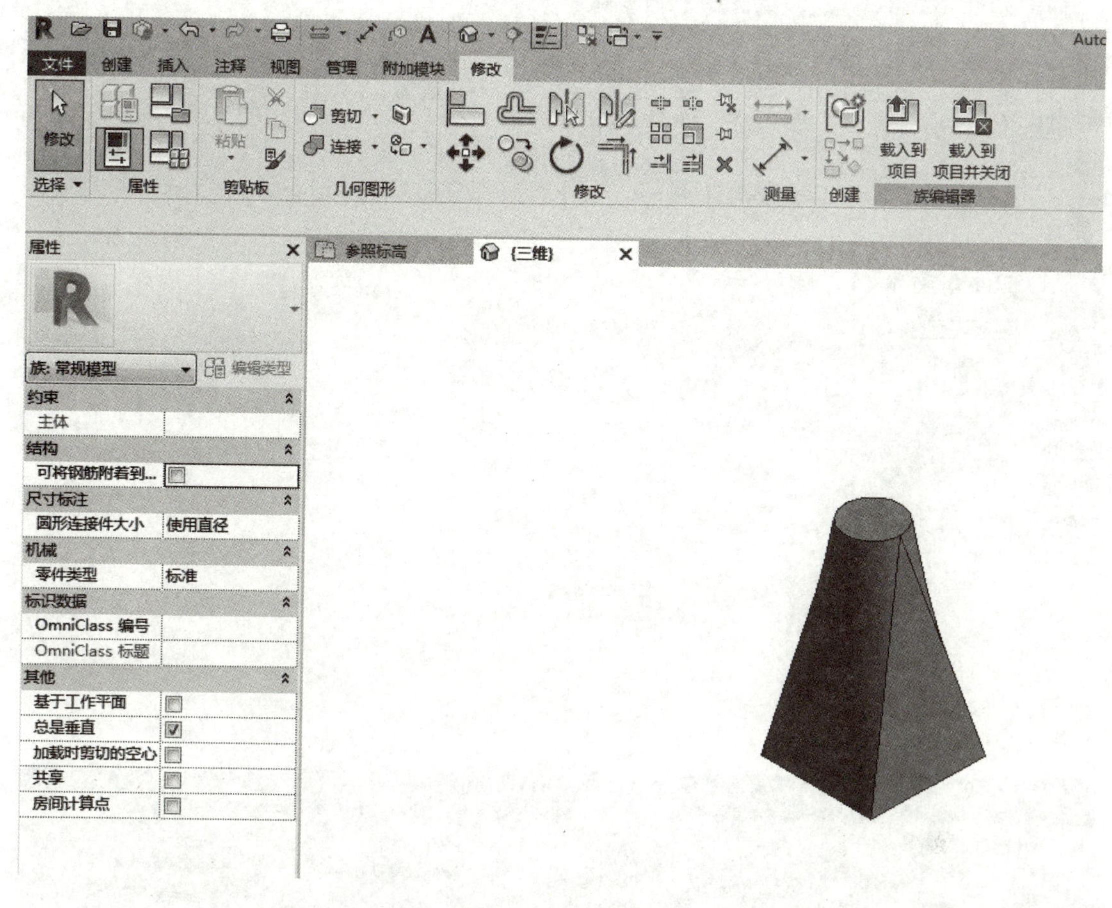

(c)

图 14.6　融合操作步骤示意（续）

3. 旋转

该命令可通过创建一封闭轮廓，让该轮廓围绕一根轴进行旋转创建三维模型，起始及结束角度可控制旋转圆心角大小，如起始角度为 0°，结束角度为 360°，生成的就是封闭圆形体，若起始角度为 0°，结束角度为 180°，则生成的就是半圆体，如图 14.7 所示。

4. 放样

放样是用于创建需绘制或应用轮廓且沿路径拉伸该轮廓族的建模。一般情况下，对于弯曲且光滑过度的异型构件可使用该命令。单击“放样”按钮，切换至“修改 | 放样”上下文选项卡，单击“绘制路径”按钮，绘制图 14.8 所示的路径，单击“完成编辑模式”按钮✔。完成路径设置之后，进入轮廓编辑模式，如图 14.9 所示，创建三维模型。

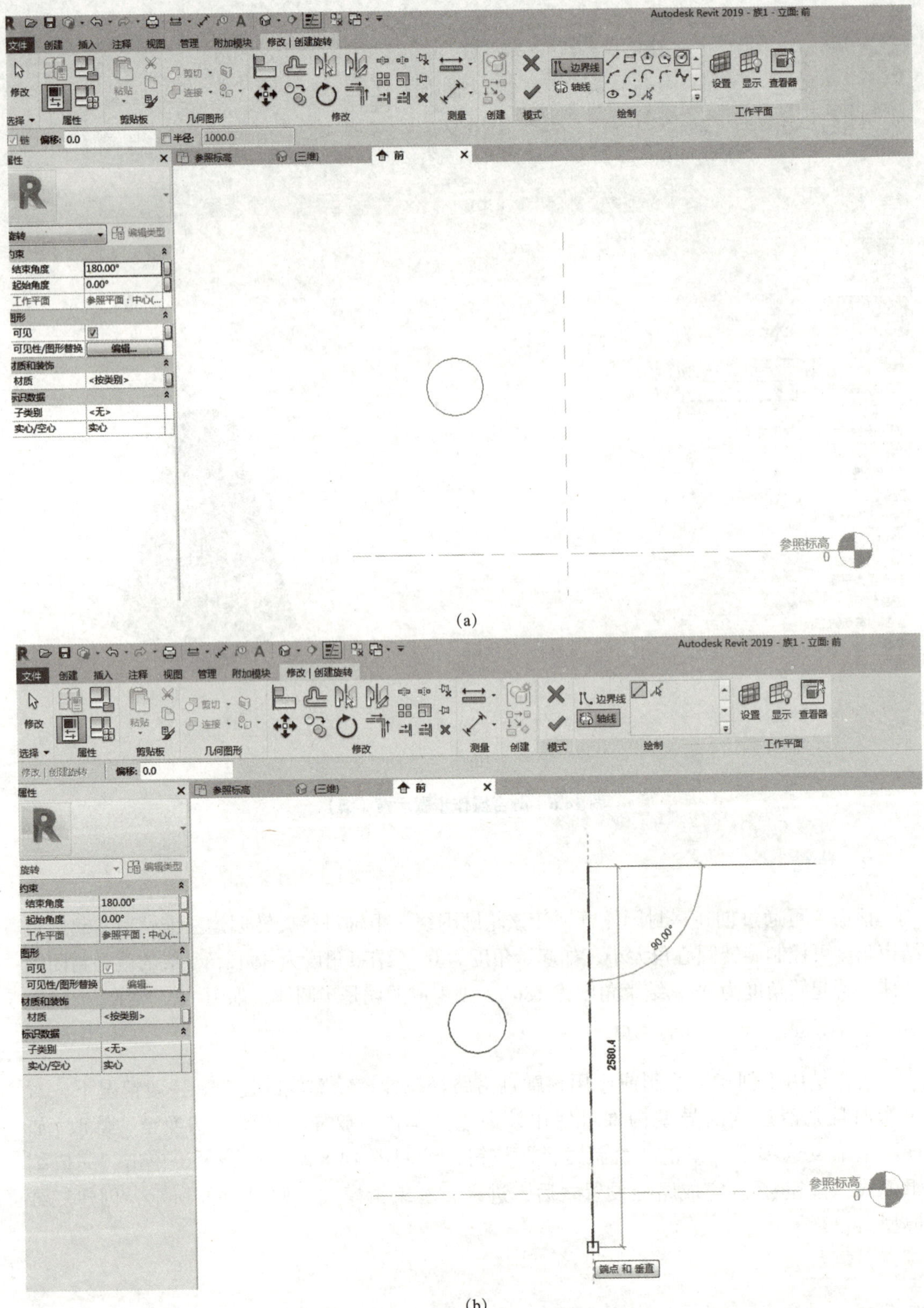

(a)

(b)

图 14.7　旋转操作步骤示意

(c)

(d)

图 14.7　旋转操作步骤示意（续）

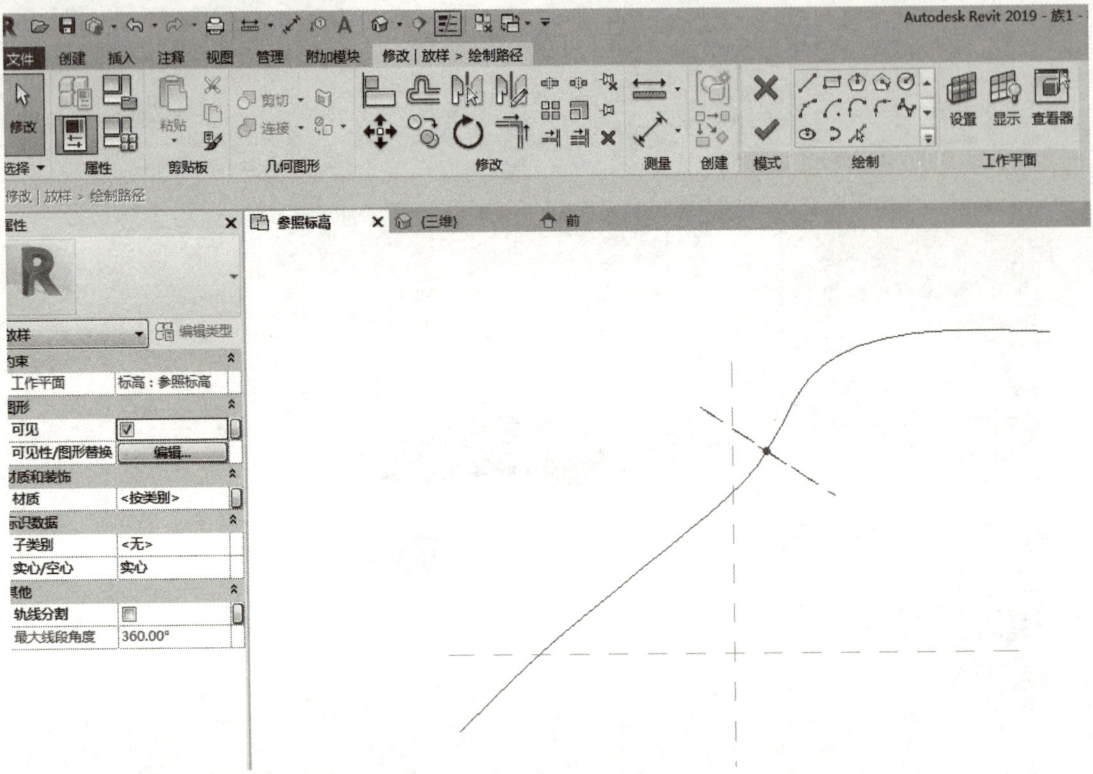

图 14.8　放样设置路径操作步骤示意

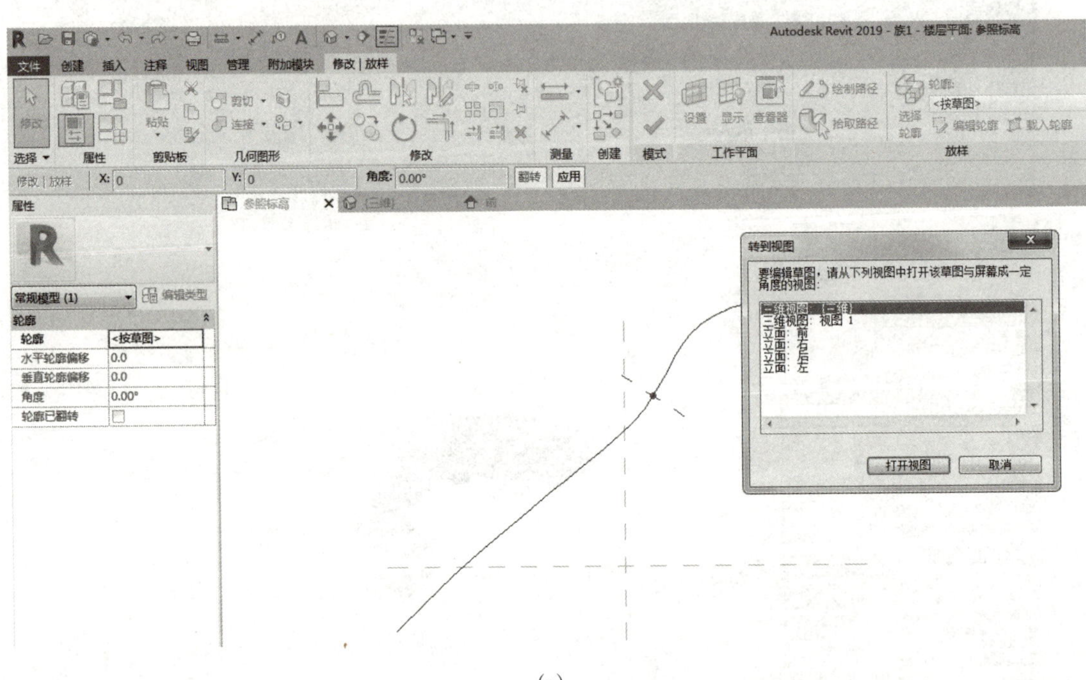

(a)

图 14.9　放样操作步骤示意

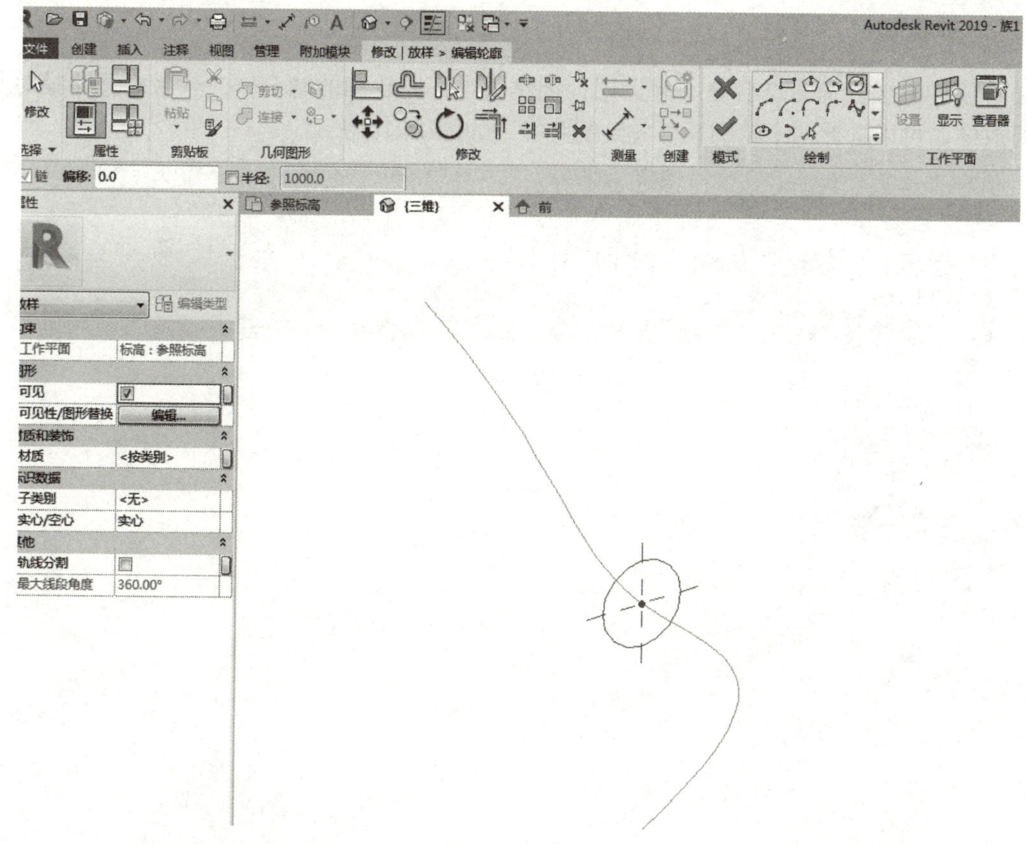

(b)

(c)

图 14.9　放样操作步骤示意（续）

5. 放样融合

将放样与融合命令结合在一起运用，创建两个不同轮廓的融合体，然后根据路径对其进行放样，可以选择两个轮廓面。先绘制路径，如图 14.10 所示。

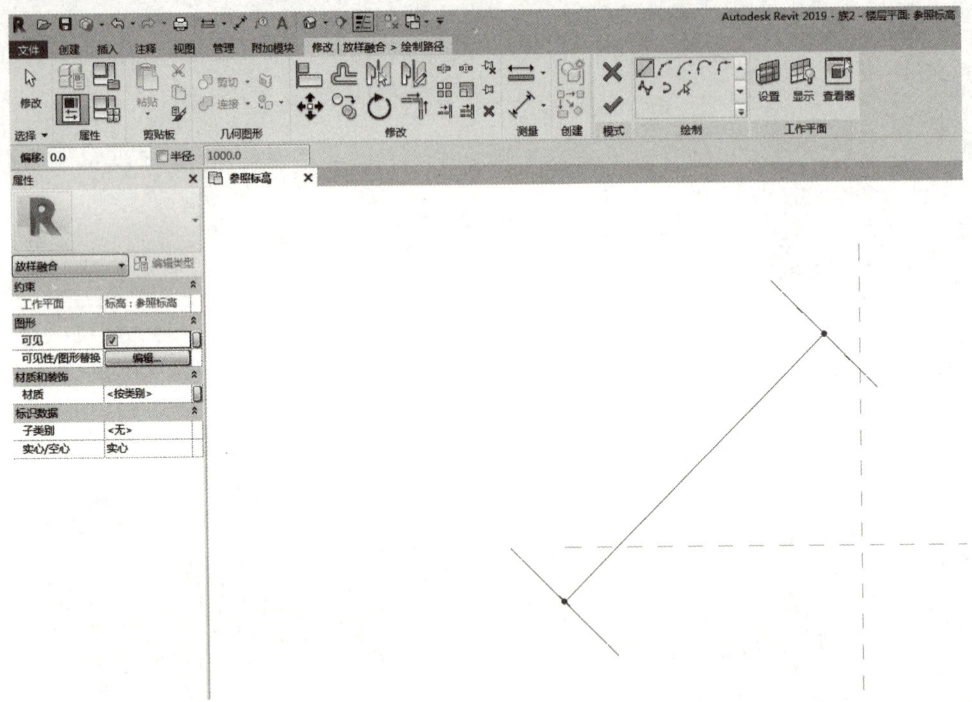

图 14.10　放样融合路径操作示意

选择“选择轮廓 1”→“编辑轮廓”命令，如图 14.11 所示。同理，选择“选择轮廓 2”→“编辑轮廓”命令，如图 14.12 所示，创建三维模型。

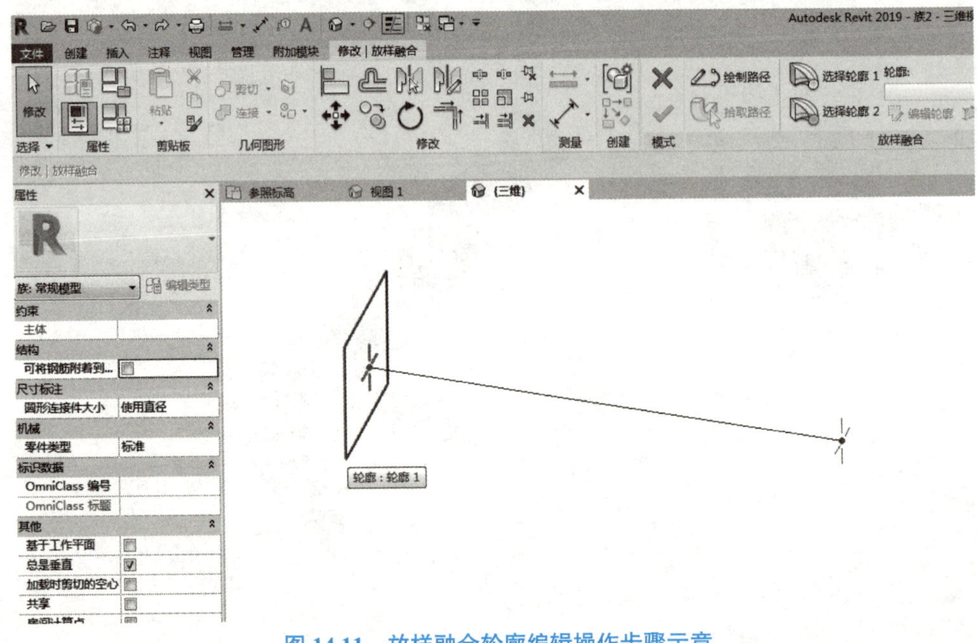

图 14.11　放样融合轮廓编辑操作步骤示意

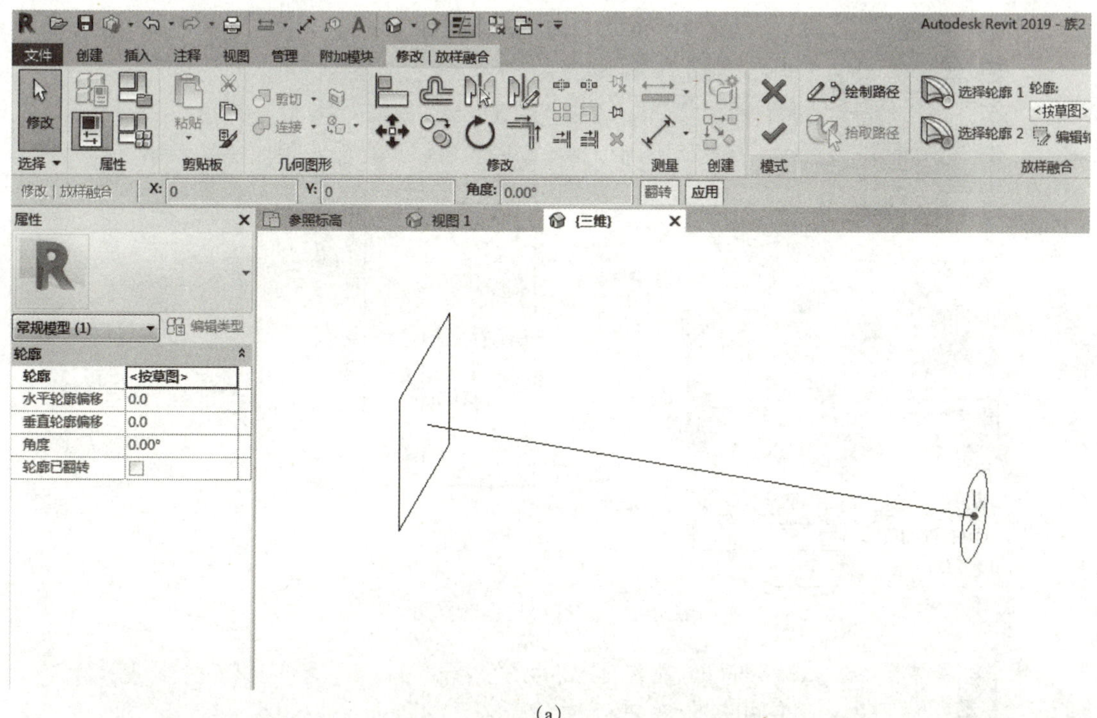

(a)

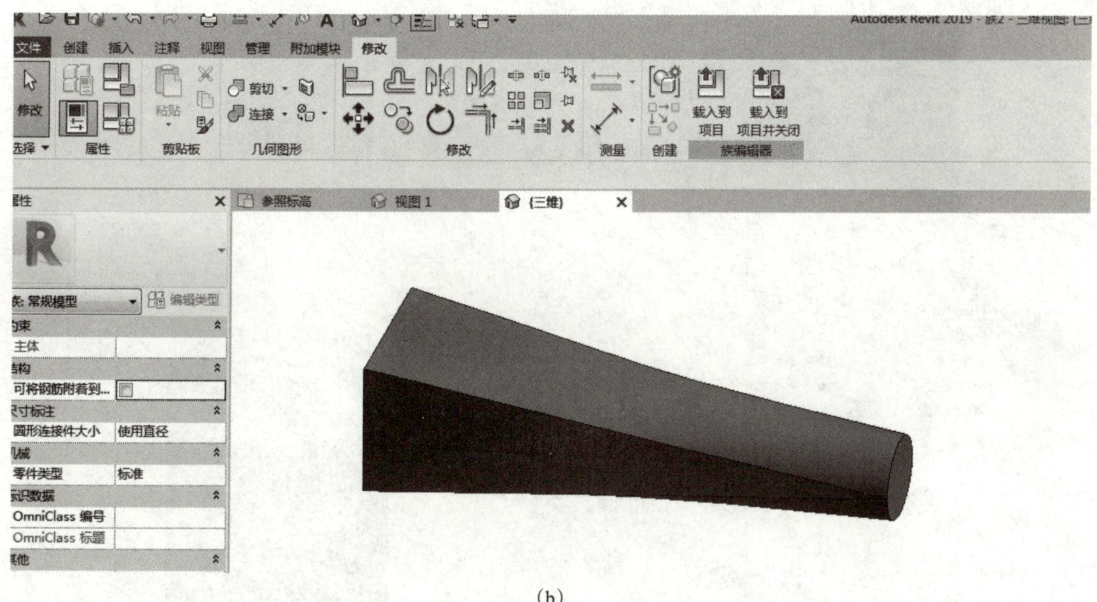

(b)

图 14.12　放样融合操作步骤示意

6．空心模型

创建空心模型有以下两种方法。

（1）在“创建”选项卡中单击“空心形状”下拉按钮，选择任一选项，基本形状操作方法与实体模型操作命令一致，如图 14.13 所示。

（2）选中实体，在“属性”面板中将实体模型转成空心模型，如图 14.14 所示。

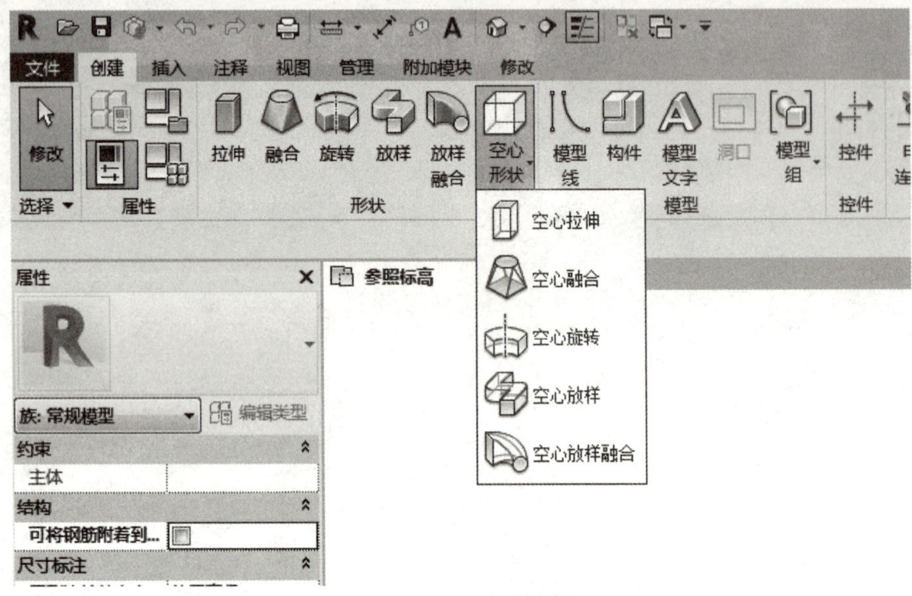

图 14.13 “空心拉伸”界面

图 14.14 空心拉伸步骤示意

知识链接

族的创建（非参数族、参数族）

参数族应用

非参数族应用

知识拓展

我国黄登水电站工程利用 Project Wise 协同设计平台，将 Civil3D、Revit、Inventor 、AIM 等 BIM 设计数据文件进行互连共享，分级管理控制，极大地提高了设计效率。在进行施工总布置三位一体信息化设计进程中，BIM 不仅提高了设计效率和设计质量，而且大大降低了不同专业之间协同和交流的成本。

训练与提升

一、选择题

1．关于内建族下列叙述正确的是（　　）。

A．可传递　　B．可载入　　C．可复制　　D．以上均不对

2．图 14.15 所示三维模型是使用（　　）创建的。

图 14.15　三维模型

A．放样融合　　B．融合　　C．旋转　　D．拉伸

3．下列选项属于系统族的是（　　）。

A．墙体　　B．门窗　　C．结构柱　　D．梁

二、思考题

1．放样融合的路径可以有好几段吗？

2．尝试通过“旋转”命令创建奥林匹克运动会会旗。

3．尝试分段式放样，最大线段角度为 60°。

三、实训题

运用公制常规模型样板创建图 14.16 所示的三维模型。

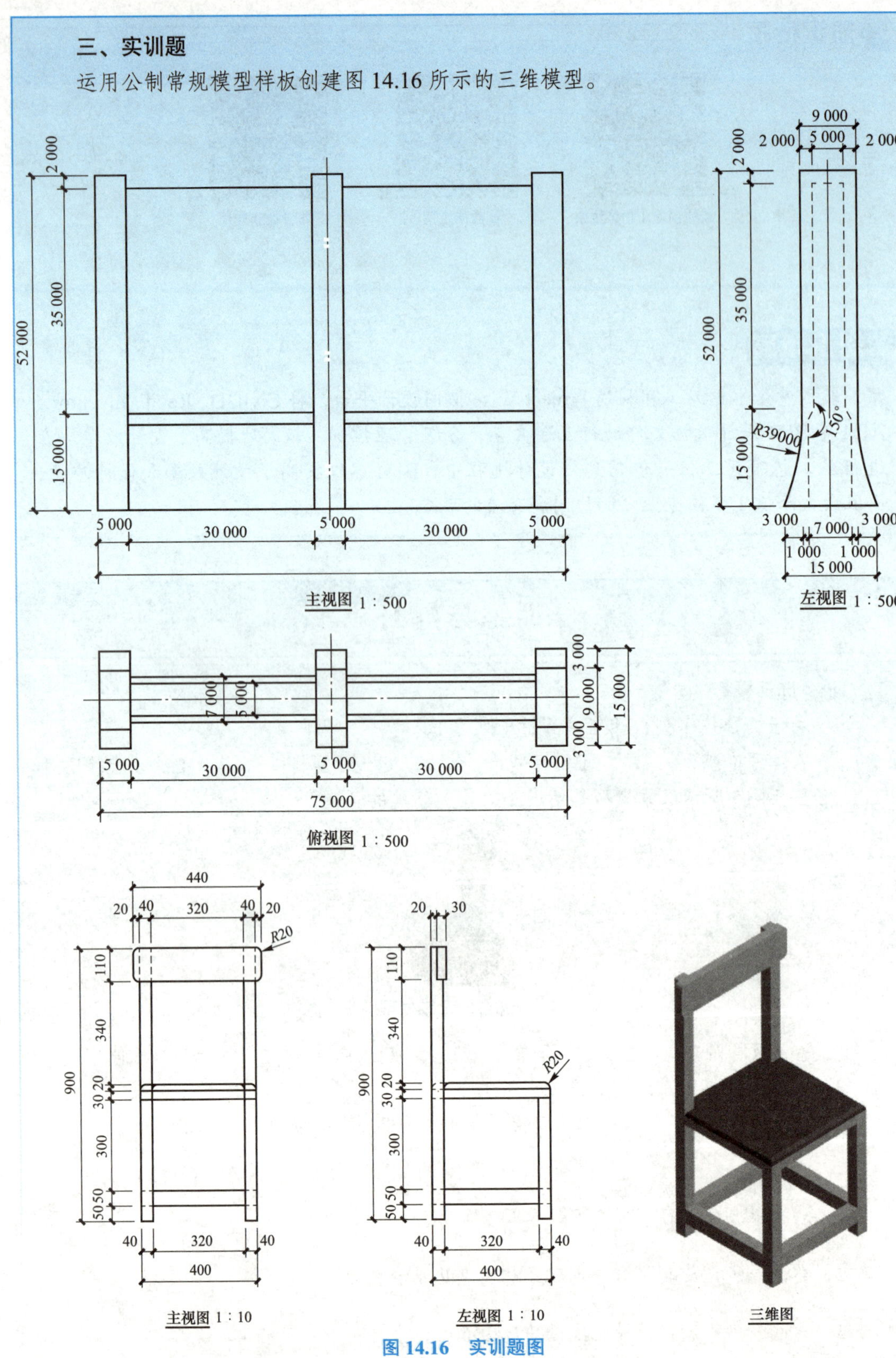

图 14.16　实训题图

项目十五　体量创建和编辑

体量是在建筑模型的初始设计中使用的三维形状。在项目前期概念设计阶段，体量可为建筑师提供灵活、简单、快速的概念设计模型。通过体量研究，可以使用造型形成建筑模型概念，帮助设计师推敲建筑形态，还可以统计概念体量模型的建筑楼层面积、占地面积、外表面积等设计数据从而探究设计的理念。概念设计完成后，可以直接将建筑图元添加到这些形状中。

创建体量的方式如下。

（1）概念体量：可用于载入多个项目的体量族。

（2）内建体量：仅用于本项目独特的体量形状。

【知识目标】

1. 了解体量的定义、分类和特点，掌握体量的属性设置和关联方式；

2. 掌握体量创建工具，可以根据设计要求生成不同形状的体量模型；

3. 掌握体量编辑工具，如移动、缩放、剪切、布尔运算等，能够根据设计变化调整和优化体量模型；

4. 掌握体量概念和其创建编辑技巧。

【能力目标】

1. 能够理解体量在 BIM 建模中的作用和意义，能够区分不同类型的体量，能够掌握体量的基本属性和参数设置；

2. 能够根据设计意图和图纸，创建符合比例、尺寸和形态的体量模型；

3. 能够根据图纸的变更，对体量模型进行调整、裁剪、组合和分解等操作；

4. 能够对体量模型进行参数化设置，提高建模效率和准确性。

【素质目标】

1. 培养对 BIM 技术的学习兴趣和积极态度；

2. 提高创新意识和问题解决能力，以应对 BIM 建模中体量在项目中的实际应用；

3. 增强团队协作和沟通能力，以便在实际项目中应用 BIM 建模中体量创建与编辑方法。

4. 培养积极探索的精神。

工作任务一　概念体量创建三维模型的基本形式

工作任务

族命令有拉伸、旋转、放样、融合、放样融合，本工作任务介绍如何在概念体量中实现这些命令。

知识准备

参照族的基本形状命令，探索在概念体量中实现类似族的基本形令命令的方式。

任务实施

选择“族”→“新建概念体量”命令，弹出“新概念体量 – 选择样板文件”对话框，选择“公制体量”，单击“打开”按钮，如图 15.1 所示。在概念体量的创建环境中提供了基本标高平面和相互垂直且垂直于标高平面的两个参照平面，如图 15.2 所示，图中三条线代表三个平面，这三个面可以理解为空间 X、Y、Z 坐标平面，三个平面的交点（条形框的位置）可以理解为坐标原点。

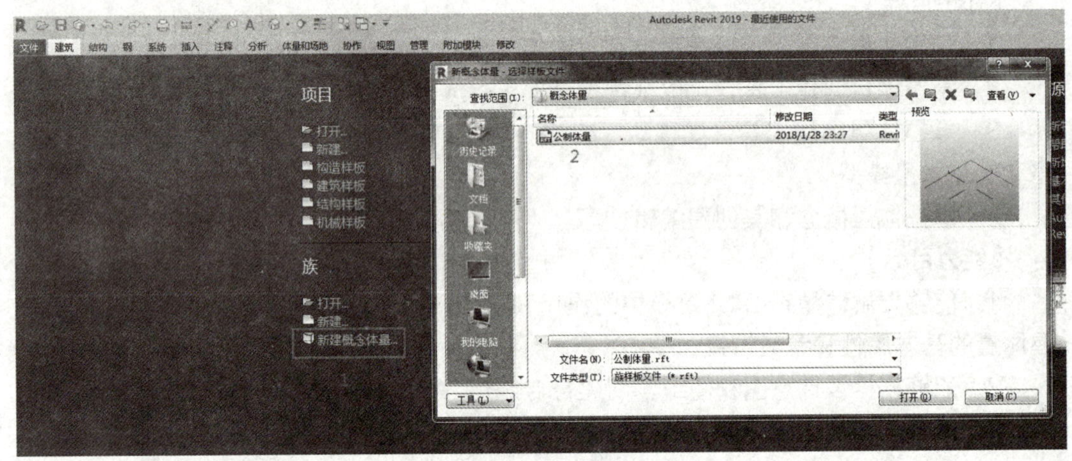

图 15.1　体量进入界面

在创建概念体量时，通过指定轮廓所在平面及距离原点的相对距离来定位轮廓线的空间位置。

在创建概念体量模型时可先创建标高参照平面、参照点等工作平面，再在工作平面上创建草图轮廓，选中草图轮廓，单击“修改”选项卡“形状”面板中的“创建形状”按钮，将草图轮廓转换生成三维概念体量模型。

“创建形状”工具（按钮）将自动分析所拾取的草图，通过拾取草图形态可以生成拉伸、旋转、放样、融合等多种形态的对象，类似可载入族创建中的五个基本命令（表 15.1）。

表 15.1　概念体量生成实体形状的方式

生成方式	轮廓线	模型成果	说明
拉伸	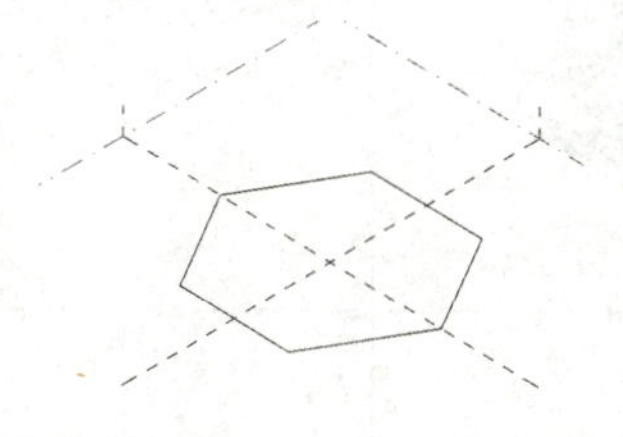	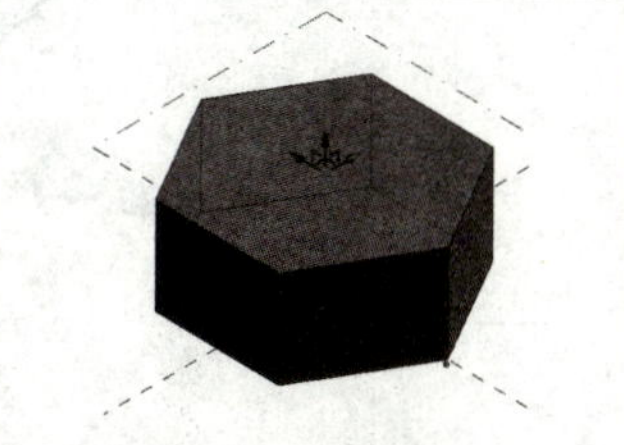	拉伸二维轮廓线创建三维模型，与族的区别是模型不能通过拉伸起点和终点调整高度，可通过调整参数调整高度
	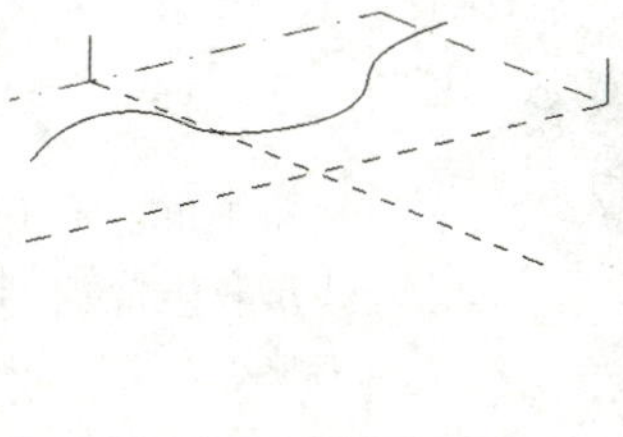	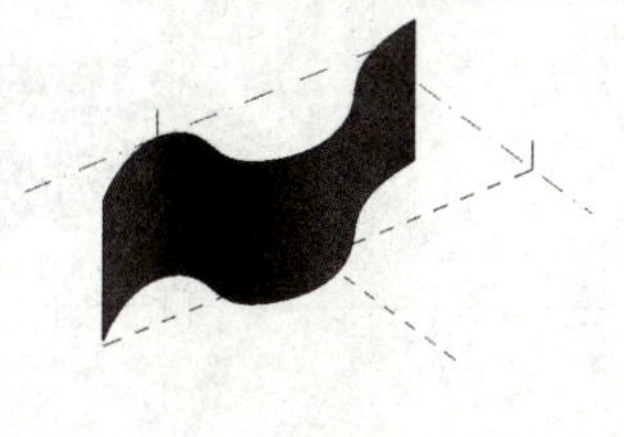	线条拉伸成面
	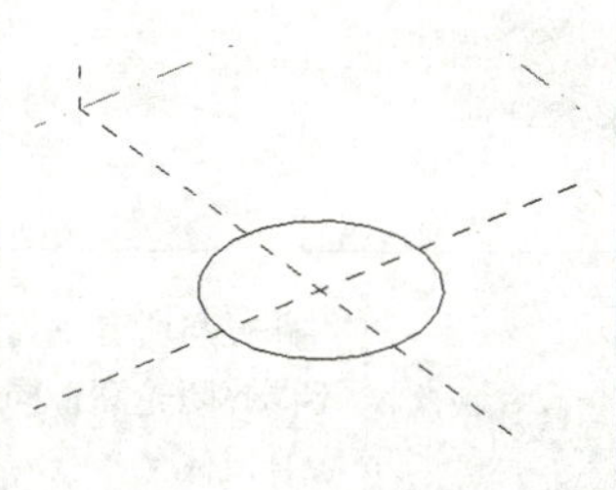	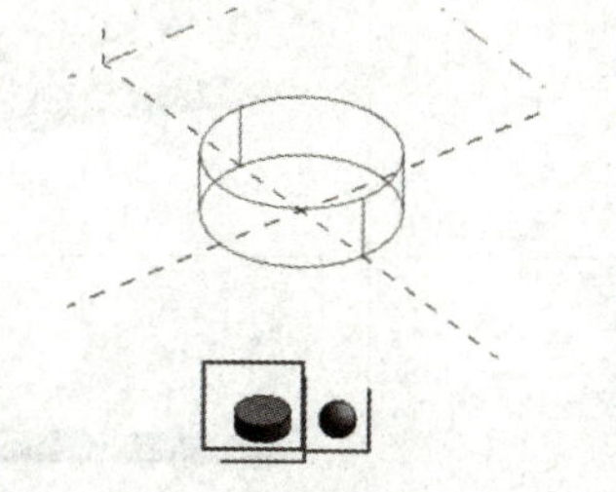	拉伸形成柱体
旋转	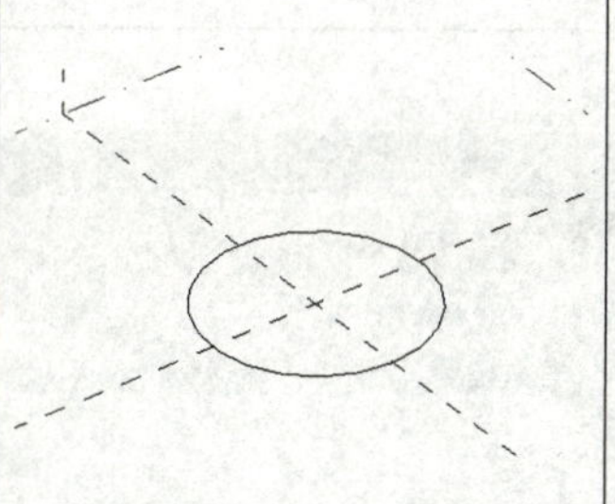	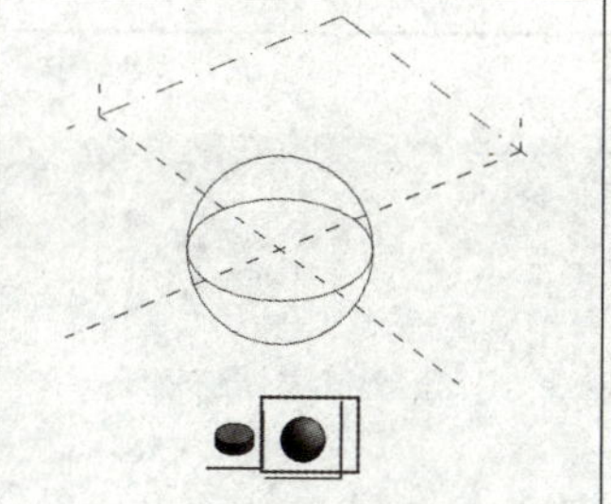	旋转形成球体
	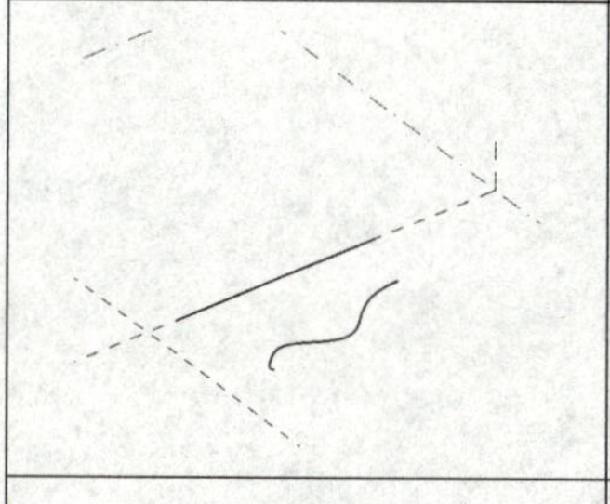	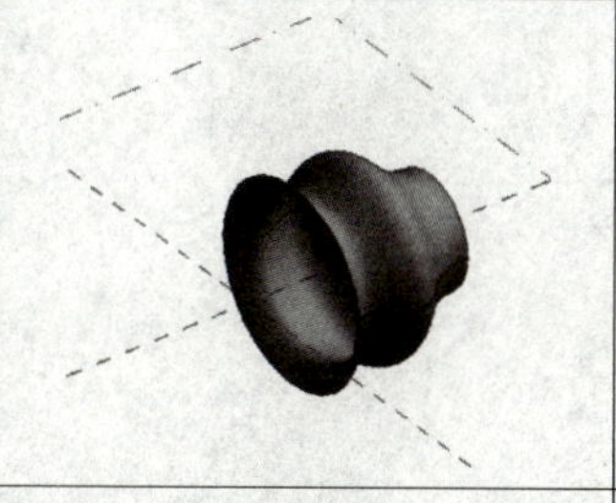	位于统一平面内的直线（默认旋转轴）和曲线，同时选中旋转成体
	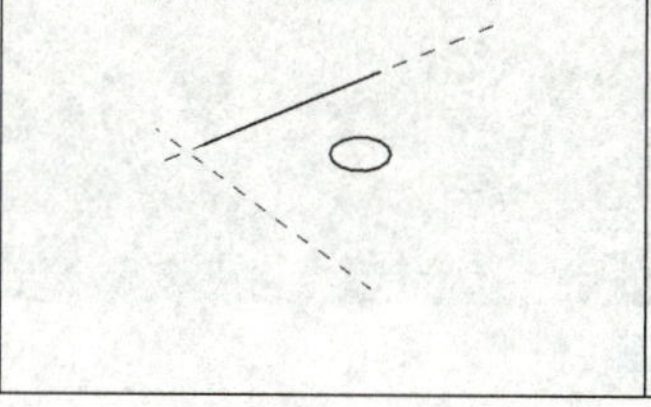	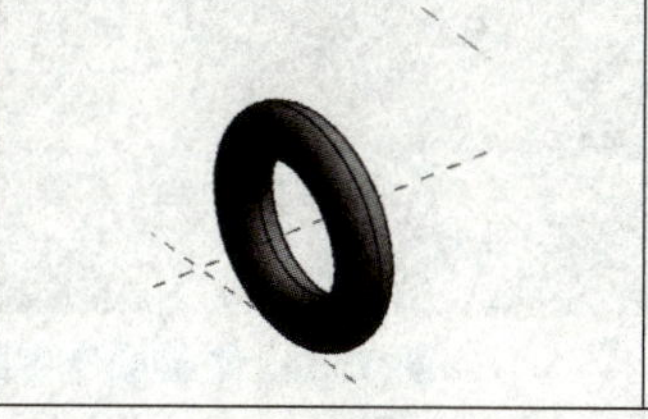	位于同一平面内直线和封闭轮廓，同时选中旋转成体

续表

生成方式	轮廓线	模型成果	说明
放样			路径与垂直于路径上的轮廓线，同时选中放样成体
融合			位于相互平行的不同平面上的封闭轮廓，同时选中融合成体
放样融合			路径与所有垂直于路径上的不同封闭轮廓，同时选中放样融合成体

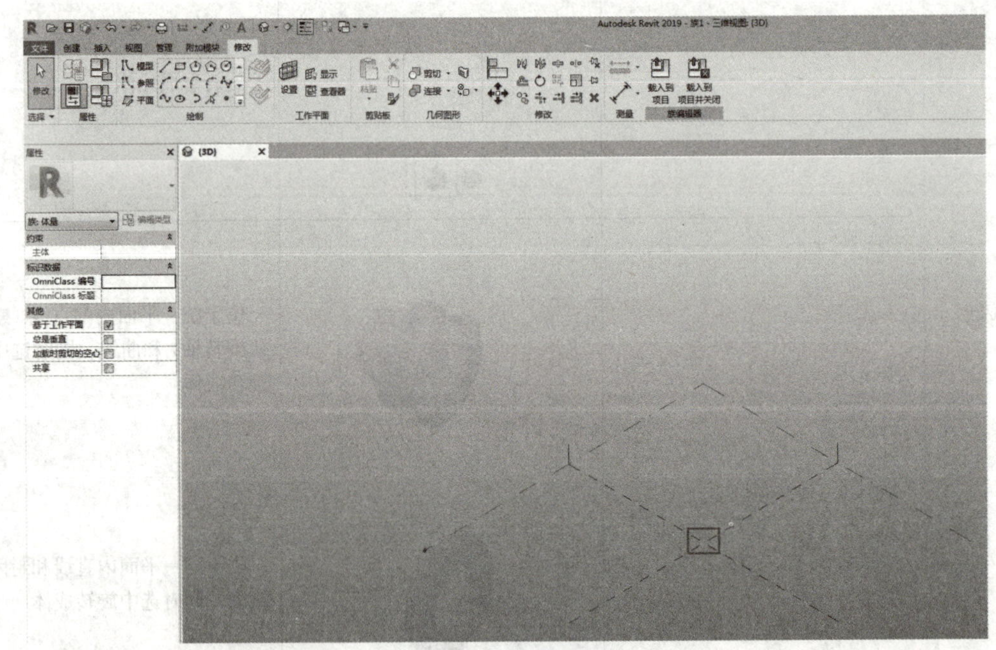

图 15.2　体量操作界面

例如，绘制一条竖线和半圆轮廓，同时选中，单击“创建形状”按钮，以旋转的形式创建模型，如图 15.3 所示。

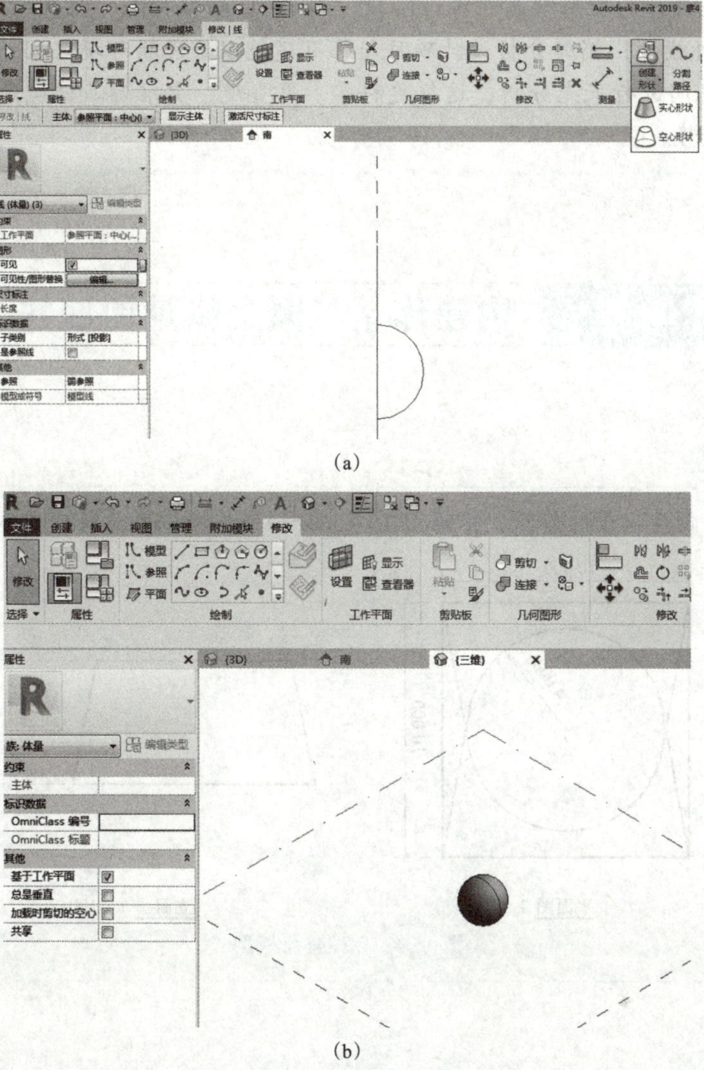

图 15.3　体量操作界面

创建形状时，既可创建实体形状，也可创建空心形状，空心模型将自动剪切与之相交的实体模型，也可以自动剪切创建的实体模型。使用“修改”选项卡“编辑几何图形”面板中的“剪切几何图形”和“取消剪切几何图形”工具，可以控制空心模型是否剪切实体模型。

知识链接

创建体量的途径

创建体量模型

体量的概念

知识拓展

绿色建筑设计的理念就是在设计阶段，利用3D扫描技术，对现场环境进行扫描，然后结合BIM模型，揣摩分析设计项目与已有建筑以及现场环境之间的关系，再利用BIM模型对房间进行采光分析，这样更科学、更直观、更准确。这就是未来绿色建筑设计的发展趋势。

工作任务二 内建体量与概念体量的创建方式

工作任务

通过学习创建体量的知识，根据图15.4，分别使用概念体量与内建体量创建模型。

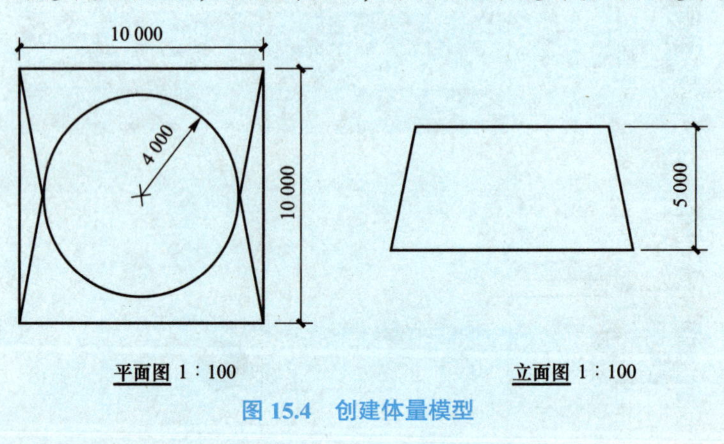

图15.4 创建体量模型

知识准备

在创建体量模型之前，可根据前后、左右、上下三个维度自然形成三维坐标系，选取图纸中合适的点定为坐标系的原点，所有参数均在体量默认坐标系中设置，方便快捷。必须根据平面图形，进行空间构想，想象出三维模型，选取合适建模方法进行模型创建。

任务实施

1. 内建体量

内建体量是在项目中创建的自定义图元，是需要创建当前项目专有的独特构件时所创建的独特图元。

选择“建筑样板”，新建项目，将“标高 2”调至 5 m，单击“建筑”选项卡“构建”面板中的“构件”下拉按钮，选择“内建模型”选项，如图 15.5 所示。

在弹出的“族类别和族参数”对话框中选择“体量”选项，如图 15.6 所示。选择“体量”选项后会弹出“体量 - 显示体量已启用”对话框，单击“关闭”按钮，如图 15.7 所示。然后在“名称”对话框中输入该体量的名称，输入后单击“确定”按钮，如图 15.8 所示。

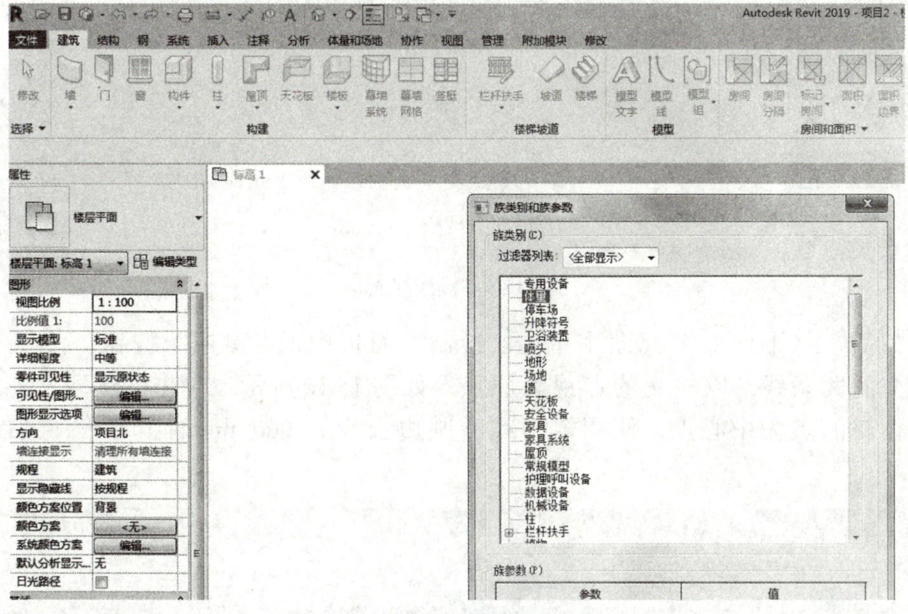

图 15.5　内建体量进入界面

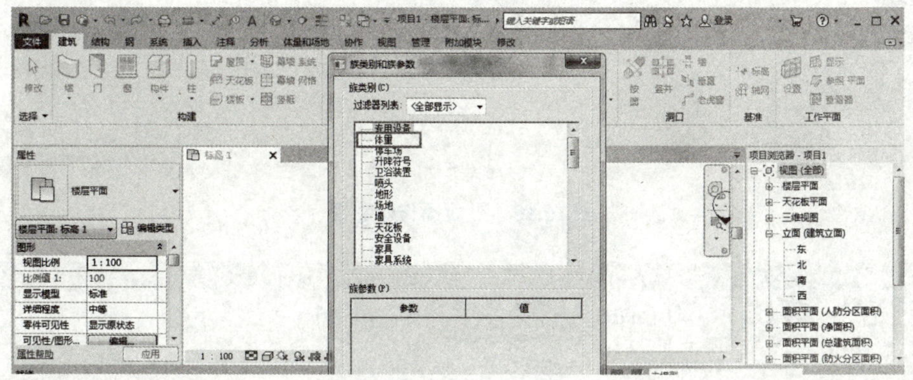

图 15.6　选取族参数

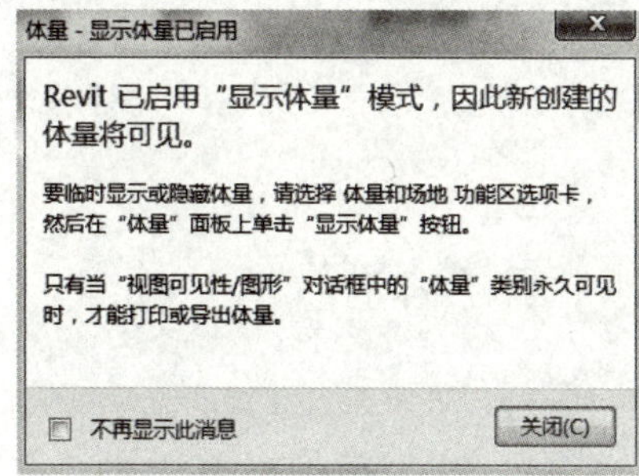

图 15.7　显示体量模式提醒

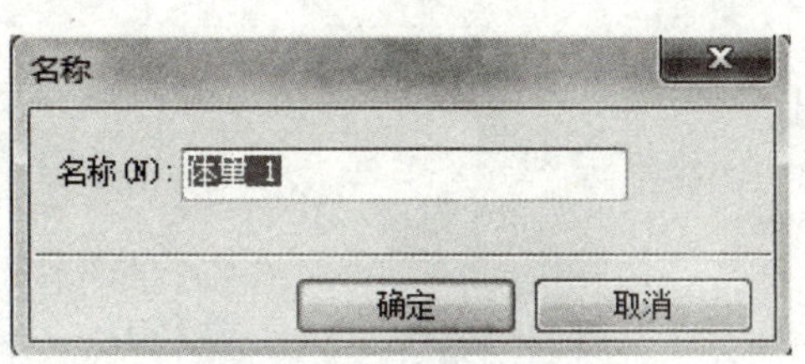

图 15.8　体量模型命名

进入操作界面，如图 15.9 所示。

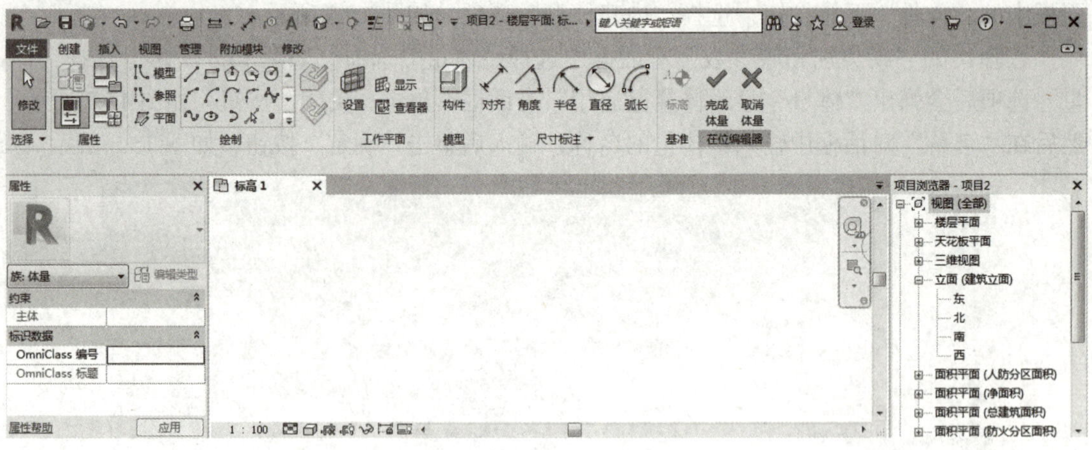

图 15.9　操作界面

在“标高 1（平面 1）”视图中单击“绘制”面板中的“参照”按钮，使用参照线绘制正交的两条线，以相交的点视为原点，如图 15.10 所示。单击“模型”按钮，以参照线相交的点为中心点，使用模型线绘制边长为 10 000 mm 的正方形，如图 15.11 所示。

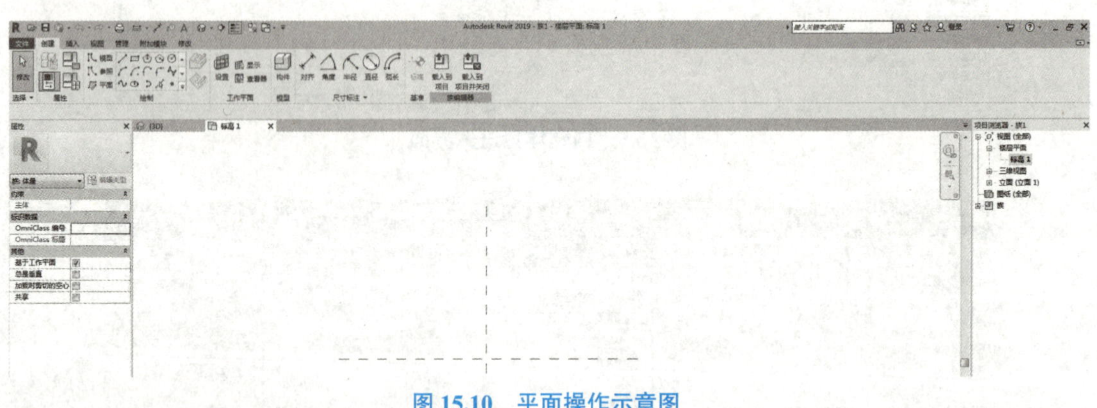
图 15.10　平面操作示意图

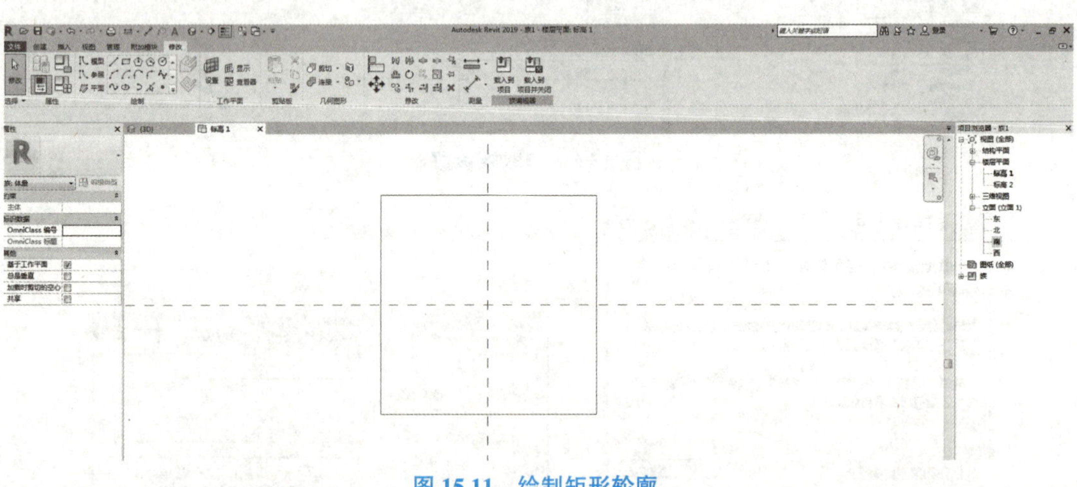
图 15.11　绘制矩形轮廓

打开“标高 2（平面 2）”视图，单击“绘制”面板中的“模型”按钮，绘制 r=4 000 mm 的圆，如图 15.12 所示。单击按钮切换到三维模型，在按住 Ctrl 键的同时选中圆与正方形两个轮廓线，如图 15.13 所示，选择“创建形状创建实体”→“完成体量”命令，生成三维模型，完成任务，如图 15.14 所示。

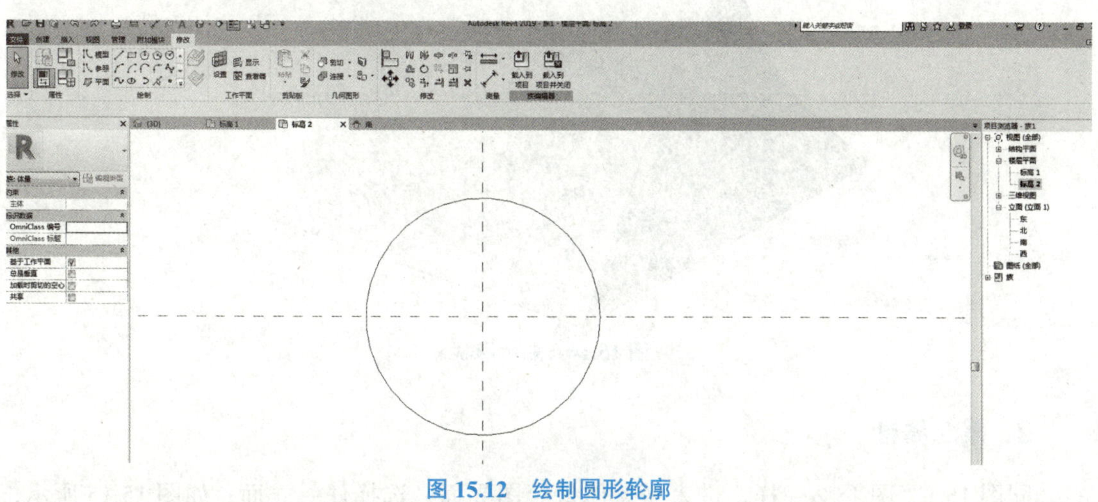

图 15.12　绘制圆形轮廓

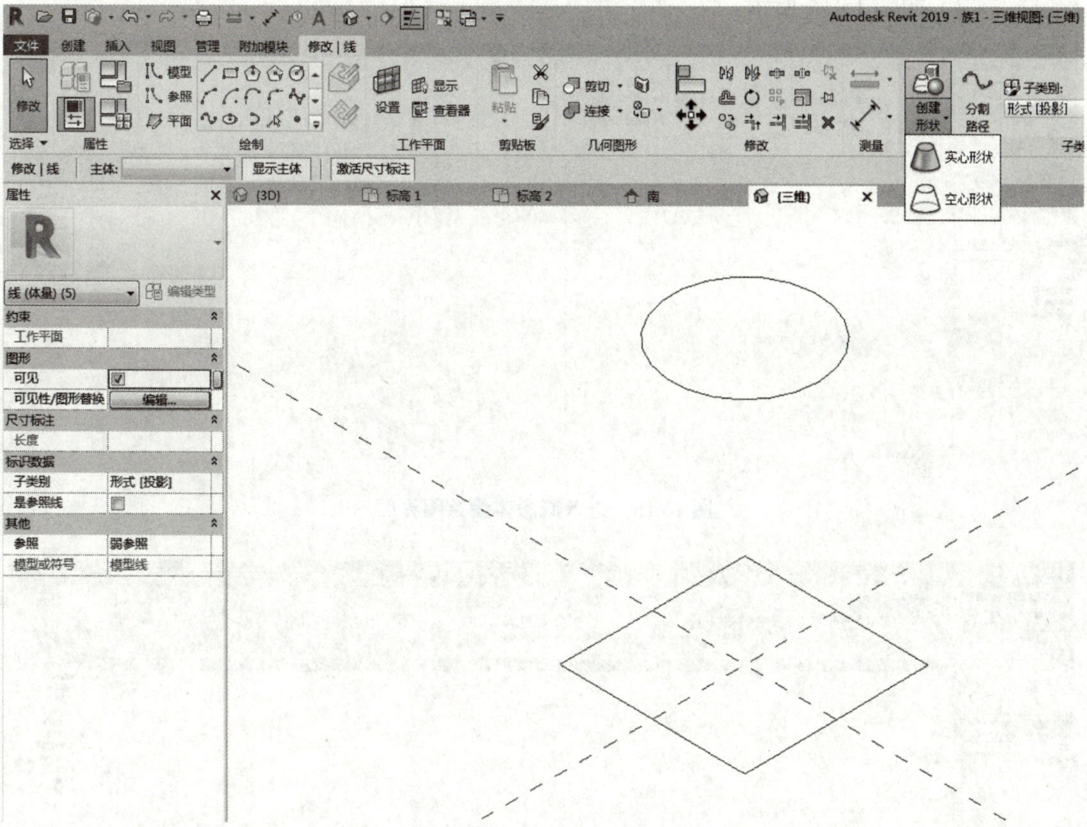

图 15.13　不同形状轮廓线

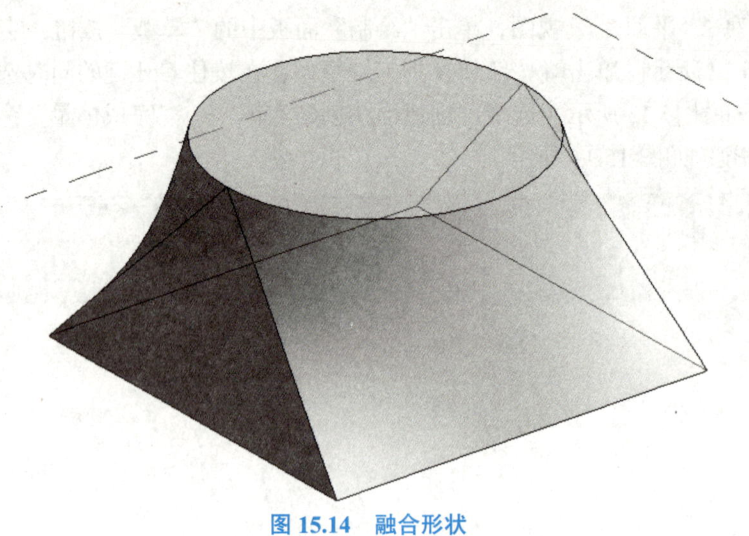

图 15.14　融合形状

2. 概念体量

同图 15.1、图 15.2 一样，进入概念体量绘图界面，选择任一立面，如图 15.15 所示，绘制标高 2，如图 15.16 所示。

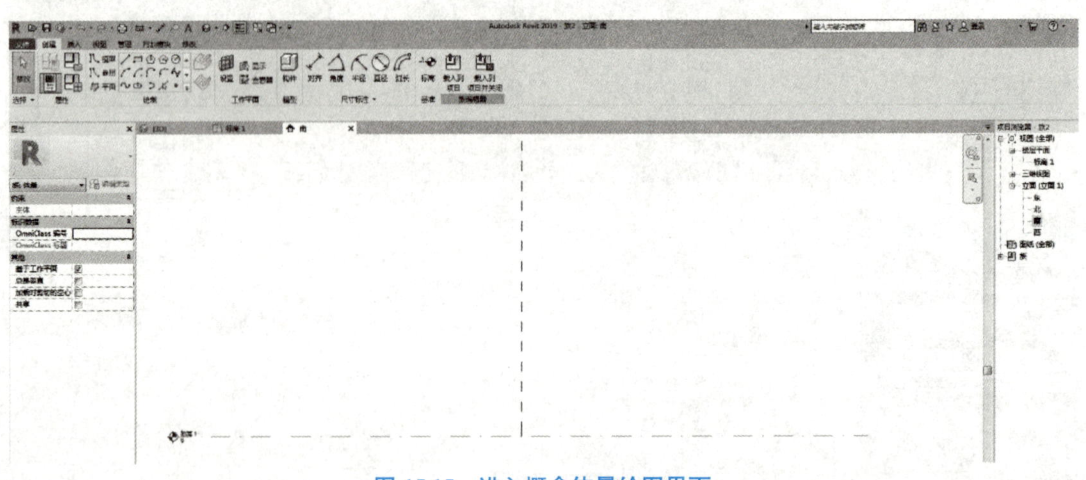

图 15.15　进入概念体量绘图界面

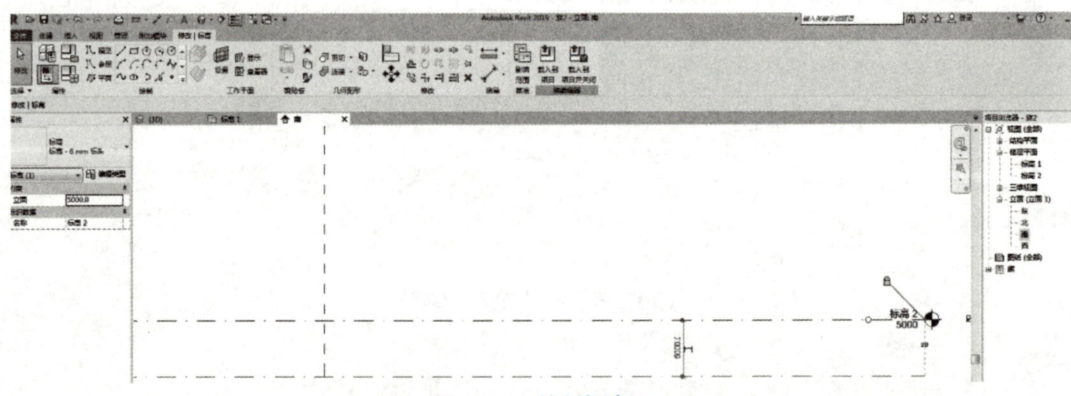

图 15.16　绘制标高 2

标高创建好之后，会形成两个平面，分别在“标高 1（平面 1）”绘制正方形轮廓，在“标高 2（平面 2）”绘制圆形轮廓，同时选中创建形状即可，具体创建方式同内建体量，此处不再赘述。

内建体量与概念体量的创建方式基本一致，区别在于概念体量创建的三维模型可载入任一项目，而内建体量创建的三维模型仅能载入本项目。

知识链接

应用体量模型

知识拓展

上海中心大厦有 8 大功能综合体，包含 7 种结构体系。

从项目全生命周期的角度出发，通过现代化的 BIM 信息技术手段，在项目的设计、施工以及运营的全过程，可有效地控制项目过程当中工程信息的采集、加工、存储和交流，从而支持项目的最高决策者对项目进行合理的协调、规划、控制。

训练与提升

一、选择题

1．图 15.17 所示三维模型用（　　）命令可进行创建。

图 15.17　三维模型

A．拉伸　　B．融合　　C．放样　　D．旋转

2．（　　）不是创建体量的工具。

A．扭转　　B．融合　　C．旋转　　D．放样

3．（　　）属于不可录入明细表的体量实例参数。

A．总体积　　B．总表面积

C．总楼层面积　　D．以上选项均可

二、思考题

1. 如果两个闭合轮廓不全是在轴线的同一侧会怎么样?

2. 在体量中用模型线和参照线所创建形状，其修改方法一样吗?

3. 在体量中如何绘制曲面?

三、实训题

运用体量根据图 15.18、图 15.19 创建三维模型。

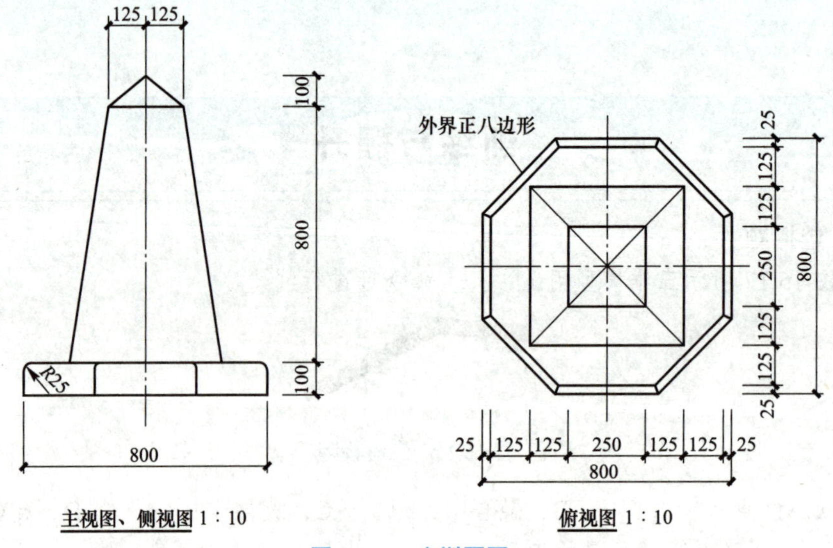

图 15.18　实训题图 1

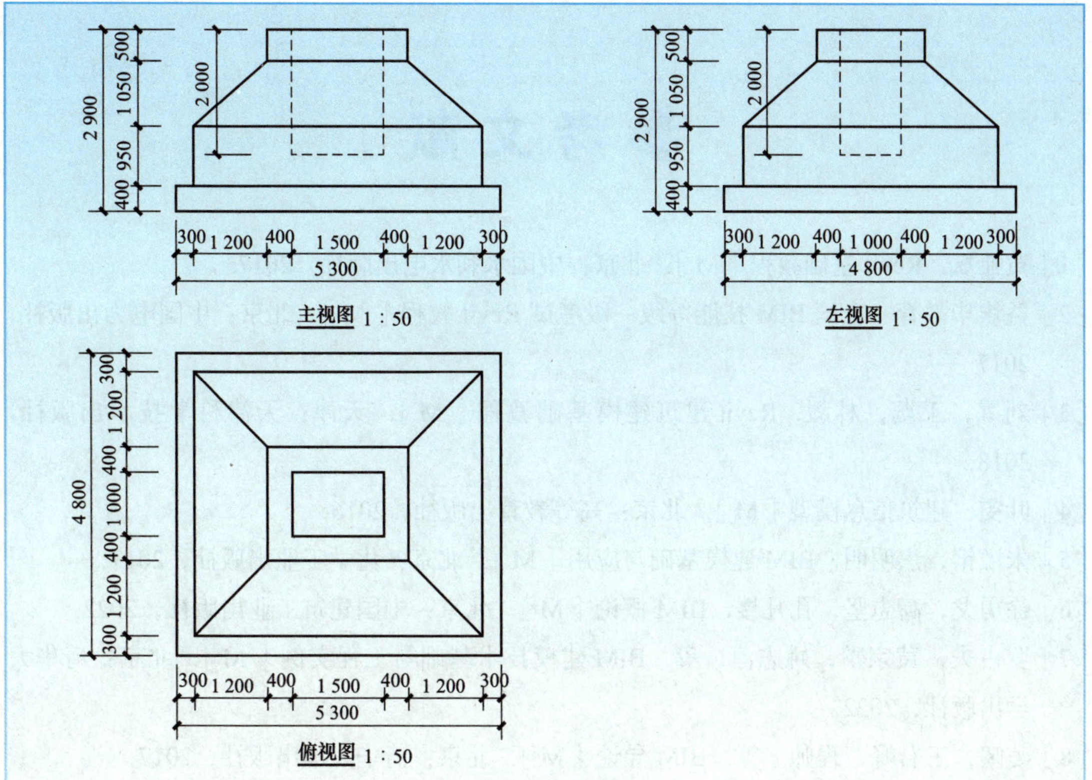
500
1 050
950
400
2 900
2 000
300 1 200 400 1 500 400 1 200 300
5 300
主视图 1：50
300 1 200 400 1 000 400 1 200 300
4 800
左视图 1：50
300
1 200
400
1 000
400
1 200
300
4 800
300 1 200 400 1 500 400 1 200 300
5 300
俯视图 1：50

图 15.19　实训题图 2

参考文献

[1] 黄亚斌．Revit 基础教程［M］．北京：中国水利水电出版社，2017.

[2] 益埃毕教育．全国 BIM 技能等级一级考试 Revit 教程［M］．北京：中国电力出版社，2017.

[3] 刘霖，王蕊，林毅．Revit 建筑建模基础教程［M］．天津：天津科学技术出版社，2018.

[4] 叶雯．建筑信息模型［M］．北京：高等教育出版社，2016.

[5] 朱溢镕，焦明明．BIM 建模基础与应用［M］．北京：化学工业出版社，2017.

[6] 徐勇戈，高志坚，孔凡楼．BIM 概论［M］．北京：中国建筑工业出版社，2022.

[7] 罗占夫，黄宗黔，姚志淳，等．BIM 建模技术基础与工程实例［M］．北京：清华大学出版社，2022.

[8] 姜曦，王君峰，程帅，等．BIM 导论［M］．北京：清华大学出版社，2017.

[9] 赵冬梅，杨荣洁．基于 BIM 技术的 Revit 模型基础创建［M］．武汉：武汉理工大学出版社，2019.

[10] 周基，张泓．BIM 技术应用：Revit 建模与工程应用［M］．武汉：武汉大学出版社，2017.

[11] 郑传璋．BIM 建模技术［M］．西安：西安电子科技大学出版社，2020.

[12] 中国建筑科学研究院，建研科技股份有限公司．跟高手学 BIM——Revit 建模与工程应用［M］．北京：中国建筑工业出版社，2016.

[13] Autodesk, Inc. AUTODESK REVIT ARCHITECTURE 2017 官方标准教程［M］．北京：电子工业出版社，2017.

[14] 廖小烽，王君峰．Revit 2013/2014 建筑设计火星课堂［M］．北京：人民邮电出版社，2019.

[15] 中华人民共和国住房和城乡建设部，中华人民共和国国家质量监督检验检疫总局．GB/T 51212—2016 建筑信息模型应用统一标准［S］．北京：中国建筑工业出版社，2017.

[16] 中华人民共和国住房和城乡建设部．JGJ/T 448—2018 建筑工程设计信息模型制图标准［S］．北京：中国建筑工业出版社，2019.

[17] 中华人民共和国住房和城乡建设部，国家市场监督管理总局．GB/T 51301—2018 建筑信息模型设计交付标准［S］．北京：中国建筑工业出版社，2019.

[18] 天工在线. Autodesk Revit Architecture 2018 从入门到精通 [M]. 北京：水利水电出版社，2019.

[19] 卫涛，李容，刘依莲. 基于 BIM 的 Revit 建筑与结构设计案例实战 [M]. 北京：清华大学出版社，2017.